国家新闻出版改革发展项目库入库项目
物联网工程专业教材丛书
高等院校信息类新专业规划教材

多传感器数据融合技术

胡　欣　王朝炜　王卫东　编著

北京邮电大学出版社
www.buptpress.com

内 容 简 介

本书以多传感器数据融合为对象，详细介绍了多传感器数据融合的基本原理及应用技术。重点内容包括：传感器的理论基础及基本特性、多源检测融合的基本概念与应用、多源属性融合的基本概念与应用、多源状态参数估计原理及应用等。

本书可作为物联网、电子信息、自动化等相关专业的教材或参考用书。

图书在版编目(CIP)数据

多传感器数据融合技术 / 胡欣，王朝炜，王卫东编著. -- 北京 ：北京邮电大学出版社，2024.4

ISBN 978-7-5635-7183-3

Ⅰ. ①多… Ⅱ. ①胡… ②王… ③王… Ⅲ. ①传感器－数据融合 Ⅳ. ①TP212

中国国家版本馆 CIP 数据核字(2024)第 062665 号

策划编辑：姚 顺 刘纳新 **责任编辑**：满志文 **责任校对**：张会良 **封面设计**：七星博纳

出版发行：北京邮电大学出版社

社 址：北京市海淀区西土城路 10 号

邮政编码：100876

发 行 部：电话：010-62282185 传真：010-62283578

E-mail：publish@bupt.edu.cn

经 销：各地新华书店

印 刷：河北宝昌佳彩印刷有限公司

开 本：787 mm×1 092 mm 1/16

印 张：10.75

字 数：269 千字

版 次：2024 年 4 月第 1 版

印 次：2024 年 4 月第 1 次印刷

ISBN 978-7-5635-7183-3 定 价：39.00 元

物联网工程专业教材丛书

前 言

随着传感技术、信息技术和人工智能技术的快速发展,20 世纪 70 年代率先在军事领域产生了“数据融合”的全新概念,即将多种传感器获得的数据进行“融合处理”以得到比单一传感器更加准确和有用的信息。随着数据融合技术的发展,多传感器研究及应用领域不但涉及国防、工业、农业、交通、运输等传统行业,还涉及生物、通信、信息、管理等新兴行业。面向复杂应用场景的多传感器系统大量涌现,技术的发展使得多源信息的获取、处理和融合成为趋势,“多传感器数据融合”也已经成为当今物联网行业的普遍技术共识。

截至目前,国内外学者已经在数据融合领域出版了一批高水平的学术专著,具有丰富的知识体系和研究成果,但是对于从事通信类、物联网领域的青年学生,或者刚开始在物联网领域从事数据融合应用的工程技术人员来说,迫切需要一本面向物联网领域的入门教材。作者在深入理解韩崇昭等人编著的《多源信息融合》、邓自立编著的《信息融合估计理论及其应用》以及潘泉等人编著的《多源信息融合理论及应用》等经典专业书籍的基础上,引入物联网应用场景,简化多传感器数据融合知识点,完成了本书的编写。本书介绍了面向物联网应用的多传感器数据融合相关理论、技术和应用,涵盖多源数据融合的概念和框架、多源检测融合、多源属性融合、状态估计数据融合在多传感器数据融合中的应用等。

本书较为全面地介绍了多传感器数据融合的工作原理、关键技术与工程应用。

第 1 章为绪论。本章介绍了多传感器数据融合产生的背景,引入多传感器数据融合的概念,包括其定义、优势和系统架构。详细描述了多传感器数据融合在军事、民事两个领域的应用。

第 2 章为传感理论及技术基础。本章先从基础概念和原理的角度介绍了传感器的概念、分类、基本特性,未涉及过多的理论推导。同时,介绍了数据融合中的传感器管理。为后续章节的深入学习提供了传感器、信号量测方面的基础理论支撑。

第 3 章为量测与时空对准。本章重点介绍了信号表征与基本特性、量测信号、量测建模以及时间对准技术和空间对准技术。其中,时间对准技术包括时间同步技术和时间配准技术,空间对准技主要是坐标的变换,时间和空间对准是数据融合的基础。

第 4 章为多源检测融合。本章介绍了假设检验的概念和似然比判决准则，并阐述了集中式和分布式两种融合检测结构。本章重点介绍了基于并行结构的分布式检测融合，包括先优化当前局部检测器再优化融合规则。

第 5 章为多源属性融合。不确定性推理是目标识别和属性信息融合的基础，本章主要介绍了基于主观贝叶斯的推理与 D-S 证据推理，具体给出了两种不确定性推理方法的概念、规则以及技术应用。

第 6 章为多源参数估计融合。本章介绍了多源参数估计融合的基本概念，随后，将多传感器系统分为线性系统与非线性系统两大类，着重介绍了线性系统下多源参数估计问题的 Kalman 滤波器理论及其应用。

第 7 章为其他多源信息融合。本章介绍了模糊集、粗糙集以及神经网络理论的基本概念，并重点介绍了模糊集、粗糙集以及神经网络在多源信息融合中的应用。

第 8 章为多传感信息融合的应用，本章从实际出发阐述了不同工程背景下的传感信息融合应用案例。

本书既可作为高等院校和职业院校物联网、电子信息、自动化等相关专业学生的教材或辅导用书，也可作为科研人员和工程技术人员的参考资料。在本书的编写过程中高尚、李博言、高谷九祥、杜鑫清、阚乃馨、常宗煜、姚全浩、姚雨榕等同学付出了大量努力，在此一并致谢。

由于作者的水平有限，书中的不妥之处在所难免，敬请广大读者批评指正。

作　者

目　录

第 1 章 绪 论

1.1 多传感器数据融合产生的背景

多传感器数据融合（也称多传感器信息融合）是 20 世纪 70 年代以来发展起来的一门多学科交叉的新兴边缘学科，目前已成为备受人们关注的热门领域，它产生和发展的背景是军事领域的通信、指挥、控制和智能系统（Communication、Command、Control and Intelligent Systems）的需要，以及许多高新技术领域（包括图像处理、机器人、遥感、故障诊断、交通管制、GPS 定位、卫星测控、制导、跟踪、导航等）需要。20 世纪 70 年代以来，对运动目标（飞机、卫星、车辆、船舰等）跟踪精度，或对系统状态（包括目标探测、目标身份识别、战争态势和威胁评估等）估计精度的高要求，多传感器数据融合引起了人们极大关注。对于提高探测或状态估计精度，传统单传感器系统是无能为力的，因而出现了大量具有不同应用背景的多传感器系统。问题焦点在于：如何对来自每个传感器的数据，按某种最优融合准则和最优融合方法进行优化组合和综合处理，从而得到系统状态最佳融合估计，使融合估计精度高于单个传感器的估计精度。

国外对多传感器数据融合的研究起步较早。20 世纪 70 年代初，美国海军发现采用多个声呐传感器探测敌方潜艇位置时，如果对多个声呐信号进行融合处理，能更准确地估计敌方潜艇的位置，其精度高于基于单个声呐传感器的定位精度。这一发现是多传感器数据融合这一新兴学科产生的重要背景之一。1985 年，美国军方组织实验室理事联合会（JDL）下设的 C^3I 技术委员会成立了信息融合专家组（DFS），专门组织和指导相关的信息融合技术的研究，为统一数据融合定义、建立数据融合的公共参考框架做了大量卓有成效的工作。1988 年，美国国防部把信息融合列为 20 世纪 90 年代重点研究开发的 20 项关键技术之一。从那以后，数据融合理论和技术便开始迅速发展起来，逐渐向复杂工业过程控制、机器人导航、身份鉴定、空中交通管制、海洋监视、遥感图像、综合导航和管理等多领域方向扩展和渗透。

在学术方面，从 1987 年起，SPIE 传感器融合年会，IEEE 系统和控制论会议，IEEE 航空航天与电子系统会议，IEEE 自动控制会议，IEEE 指挥、控制通信和信息管理系统（C'MIS）会议等不断地报道多传感器数据融合领域的最新研究和应用成果。为了促进广泛的国际交流，1998 年国际信息融合学会（International Society of Information Fusion，ISIF）

成立，每年举行一次信息融合国际学术大会，并创立 Information Fusion 国际刊物，系统介绍多传感器数据融合领域最新的研究进展和应用成果。20 世纪 80 年代初，我国研究人员开始从事多目标跟踪理论研究，到了 80 年代末开始出现多传感器数据融合理论研究的报道。20 世纪 90 年代初，这一领域研究在国内逐渐形成高潮，并一直持续至今。国内于 2002 年、2007 年及 2009 年，相继召开了小型国际数据融合研讨会，并于 2009 年 11 月在烟台召开了全国首届数据融合学术年会。

1.2 多传感器数据融合的概念

1.2.1 多传感器数据融合的定义

多传感器数据(信息)融合是一门新兴的交叉学科，所涉及的内容具有广泛性和多样性，各行各业会按自己的理解给出不同的定义，且在不同的历史时期人们所关注的焦点不同，因此要给出信息融合统一和公认的定义很困难，业内主要从以下三方面进行定义。

定义 1(算法层面)：数据融合是一种多层次、多方面的处理过程，包括对多源数据进行检测、相关、组合和估计，从而提高状态和身份估计的精度以及对外界态势和威胁的重要程度进行适时完整的评价。

定义 2(表征架构)：数据融合是由多种信息源，如传感器、数据库、知识库和人类本身来获取有关信息，并进行滤波、相关和集成，从而形成一个表示构架，这种构架适合获得有关决策、对信息的解释、达到系统目标(如识别或跟踪运动目标)、传感器管理和系统控制等。

定义 3(认知体系)：主要是指利用计算机进行多源数据处理，从而得到可综合利用信息的理论和方法，其中也包含对自然界人和动物大脑进行多传感数据融合机理的探索。

1.2.2 多传感器数据融合的优势

1. 单传感器系统存在的问题

(1) 单个传感器或传感器通道的故障，会造成量测的数据丢失，从而导致整个系统瘫痪或崩溃；

(2) 单个传感器在空间上仅仅能覆盖环境中的某个特定区域，且只能提供本地事件、问题或属性的量测信息；

(3) 单个传感器不能获得对象的全部环境特征。

2. 传感器系统的优势

与单传感器系统相比，多传感器系统主要具有如下优点：

(1) 增强系统的生存能力——多个传感器的量测信息之间有一定的冗余度，当有若干传感器不能利用或受到干扰，或某个目标或事件不在覆盖范围时，一般总会有一种传感器可以提供信息；

(2) 扩展空间覆盖范围——通过多个交叠覆盖的传感器作用区域，扩展了空间覆盖范围，因为一种传感器有可能探测到其他传感器探测不到的地方；

(3) 扩展时间覆盖范围——用多个传感器的协同作用提高检测概率，因为某个传感器在某个时间段上可能探测到其他传感器在该时间段不能顾及的目标或事件；

(4) 提高可信度——因为多种传感器可以对同一目标或事件加以确认或一个传感器探测的结果可以通过其他传感器加以确认，因而提高探测信息的可信度；

(5) 降低信息的模糊度——多传感器的联合信息降低了目标或事件的不确定性；

(6) 增强系统的鲁棒性和可靠性——对于依赖单一信息源的系统，如果该信源出现故障，那么整个系统就无法正常工作，而对于融合多个信息源的系统来说，由于不同传感器可以提供冗余信息，当某个信息源由于故障而失效时，系统可以根据其他信息源所提供的信息依然正常工作，系统具有较好的故障容错能力和鲁棒性；

(7) 提高探测性能——对来自多个传感器的信息加以有效融合，取长补短，提高了探测的有效性；

(8) 提高空间分辨率——多传感器的合成可以获得比任何单个传感器更高的分辨率；

(9) 成本低、质量轻、体积小——多个传感器的使用，使得对传感器的选择更加灵活和有效，因而可达到成本低、质量轻、体积小的目的。

1.2.3 信息融合的级别

传感器融合系统按照数据抽象的层次可划分为三个级别的融合：数据级融合、特征级融合和决策级融合，图 1.1～图 1.3 分别列出了各个级别融合处理的结构。

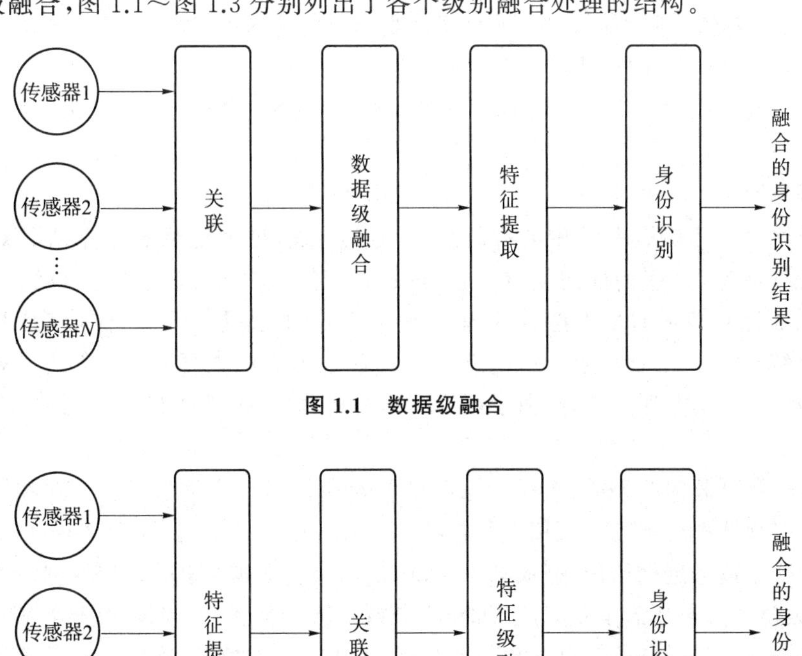

图 1.1 数据级融合

图 1.2 特征级融合

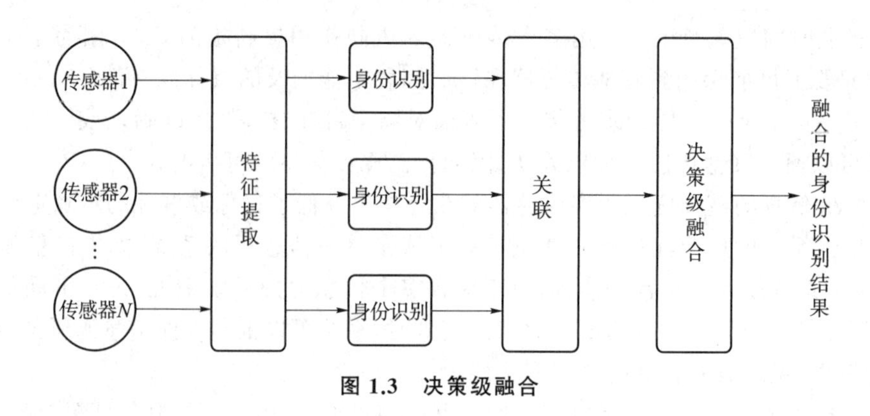

图 1.3 决策级融合

1. 数据级融合

数据级融合是在融合系统中最低层次的融合方法，直接对传感器的观测数据进行融合处理，并基于融合结果进行特征提取和判断决策。这种融合方法的主要优点是精度高，只有较少的数据损失，并提供其他融合层次所不能提供的细微信息。然而，它也有一些局限性，具体如下：

（1）处理的传感器数据量大，导致处理代价高、处理时间长、实时性差；

（2）融合在信息的最低层进行，需要具备较高的纠错处理能力来处理传感器信息的不确定性、不完全性和不稳定性；

（3）要求传感器是同类的，即提供对同一观测对象的同类观测数据；

（4）数据通信量大，抗干扰能力差。

此级别的数据级融合主要应用于多源图像复合、图像分析和理解以及同类雷达波形的直接合成等领域。

2. 特征级融合

特征级融合属于融合系统中的中间层次融合方法，每个传感器首先从其观测的数据中提取出特征向量，这些特征向量可以包含目标的边缘、方向和速度等有效信息。然后，融合中心完成针对特征向量的融合处理。一般来说，提取的特征信息应该是数据信息的充分表示或统计量。特征级融合的优点在于实现了可观的数据压缩，降低了对通信带宽的需求，有利于实时处理。然而，由于融合过程中丢失了一部分有用信息，融合性能可能会有所降低。

特征级融合可分为两大类：目标状态信息融合和目标特征信息融合。这些方法在多传感器目标跟踪领域中得到广泛应用。目标状态信息融合主要用于多传感器目标跟踪领域，首先对多传感器数据进行处理，完成数据配准，然后进行数据关联和状态估计。在实际应用中，常用的数学方法包括卡尔曼滤波理论、联合概率数据关联、多假设法、交互式多模型法和序贯处理理论等。目标特征信息融合涉及模式识别问题，它的主要目标是融合不同传感器提取的目标特征信息。常见的数学方法包括参量模板法、特征压缩和聚类方法、人工神经网络以及 K 阶最近邻法等。这些方法在多传感器数据融合中发挥重要作用，帮助提高目标跟踪的准确性和性能。

3. 决策级融合

决策级融合是一种高级别的融合方法，首先每个传感器根据自身的数据做出决策，然后通过融合中心对局部决策进行整合。决策级融合是三级融合的最终结果,直接关联到具体的决策目标,对决策水平有直接的影响。虽然这种方法在数据处理过程中会有一定的信息损失,因此相对精度较低,但它具备通信量小、抗干扰能力强、对传感器依赖小、不要求传感器同质性以及融合中心处理成本低等优点。常见的算法包括 Bayes 推断、专家系统、DS 证据推理和模糊集理论等。

特征级和决策级的融合并不要求多个传感器是同类的。由于不同级别融合算法各有其利弊,为了提高信息融合技术的速度和精度,需要开发高效的局部传感器处理策略,并优化融合中心的融合规则。

1.3 多传感器数据融合的系统结构

根据系统需求(成本、安全性、可维护性等)以及外界环境(自然环境、人为对抗环境),多传感器数据融合系统的结构一般可划分为:集中式结构、分布式结构以及混合式结构。集中式结构的特点是将各个信源的量测传给融合中心,由融合中心统一进行融合处理。该结构充分利用了信源信息,系统信息损失小,性能比较好,但系统对通信带宽要求较高,系统的可靠性较差。分布式结构的特点是先由各个信源模块对所获取的量测信息进行处理,然后再对各个传感器形成的信息进行融合。该结构的信息损失大于集中式结构,性能较集中式略差,但可靠性高,并且对系统通信带宽要求不高。混合式结构是集中式和分布式两种结构的组合,该结构保留了集中式和分布式两种结构的优点。

1.4 多源信息融合主要技术和方法

多传感器信息融合作为对多源信息的综合处理过程,具有本质的复杂性。传统的估计理论和识别算法为信息融合技术提供了基础理论支持,但近年来出现的一些新方法,基于统计推断、人工智能以及信息论,正在成为推动信息融合技术不断进步的重要推动力。以下是对这些技术手段的简要介绍。

1. 信号处理与估计理论方法

信号处理和估计理论方法涵盖了多种技术,如小波变换用于图像增强和处理、加权平均、最小二乘、Kalman 滤波等线性估计技术以及扩展 Kalman 滤波(EKF)、Gauss 滤波(GSF)等非线性估计技术。近年来,越来越多的学者致力于研究 UKF 滤波、基于随机抽样技术的粒子滤波和基于 Markov 链的 Monte Carlo(MCMC)等非线性估计技术,并取得了众多有价值的研究成果。

在具有不完全观测数据的情况下,期望极大化(EM)算法提供了一种全新的思路来解决参数估计和融合问题。此外,通过建立一定的优化指标,可以利用最优化方法来获得参数的最优估计,典型的算法包括极小化风险法和极小化能量法等。

2. 统计推断方法

统计推断方法包括经典推理、Bayes 推理、证据推理以及随机集(Random Set)理论、支持向量机理论等。经典推理是基于频率统计的一种方法，它使用概率分布和统计模型来推断未知参数或者进行假设检验。Bayes 推理是一种基于贝叶斯定理的推断方法，它通过将先验知识和观测数据相结合，更新参数的概率分布。证据推理是一种将多个证据源进行集成的推断方法，它考虑到不同证据之间的相互作用，从而提供更准确的推断结果。随机集理论是一种用于处理不确定性的数学框架，它考虑到不确定性信息的多样性和不完整性，并提供了一种灵活的推断方法。支持向量机理论是一种基于统计学习的方法，它通过构建一个最优的超平面来进行分类和回归任务，并在推断过程中考虑最大化边界的原则。这些统计推断方法提供了不同的工具和技术，可以在信息融合过程中使用，以获得准确的推断和综合结果。

3. 信息论方法

信息论方法运用优化信息度量的手段融合多源数据，从而获得问题的有效解决。典型算法有熵方法、最小描述长度方法（MDL）等。熵方法是一种基于信息论概念的技术，通过计算信息熵来衡量数据的不确定性和多样性。在信息融合中，熵方法可以用于评估和比较不同信息源的贡献程度，从而确定如何将它们有效地结合起来。最小描述长度方法（MDL）是一种基于信息论原理的统计推断方法，它通过寻找能够用更短描述来表示数据的模型或假设，从而实现数据压缩和模型选择。在信息融合中，MDL 可以用于选择最合适的模型或假设以及确定如何将多个模型或假设结合起来以获得更好的解决方案。这些信息论方法提供了一种基于信息度量和优化的方式，通过综合不同源的数据来获得问题的有效解决。它们能够帮助提取和利用数据中的重要信息，从而改善决策和推断的准确性。

4. 决策论方法

通常，决策论方法被广泛应用于高级决策融合。Fitzgerald 利用决策论方法，将可见光、红外和毫米波雷达数据融合在一起，以进行报警分析。

5. 人工智能方法

人工智能方法（Artificial Intelligence Methods）在信息融合领域取得了一定的成果。这些方法包括模糊逻辑神经网络、基于规则的遗传算法推理、专家系统以及品质因数法（FOM）等。这些人工智能方法在信息融合领域的应用为处理复杂信息和决策问题提供了有效的工具和技术。它们具备灵活性、自适应性和高效性，有助于实现更准确可靠的信息融合结果。

6. 几何方法

几何方法通过充分探讨环境以及传感器模型的几何属性来达到多传感信息融合的目的。比如，通过对不确定球体体积进行极小化的几何方法完成对多传感数据的融合处理，以及利用多边形逼近方法在传感器数据和存储的模板数据之间进行模式匹配从而融合多传感器的互补信息以实现对重叠和遮挡目标的识别。

1.5　多传感器数据融合的应用

多传感器信息融合系统的应用可分为军事应用和民事应用两类。

1.5.1 军事应用

数据融合理论和技术起源于军事领域，在军事上应用最早、范围最广，几乎涉及军事应用的各个方面。数据融合在军事上的应用包括从单兵作战、单平台武器系统到战术和战略指挥、控制、通信、计算机、情报监视和侦察任务等广阔领域。具体应用范围可概括为以下几个方面：

(1) 采用多源的自主式武器系统和自备式运载器；

(2) 目标探测与识别系统；

(3) 采用多个传感器进行截获、跟踪和指令制导的火控系统；

(4) 态势指示和预警系统，其任务是对威胁和敌方企图进行估计；

(5) 网络中心战、协同作战能力(CEC)、空中单一态势图(SIAP)、地面单一态势图(SIGP)、海面单一态势图(SISP)等复杂大系统中的应用。

1.5.2 民事应用

1. 工业机器人

随着现代科学技术的飞速发展，机器人集环境感知、动态决策与规划、行为控制与执行等多种功能于一体。工业机器人使用模式识别和推理技术识别三维对象，确定方位并引导机器人去处理特定任务。机器人一般采用较近物理接触的传感器组和与观测目标有较短距离的遥感传感器，如相机等，其通过融合来自多个传感器的数据避开障碍物，使之按照指令行动。随着传感器技术的发展，机器人上的传感器数量将不断增加，以便使它更自由地运动和更灵活地动作，需要数据融合技术和方法作为保证。

2. 智能制造系统

智能制造系统的物理基础是智能机器，包括各种智能加工机床、工具和材料传送、准备装置、检测和试验装置以及装配装置。通过把各种传感器的数据进行智能融合处理，可以减少制造过程中信息的模糊性、多维信息的耦合性和状态变化的不确定性等，使在制造系统中用机器智能来代替人的脑力劳动，使脑力劳动自动化，在维持自动生产时，不再依赖人的监视和决策控制，使制造系统可以自主生产。

3. 遥感

遥感主要用于对地面的监视，以便识别和监视地貌、气象模式、矿产资源、植物生长环境条件和威胁情况(如原油泄漏、辐射泄露等)。使用的传感器如合成孔径雷达等。基于遥感数据融合，可综合利用能谱信息、光谱信息、微波信息及地理信息，通过协调所使用的传感器信息，对物理现象和事件进行定位、识别和解释。

4. 船舶避碰与交通管制系统

在船舶避碰和船舶交通管制系统中，通常依靠雷达、声呐、信标、灯塔、气象水文、全球定位系统(GPS)等传感器提供的数据以及航道资料数据，来实现船舶的安全航行和水域环境保护。在这一过程中数据融合理论发挥着非常重要的作用。

5. 空中交通管制

空中交通管制系统主要由导航设备、监视和控制设备、通信设备和人员四个部分组成。

导航设备可使飞机沿着指定航线飞行，运用无线电信息识别出预先精心设置的某些地理位置，飞行员再把每个固定地点的时间和高度信息转送到地面，然后通过融合方法检验与飞行计划是否一致。监视和控制设备的目的是修正飞机对指定航线的偏离，防止相撞并调度飞机流量。其中主要由一、二次雷达的融合提供有关飞机位置，航向、速度和属性等信息。现在的航管设备是在不同传感器(多雷达结构)、计算机和操纵台之间进行完整的数据综合。调度人员则监视空中飞机的飞行情况，并及时提出处理危险状况的方法。空中交通管制系统是一个典型的多因素、多层次的数据融合系统。

6. 智能驾驶系统

对于民用车辆而言，GPS能够在绝大多数情况下完成高精度的导航定位，但仍然存在着当车辆行驶在一定环境下卫星信号暂时“丢失”而无法定位的问题；而对于诸如运钞车、警车、救护车这样的特殊车辆而言，由于要执行特殊任务，在行驶过程中必须对其进行连续、可靠的导航定位，以便指挥中心随时掌握它们所处的位置，显然仅仅依靠GPS无法满足上述要求；当道路不平坦时，雷达传感器也可能把小丘或小堆误认为是障碍，从而降低了系统的稳定性。对此，研究者们纷纷引入了多传感器数据融合的思想，提出了不同的融合算法，研制了智能驾驶系统，如碰撞报警系统(CW)、偏向报警系统(LDW)、智能巡游系统(ICC)及航位推算系统(DR)等。

1.6 信息融合要解决的几个关键问题

1. 数据配准

在多传感器信息融合系统中，每个传感器提供的观测数据都在各自的参考框架内。为了组合这些信息，需要将它们转换到同一个参考框架。然而，需要注意多传感器时空配准引起的舍入误差，必须进行补偿处理。

2. 同类或异类数据

多传感器提供的数据可以是同类或异类的，而异类传感器的信息更具多样性和互补性。然而，由于异类数据存在时间不同步、数据率不一致和测量维度不匹配等特点，对这些信息进行融合处理变得更加具有挑战性。

3. 传感器观测数据的不确定性

由于传感器工作环境的不确定性，导致观测数据包含有噪声成分。在融合处理中需要对多源观测数据进行分析验证，并补充综合，在最大程度上降低数据的不确定性。

4. 不完整、不一致及虚假数据

在多传感信息融合系统中，传感器接收到的量测数据常常存在多种解释，这被称为数据的不完整性。此外，多传感数据可能会提供关于观测环境的不一致或相互矛盾的解释，另外，噪声和干扰的存在也会导致一些虚假的量测数据。为了有效地处理这些不完整、不一致和虚假的数据，信息融合系统需要具备相应的能力。

5. 数据关联

数据关联问题在广泛应用中普遍存在，需要解决单传感器时间域上的关联问题以及多传感器空间域上的关联问题，以确定数据来自同一目标源。

6. 粒度

粒度问题是多传感器数据可能存在不同的粒度级别。这些数据可以是稀疏或稠密的，且可能处于不同的抽象级别，如数据级、特征级或符号级。因此，一个可行的融合方案应能够适用于不同的粒度级别。

7. 态势数据库

态势数据库在多个级别上为实时和非实时数据的融合处理提供支持。它包含多传感器观测数据、融合的中间结果数据、与目标和环境相关的辅助信息，以及进行融合处理所需的历史信息等。对于整个信息融合系统中的态势数据库，具备以下要求：容量大、搜索速度快、开放互连性好，并具备良好的人机接口。为满足这些要求，需要开发更有效的数据模型、新的高效查找和搜索机制，以及分布式多媒体数据库管理系统等技术。

1.7 发展起源、现状与未来

国外对信息融合技术的研究始于较早时期。在20世纪70年代，美国的研究机构开始对多个独立的连续声呐信号进行融合处理，以自动检测敌方潜艇的位置。此后，在C^3I系统的开发过程中，越来越多的人开始重视多传感信息融合技术的应用。不仅如此，在工业控制、机器人、海洋监视和管理等领域，多传感器技术也得到了广泛发展。1985年，美国军方组织-实验室理事联合会(JDL)下属的CI技术委员会成立了信息融合专家组(DFS)，旨在组织和指导相关技术的研究，并为统一信息融合的定义、建立信息融合的公共参考框架做出了重要贡献。自1988年起，美国将信息融合列为重点研究和开发的20项关键技术之一，并被列为最优先发展的A类技术。

在学术方面，美国三军数据融合年会、SPIE传感器融合年会、国际机器人和自动化会刊以及IEEE的相关会议和会刊等每年都有有关该技术的专门讨论。1998年成立的国际信息融合学会(International Society of Information Fusion，ISIF)，总部设在美国，每年都举办一次信息融合国际学术大会，系统总结该领域的阶段性研究成果以及介绍该领域最新的进展。一些具有代表性的专著，如Llinas和Waltz的专著《多传感数据融合》，Hall的专著《多传感数据融合的数学基础》以及《多传感数据融合手册》系统介绍了多传感信息融合的模型框架，并对研究内容等作了全面系统的论述。Bar-Shalom和Fortman的专著《跟踪与数据关联》《估计与跟踪：原理，技术与软件》与《多传感多目标跟踪：原理与技术》则综合报道了信息融合在目标跟踪领域的新思想、新方法以及新进展。

我国在信息融合技术方面的研究起步较晚，并且进展相对缓慢。直到20世纪80年代末，国内才开始涌现与多传感信息融合技术相关的研究报道。在政府、军方以及基金机构的资助下，许多高校和科研院所开始从事这一领域的研究工作，并出现了一批专著和译著，例如敬忠良的《神经网络技术与应用》，周宏仁等人的《机动目标跟踪》，康耀红等人的《数据融合理论与应用》，刘同明等人的《数据融合技术及应用》，何友等人的《多传感器信息融合及应用》以及赵宗贵等人的《多传感信息融合》和《数据融合方法概论》。在此期间，大量的学术论文也涌现出来，本书的作者们也及时全面地综述了信息融合的研究进展。这些工作为我国信息融合的理论研究和工程应用做出了重要贡献。然而，与国际先进水平以及与国家需求相比，目前仍存在很大差距。国内新一代应用系统的研发和现代民用高科技的迅猛发展对信息融合的基础研究和应用研究提出了更多挑战。

表面上看，多传感信息融合的概念很直观，具有较完善的框架模型。然而，要真正构建高效实用的融合系统，需要考虑许多实际问题，包括传感器类型、数量、分辨率，传感器的分布形式和调度方式，系统的通信能力和计算能力，系统的设计目标、拓扑结构以及有效的融合算法等。尽管存在许多实际困难，但由于多传感信息融合系统具有改善系统性能的巨大潜力，人们仍然投入大量精力进行研究。随着新型传感器不断涌现以及现代信号处理技术、计算机技术、网络通信技术、人工智能技术、并行计算软件和硬件技术等相关技术的飞速发展，多传感信息融合将成为我国未来大量军用和民用高科技系统的重要技术手段。目前，信息融合仍然是一个不太成熟的发展方向，在基础理论研究和应用研究领域仍有很大的发展空间。作者们认为，今后多传感器信息融合技术的主要研究方向应包括以下几方面。

(1) 在发展和完善信息融合的基础理论方面，尽管近年来国际和国内对信息融合技术进行了广泛的研究，并取得了许多成功经验，但直到今天，信息融合仍然缺乏系统的理论基础，尚未形成一个完整的理论体系，也缺乏一套完整有效的通用解决方法。因此，我们迫切需要致力于发展和完善信息融合的基础理论，这将成为首要任务。

(2) 改进融合算法以提高系统性能是至关重要的。融合算法作为整个融合系统的核心，目前的研究主要集中在同类信息的融合，而对于异类信息的建模、协同与融合还需要算法方面的支持。为了解决这一问题，将现代统计推断方法广泛应用于信息融合算法的研究中，对于处理复杂问题非常有意义。例如，非线性非高斯系统的状态估计算法等，都对信息融合算法的研究具有重要意义。此外，引入粗集理论、证据理论、随机集理论、支持向量机方法、Bayes 网络等智能计算技术到信息融合算法的研究中，将为异类信息融合算法提供新的思想方法。这些智能计算技术的应用可以为信息融合算法带来创新，并提高其性能。因此，我们应该致力于改进融合算法，采用现代统计推断方法，并结合粗集理论、证据理论、随机集理论、支持向量机方法、Bayes 网络等智能计算技术，以提高系统的性能和处理异类信息的能力。

(3)为了满足实时性要求，适应并行处理的融合算法是必不可少的。为此，将融合算法分解为适合在并行计算机上实现的并行处理算法，并开发相应的并行计算软件和硬件。这一举措对于信息融合理论的发展和扩大应用范围具有重要意义。

(4) 在多传感器信息融合系统的研究中，传感器资源管理优化至关重要。在优化设计融合规则的同时，还需要对所有传感器资源进行优化调度，以确保每个传感器能够得到最充分和合理的利用，从而实现整个传感器系统的最优总体性能。这主要包括空间管理、时间管理和模式管理这三个方面。

(5) 为了提高信息融合系统的运行效率，建立适应于该系统的数据库和知识库是非常重要的。这些数据库和知识库应该具备优化的存储机制、高速并行检索和推理机制。

(6) 建立测试平台对于客观准确评估信息融合算法和系统性能至关重要。为了进行大量的仿真测试，以确保评价的准确性，因此研究和开发一个合理有效的测试平台变得十分关键。

(7) 研究工程化设计方法对于信息融合技术的发展至关重要。目前我国在信息融合技术研究方面还处于初级阶段,与发达国家相比存在较大差距,尤其是在适用于工程实践的工程化设计方法方面缺乏。

(8) 研究系统性能评估方法是一个亟待解决的问题,其目标是建立一个评价机制,对信息融合系统进行综合分析和评价,以衡量融合算法的性能。

习题

1. 多传感器数据融合技术产生的背景是什么,该如何定义?

2. 与单传感器系统相比较,多传感器数据融合的优势有哪些?

3. 根据系统需求和外界环境,多传感器数据融合一般分为哪三种系统结构?请做简要比较。

本章参考文献

[1] 韩崇昭,朱洪艳,段战胜.多源信息融合[M]. 3 版.北京:清华大学出版社,2022.

[2] 戴亚平,马俊杰,笑涵.多传感器数据智能融合理论与应用[M].北京:机械工业出版社,2021.

[3] 潘泉,王小旭,徐林峰,等.多源动态系统融合估计[M].北京:科学出版社,2019.

[4] 郭承军.多源组合导航系统信息融合关键技术研究[D].电子科技大学,2018.

[5] 祁友杰,王琦.多源数据融合算法综述[J].航天电子对抗,2017,33(6):37-41.

[6] 邓自立.信息融合估计理论及其应用[M].北京:科学出版社,2015.

[7] 彭冬亮,文成林,薛安克.多传感器多源信息融合理论及应用[M].北京:科学出版社,2010.

[8] 何友,王国宏,关欣,等.信息融合理论及应用[M].北京:电子工业出版社,2010.

[9] White F E. Data fusion lexicon.Joint directors of laboratories, Technical Panel for C^3, Data fusion sulpanel, naval ocean systems center,San Diego,CA,USA,1987.

[10] White F E.A model for data fusion.In: Proc.lst National Symposium on Sensor Fusion.Orlando, Frvol.2, Apr.5-8,1988.

[11] Steinberg A N,Bowman C L,White F E.Revisions to the JDL Data Fusion Model.In Sensor Fusion5 Architectures, Algorithms,and Applications, Proceedings of the SPIE,Orlando; Florida,1999.430-441.

[12] Dasarathy B.Decision fusion.Washington: IEEE Computer Society Press,1994.

[13] Bedworth M, OBrien J.The Omnibus model: a new model of data fusion.IEEE Transactions Aerospace and Electronic Systems,2000,15(4): 30-36.

[14] Nunez J,Otazu X,Fors O,et al, Multiresolution-based image fusion with additive wavelet decompositior IEEE Transactions on Geoscience and Remote Sensing, 1999,37(3):1204-1211.

[15] Petrovic V S, Xydeas C S. Gradient-based multiresolution image fusion, IEEE Transactions on ImaProcessing,2004,13(2):228-237.

[16] Alspach D L, Sorenson H W. Nonlinear bayesian estimation using gaussian sum approximation, IEElTransactions on Automatic Control,1972,17(4):439-448.

[17] Rudolph van der Merve, Doucet A,Nando de Freitas, et al. The unscented particle filter, Technict Report CUED/F-INFENG/TR 380.From www.google.com.

[18] Hue C, Cadre J PL, Perez P, Sequential monte carlo methods for multitarget tracking and data fusior IEEE on Signal Processing,2002,50(2):309-325.

[19] Djuric P M, Joon-Hwa Chun. An MCMC sampling approach to estimation of nonstationary hiddemarkov models.Signal Processing.IEEE Transactions on Signal Processing,2002,50(5): 1113-1123.

[20] Radford M N. Probabilistic inference using markov chain Monte Carlo methods. Technical Report CRGTR-93-1, Department of computer science University of Toronto.From www, google.com.

[21] Doucet A, Logothetis A, Krishnamurthy V. Stochastic sampling algorithms for state estimation of jummarkov linear systems. IEEE Transactions on Automatic Control,2000,45(2): 188-201.

[22] Molnar K J,Modestino J W.Application of the EM algorithm for the multitarget/ multisensor trackingproblem.IEEE Transactions on Signal Processing,1998,46(1): 115-128.

[23] Logothetis A, Krishnamurthy V. Expectation maximization algorithms for MA estimation of jum! markov linear systems.IEEE Transactions on Signal Processing,1999, 47(8): 2139-2156.

[24] Richardson M J, Marsh A K.Fusion of multisensor data.The intenational Journal of Robotic: Research,1988,7(6):78-96.

[25] Clark J J,Yuille A L.Data fusion for sensory information processing systems.The Kluwer Internationa. Series in Engineering and Computer Science, Robotics: Vision, Manipulation AND Sensors.Boston:Kluwer Academic Publishers,1990.

[26] Robin R Murphy.Dempster-Shafer theory for sensor fusion in autonomous mobile robots, IEEE Transactions on Robotics and Automation,1998,14(2):197-206.

[27] I Bloch.Information combination operators for data fusion: A comparative review with classification IEEE Transactions on Systems, Man and Cybernetics Part A, 1996,26(1): 52-67.

[28] Goutsias J,Mahler R,Nguyen H T.Random Sets; Theory and Applications.New York; Springer Verlgg,1997.

[29] Mori S. Random sets in data fusion problems, in Proc, National symposium on Sensor and Data Fusion MIT Lincoln Laboratory, Lexingfon, MA, April 1997 Manyika J, Durrant-Whyte H, Data fusion and sensor management; A decentralized information.

[30] theoretic approach.New York: Ellis Horwood,1994Zhou Y F,Leung H.Minimum entropy approach for multisensor data fusion.In: Proc.1997 IEEF.

[31] Signal Processing Workshop on Higher-Order Statistics.Los Alamifos, CA, USA: IEEE,1997.336-339.

[32] Barron A,Rissanen J,Yu B. The minimum description length principle in coding and modeling.IEEE Transactions on Information Theory,1998,44(6):2743-2760.

[33] Joshi R, Sanderson A C. Minimal representation multisensor fusion using differential evolution.IEEE onSystems,Man and Cybernetics Part A,Systems and Humans,1999,29(1): 6376.

[34] Goodman I R,Mahler R P S,Nguyen H T. Mathematics of Data Fusion.Norwell, MA,USA: Kluwer Academic,1997.

[35] Berger O J. Statistical decision theory and Bayesian analysis, Springer series in statistics.Secondedition.New York: Springer-Verlag,1985.

[36] Nelson C L, Fitzgerald D S. Sensor fusion for intelligent alarm analysis. IEEE Transactions on Aerospace and Electronic Systems,1997,12(9):18-24.

[37] PEERS S M C. A blackboard system approach to electromagnetic sensor data interpretation.Expert Systems,1998,15(3):0266-4720.

[38] Hall D L,Linn R J.Comments on the use of templating for multisensor data fusion. In Proceedings ofthe1989 Tri-Service data fusion symposium,1989(1):345-354.

[39] Abidi M A, Gonzalez R C. Data fusion in Robotics and Machine Intelligence. Orlando,FL; Academic Press,1992.

[40] Intaek Kim, Vachtsevanos G. Overlapping object recognition; a paradigm for multiple sensor fusion.IEEE Transactions on Robotics and Automation Magazine, 1998,5(3):37-44.

[41] Llinas J,Waltz E, Multisensor Data Fusion.Norwood,MA: Artech House,1990.

[42] Hall L D. Mathematical Technigues in Multisensor Data Fusion, Norwood, MA: Artech House,1992.

[43] Hall L D,Llinas J.Handbook of Multisensor Data Fusion, Boca Raton,FL,USA; CRC Press,2001.

[44] Bar-Shalom Y,Fortmann T E. Tracking and Data Association.Boston: Academic Press,1988.

[45] Bar-Shalom Y, Li X R. Estimation and tracking: Principles, Techniques and Software.Norwood,MA:Artech House.1993.

[46] Bar-Shalom Y, Li X R. Multitarget-Multisensor Tracking: Principles and Techniques. Storrs, CT; YBS40 Publishing, 1995.
[47] 敬忠良神经网络技术与应用.北京:国防工业出版社,1995.
[48] 周宏仁,敬忠良,王培德.机动目标跟踪,北京:国防工业出版社,1991.
[49] 康耀红.数据融合理论与应用.西安:西安电子科技大学出版社,1997.
[50] 刘同明,等.数据融合技术及应用,北京:国防工业出版社,1998.
[51] 何友,王国宏,彭应宁,等.多传感器信息融合及应用.北京:电子工业出版社,2000.
[52] 多传感信息融合,赵宗贵,耿立贤,周中元,等译.南京,电子工业部二十八研究所,1993.
[53] 数据融合方法概论,赵宗贵,译.南京:电子工业部二十八研究所,1998.

第2章 传感理论及技术基础

2.1 传感器的概念和分类

16世纪前后，利用液体膨胀进行温度测量就已出现。近几十年来，随着真空管和半导体等有源元件技术进步，以电量作为输出的传感器技术飞速发展，在集成电路技术和半导体应用技术的促进下，性能更好的传感器也不断涌现。随着电子设备水平不断提高以及功能不断加强，传感器显得越来越重要，世界各国都将传感器技术列为重点发展的高新技术，传感器技术已成为高新技术竞争的核心技术之一，并且发展十分迅速。

2.1.1 传感器的概念

国家标准GB7665—1987对传感器的定义："能够感受规定的被测量，并按照一定的规律转换成可用输出信号的器件或装置，由敏感元件和转换元件组成。"敏感元件是传感器中能直接感受或响应被测量（输入量）的部分；转换元件是传感器中能将敏感元件感受的或响应的被测量转换成适用于传输和测量的电信号的部分，如图2.1所示。有些传感器并不能明显区别敏感元件和转换元件两个部分，而是将两者合为一体。例如，压电传感器、热电偶等，没有中间转换环节，直接将被测量转换成电信号。传感器转换能量的理论基础都是利用物理学、化学、生物学现象和效应来进行能量形式的变换。被测量和它们之间能量的相互转换是各种各样的。

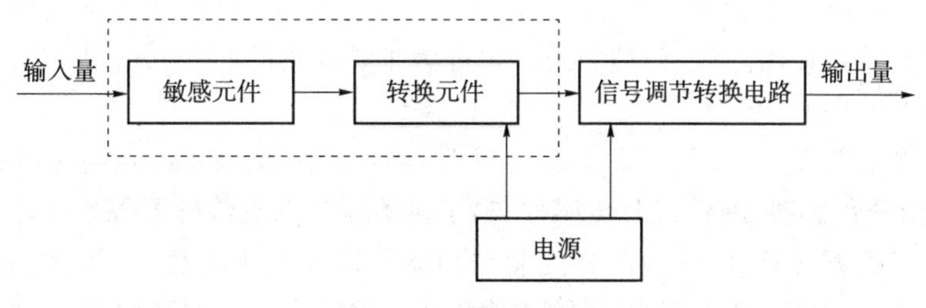

图2.1 传感器原理图

2.1.2 传感器的分类

传感器种类繁多，功能各异。由于同一被测量可用不同转换原理实现探测，利用同一种物理法则、化学反应或生物效应可设计制作出检测不同被测量的传感器，而功能大同小异的同一类传感器可用于不同的技术领域，故传感器有不同的分类法，如表 2.1 所示。

表 2.1　传感器的分类

分类方法	传感器的种类	说明
按依据的效应分类	物理传感器	基于物理效应（光、电、声、磁、热）
	化学传感器	基于化学效应（吸附、选择性化学反应）
	生物传感器	基于生物效应（酶、抗体、激素等的分子识别和选择功能）
按输入量分类	位移、速度、温度、压力、气体成分、浓度等传感器	传感器以被测量命名
按输出信号分类	应变式、电容式、电感式、电磁式、压电式传感器等	传感器以工作原理命名
按能量关系分类	能量转换型传感器	直接将被测量转换为输出量的能量
	能量控制型传感器	由外部供给传感器能量，而由被测量控制输出量能量
按是利用场的定律还是利用物质的定律分类	结构型传感器	通过敏感元件几何结构参数变化实现信息转换
	物性型传感器	通过敏感元件材料物理性质的变化实现信息转换
按是否依靠外加能源分类	有源传感器	传感器工作需外加电源
	无源传感器	传感器工作无需外加电源
按使用的敏感材料分类	光纤传感器、陶瓷传感器、金属传感器、高分子材料传感器、复合材料传感器等	传感器以使用的敏感材料命名

(1) 根据传感器感知外界信息所依据的基本效应，可以将传感器分成三大类：基于物理效应（如光、电、声、磁、热等效应）进行工作的物理传感器；基于化学反应（如化学吸附、选择性化学反应等）进行工作的化学传感器；基于酶、抗体、激素等分子识别功能的生物传感器。

(2) 按工作原理分类，可分为应变式、电容式、电感式、电磁式、压电式、热电式等传感器。

(3) 根据传感器使用的敏感材料分类，可分为半导体传感器、光纤传感器、陶瓷传感器、金属传感器、高分子材料传感器、复合材料传感器等。

(4) 按照被测量分类，可分为力学量传感器、热量传感器、磁传感器、光传感器、放射线传感器、气体成分传感器、液体成分传感器、离子传感器和真空传感器等。

(5) 按能量关系分类，可分为能量控制型和能量转换型两大类。所谓能量控制型是指其变换的能量是由外部电源供给的，而外界的变化（即传感器输入量的变化）只起到控制的作用。如用电桥测量电阻温度变化时，温度的变化改变了热敏电阻的阻值，热敏电阻阻值的变化使电桥的输出发生变化(注意电桥的输出是由电源供给的)。而能量转换型是由传感器输入量的变化直接引起能量的变化。如热电效应中的热电偶,当温度变化时,直接引起输出电势改变。再如,传声器直接将声信号转化成电信号输出。

(6) 按传感器是利用场的定律还是利用物质的定律,可分为结构型传感器和物性型传感器。两者组合兼有两者特征的传感器称为复合型传感器。场的定律是关于物质作用的定律,例如动力场的运动定律、电磁场的感应定律、光的干涉现象等。利用场的定律做成的传感器,如电动式传感器、电容式传感器、激光检测器等。物质的定律是指物质本身内在性质的规律。例如弹性体遵从的胡克定律,晶体的压电性,半导体材料的压阻、热阻、光阻、湿阻、霍尔效应等。利用物质的定律做成的传感器,如压电式传感器、热敏电阻、光敏电阻、光电管等。

(7) 按依靠还是不依靠外加能源工作,可分为有源传感器和无源传感器。有源传感器敏感元件工作需要外加电源,无源传感器工作不需外加电源。

(8) 按输出量是模拟量还是数字量,可分为模拟量传感器和数字量传感器。

2.1.3　传感器的基本特性

传感器特性根据输入和输出的对应关系来描述。传感器在稳态(静态或准静态)信号作用下,输入和输出的对应关系称为静态特性;在动态(周期或暂态)信号作用下,输入和输出的对应关系称为动态特性。本小节重点介绍传感器静态特性。

1. 灵敏度

灵敏度是描述传感器的输出量(一般为电学量)对输入量(一般为非电学量)敏感程度的特性参数。其定义为传感器输出量的变化值与相应的被测量(输入量)的变化值之比,用公式表示为

$$k(x)=\frac{\text{输出量的变化值}}{\text{输入量的变化值}}=\frac{\Delta y}{\Delta x} \tag{2.1}$$

可见斜率即为灵敏度。对线性传感器来说,灵敏度是一个常数;非线性传感器的灵敏度则随输入量变化。

2. 分辨率

传感器在规定测量范围内可能检测出的被测量的最小变化量称为分辨率。分辨率是传感器可感受到的被测量的最小变化的能力。也就是说,如果输入量从某一非零值缓慢地变化,当输入变化值未超过某一数值时,传感器的输出不会发生变化,即传感器对此输入量的变化是分辨不出来的。只有当输入量的变化超过分辨率时,其输出才会发生变化。

3. 灵敏度界限(阈值)

输入改变 Δx 时,输出变化 Δy,Δx 变小,Δy 也变小。但是一般来说,Δx 小到某种程度,输出就不再变化了,这时的 Δx 称为灵敏度界限。存在灵敏度界限的原因有两个,一个是输入变化量被传感器内部吸收,因而反映不到输出端上去。典型的例子是螺钉或齿轮的松动。螺钉和螺帽、齿条和齿轮之间多少都有空隙,如果 Δx 相当于这个空隙的话,那么 Δx 是无法传递出去的。第二个原因是传感器输出存在噪声。如果传感器的输出值比噪声电平小,就无法把有用信号和噪声分开。如果不加上最起码的输入值(这个输入值所产生的输出值与噪声的电平大小相当)是得不到有用的输出值的,该输入值即灵敏度界限。灵敏度界限也称为阈值、灵敏阈,或门槛灵敏度。事实上灵敏度界限是传感器在零点附近的分辨力。

4. 测量范围和量程

在允许误差限内，被测量(输入量)值的下限到上限之间的范围称为测量范围，测量范围上限值和下限值的代数差称为量程。计算公式为

$$x_{FS}=x_{max}-x_{min} \tag{2.2}$$

式中，x_{max}为测量范围上限值，x_{min}为测量范围下限值。

满量程输出y_{FS}是相应的最大输出y_{max}和最小输出y_{min}的代数差，即

$$y_{FS}=y_{max}-y_{min} \tag{2.3}$$

5. 线性度

理想的传感器输出与输入呈线性关系。然而，实际的传感器即使在量程范围内，输出与输入的线性关系严格来说也是不成立的，总存在一定的非线性。线性度是评价非线性程度的参数，其定义为：传感器的输入输出校准曲线与理论拟合直线之间的最大偏差与传感器满量程输出之比，称为该传感器的"非线性误差"或称"线性度"，也称"非线性度"。通常用相对误差表示其大小：

$$e_f=\pm\frac{\Delta_{max}}{y_{FS}}\times 100\% \tag{2.4}$$

式中，e_f为非线性误差(线性度)，Δ_{max}为校准曲线与理想拟合直线间的最大偏差，y_{FS}为传感器满量程输出平均值。

6. 迟滞差

输入逐渐增加到某一值，与输入逐渐减小到同一输入值时的输出值不相等，称为迟滞现象。迟滞差表示这种不相等的程度，其值以满量程的输出y_{FS}的百分数表示。

$$e_t=\frac{\Delta_{max}}{y_{FS}}\times 100\% \tag{2.5}$$

或者

$$e_t=\pm\frac{\Delta_{max}}{2y_{FS}}\times 100\% \tag{2.6}$$

式中，Δ_{max}为输出值在正反行程的最大差值。

一般来说输入增加到某值时的输出要比输入下降到该值时的输出值小。如存在迟滞差，则输入和输出的关系就不是一一对应了，因此必须尽量减少这个差值。各种材料的物理性质是产生迟滞现象的原因，如把应力加于某弹性材料时，弹性材料产生变形，应力虽然取消了但材料不能完全恢复原状。又如，铁磁体、铁电体在外加磁场、电场作用下均有这种现象。迟滞也反映了传感器机械部分不可避免的缺陷，如轴承摩擦、间隙、螺钉松动等。各种各样的原因混合在一起导致了迟滞现象的发生。

7. 重复性

由相同观测者用相同测量方法在正常和正确操作情况下，在相同地点，使用相同测量仪器，并在短期内，对同一被测的量进行多次连续测量所得结果之间的符合程度，常用实验标准(偏)差表示。

8. 零漂和温漂

在无输入时的输出示值称为"零位输出"，简称"零位"。"零位"会随时间或温度而发生

变化，在规定时间间隔内，最大偏差与满量程的百分比称为零漂。零漂包括时间漂移和温度漂移，也称为“零位时漂”和“零位温漂”。温度每升高 1 ℃，输出值的最大偏差与满量程的百分比称为温漂。

9. 稳定性

稳定性表示传感器在一个较长的时间内保持其性能参数的能力。理想情况下，不管什么时候传感器的灵敏度等特性参数均不随时间变化。但实际上，随着时间的推移，大多数传感器的特性会改变。这是因为传感元件或构成传感器部件的特性随时间发生变化，产生一种经时变化的现象。即使长期放置不用的传感器也会产生经时变化的现象。变化与使用次数有关的传感器，受到这种经时变化的影响更大。因此，传感器必须定期进行校准，特别是作标准用的传感器更是这样。

2.1.4　智能传感器

随着微电子技术、人工智能及材料科学的发展，传感器在发展与应用过程中越来越多地与微处理器相结合，使传感器不但有视觉、触觉、听觉、味觉，还有了储存、思维和逻辑判断等人工智能能力。另外，为了使传感器所采集的大量数据能及时处理并不被丢失，就提出了分散处理数据的思想，即将传感器采集的数据先进行处理再送出少量数据。于是提出了智能传感器将“电五官”与“微电脑”相结合，把对外界信息有检测、逻辑判断、自行检测、数据处理和自适应能力等集成一体化形成多功能传感器。近几年，智能传感器的种类越来越多，功能也日趋完善，被广泛用于工业自动化、航空航天领域。

1. 智能传感器基础结构

从结构上来讲，智能传感器是由经典传感器和微处理器单元两个中心部分构成，图 2.2 为典型智能传感器系统构成框图。其中微处理器就像人的大脑，可以是单片机、ARM、CPU、也可以是计算机系统，可以进行人工智能相关的智能信息处理。

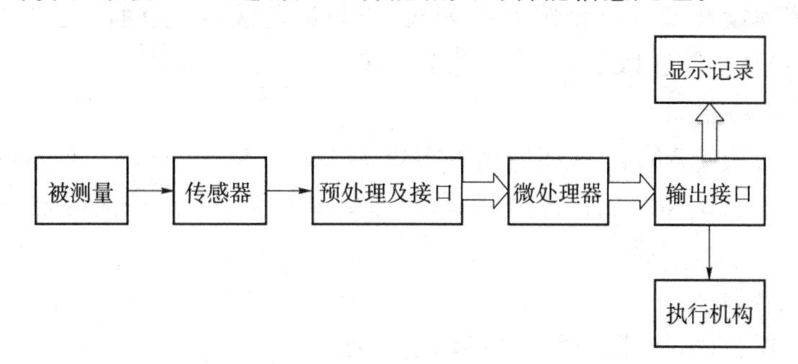

图 2.2　典型智能传感器系统构成框图

2. 智能传感器功能

智能传感器功能主要有以下几点。

(1) 自补偿和计算

自补偿和计算功能为传感器的温度漂移和非线性补偿开辟了新道路，即使传感器的加工不太精密，只要保证其重复性好，通过传感器的计算功能也能获得较精确的测量结果。如日立公司研究的各种敏感元件，每个元件有相应的电路和处理器，6 个不同的半导体氧化物敏感元件是在铝基片上用厚膜印刷技术制造出来的，其背面有铂加热器使敏感元器件保持在400 ℃；由于每个敏感元件都是由不同的半导体组成，对各种气体有不同的灵敏度，对每一种气体或气味组合此装置能够形成特殊的“图样”，通过比较计算机存储器中各种气体的标准“图样”，就不难识别各种气体，用“图样”识别法也克服了单个敏感元件选择性的缺点。

(2) 自检、自诊断、自校正

普通传感器需要定期检验和标定，以保证它正常使用时有足够的准确度。检验和标定时一般要求将传感器从使用现场拆卸下来拿到实验室进行，很不方便。利用智能传感器，检验校正可以在线进行。一般所要调整的参数主要是零位和增益，智能传感器中有微处理机，内存中有校正功能的软件，操作者只要输入零位和某已知参数，其校正软件就能将变化的零位和增益校正过来。

(3) 复合敏感功能

智能传感器能够同时测量多种物理量和化学量，具有复合敏感功能，能够给出全面反映物质和变化规律的信息。如光强、波长、相位和偏振度等参数可反映光的运动特性；压力、真空度，温度梯度、热量，浓度、pH值等分别反映物质的力、热、化学特性。

(4) 接口功能

由于智能传感器用了微型机使其接口标准化，所以能够与上一级微型机利用标准化接口通信，这样就可以由远距离中心控制计算机来控制整个系统工作。

(5) 显示报警功能

智能传感器的微处理器通过接口数码管或显示器结合起来，可选点显示或定时循环显示各种测量值及相关参数，也可用打印机输出，并通过与给定值比较实现上下值的报警。

(6) 具有双回通信、标准化数字输出或者符号输出功能

可以通过装载在传感器内部的电子模块或智能现场通信器来交换信息，可通过键盘的简单操作进行远程设定或变更传感器的参数，如测量范围、线性输出或平方根输出等。这样，无须把传感器从危险区取下来，极大地节省了维护时间和费用。

(7) 掉电保护功能

由于智能传感器RAM的内部数据在掉电时会自动消失，这将给仪器的使用带来很大的不便。为此在智能仪表内装有备用电源，当系统掉电时，能自动把后备电源接入RAM，以保证数据不丢失。

3. 智能传感器特点

与传统传感器相比，智能传感器具有以下特点。

(1) 精度高

有多项功能来保证智能传感器的高精度，如自动校零，与参考基准对比以自动进行整体系统标定，自动进行整体系统的非线性等系统误差校正，通过对采集的大量数据的统计处理消除偶然误差的影响等。

(2) 高可靠性与高稳定性

智能传感器能自动补偿因工作条件与环境参数发生变化后引起系统特性的漂移，如温度变化产生的零点和灵敏度漂移；能实时自动进行系统的自我检验，分析、判断所采集到的数据的合理性，并给出异常情况的应急处理(报警或故障提示)。

(3) 高信噪比与高分辨力

通过软件进行教字滤波、相关分析等处理,可以去除输入数据中的噪声,将有用信号提取出来;通过数据融合、神经网络技术,可以消除多参数状态下交叉灵敏度的影响,从而保证在多参数状态下对特定参数测量的分辨能力。

(4) 自适应性强

由于智能传感器具有判断、分析与处理功能,能根据系统工作情况决策各部分的供电情况以及与高位计算机的数据传输速率,使系统工作在最优低功耗状态。

(5) 性价比高

智能传感器不像传统传感器那样为追求本身的完善,需对传感器的各个环节进行精心设计与调试,像进行“手工艺品”式的精雕细琢来获得,而是通过与微处理器/微计算机相结合,采用廉价的集成电路工艺以及强大的软件来实现的。

2.2 传感器管理

近年来,传感器在军工领域和民用领域都起着越来越重要的作用,但是单个传感器往往效率低下。随着传感技术、信号检测与信息处理技术及计算机技术的快速发展,多传感器数据融合得到了广泛应用。与单传感器系统相比,运用多传感器数据融合技术能够增强系统生存能力,增强数据的可信度,并提高精度,还可以扩展整个系统的时间、空间覆盖率,增加系统的实时性和信息利用率。在传感器资源有限的情况下,为了最大化信息融合系统的性能,需要合理分配和协调传感器资源。因此,传感器管理成为信息融合系统不可或缺的组成部分,并起着重要作用。因此,传感器管理技术成为当前的研究热点。

2.2.1 传感器管理的定义

在实际情况中,多传感器系统面临着各种约束,包括操作、环境、传感器物理和算法逻辑等方面的限制。特别是在目标环境的不确定性增加时,监测任务变得更加困难。为了最大化系统的效能,需要一种有效的机制来协调和分配传感器资源,这就是传感器管理。传感器管理是指在一定的约束条件下,根据具体任务要求和一系列最优原则(通常是可量化的参数,如目标检测概率、识别精度、轨迹预测精度等),科学合理地协调和分配有限的传感器资源,使系统能够高效地完成目标检测、跟踪和获取所需的区域信息,从而充分发挥多传感器数据融合系统的功能和性能,取得最优化的结果。

简言之,传感器管理是指在时间、空间和工作模式等方面对多传感器系统进行控制的过程。它的首要目标是以最小的资源开销更好地了解监控区域的信息和状态。通过合理的传感器管理,可以控制数据融合过程,选择需要使用的数据,并有效地避免不必要的数据存储、计算和能量消耗。另一个目标是实现整个系统的优化,通过检测结果进行反馈控制。例如,现代战斗机配备多种传感器,并建立了传感器自动管理系统,以提高数据系统的精度,并减轻飞行员的操作和心理压力。

当前,传感器管理广泛性的研究框架是由新加坡学者 Ng.G W 提出的,从功能的角度将传感器管理分为3层:单传感器管理、单平台多传感器管理和多平台多传感器管理(或传感器网络管理)。

(1) 单传感器管理作为最基础的管理层,主要负责对单个传感器的发送频率、检测方向和电源等可控参数的独立控制。如根据任务的需要,改变非全向雷达的检测方向等。

(2) 单平台传感器管理为中级管理层,主要负责根据不同的任务对传感器进行任务分配、传感器指示交接和传感器模式确定等操作。通常应用于单一平台的多传感器系统,如天基、空基、陆基和海基等。

(3) 多平台多传感器管理为高级管理层,也称为传感器网络管理,它主要负责多传感器和多平台之间的通信和协同控制等操作,如传感器的动态布局以保持良好的目标覆盖等。

上述三类传感器之间的差异如表 2.2 所示。

表 2.2　三类传感器管理的对比

管理类型	优化目标	约束条件	管理策略	常见方法
单传感器管理	最小化目标状态误差	能量限制、工作模式的局限等	参数控制、电源控制、模式切换等	滤波技术、数学规划、信息论方法等
单平台多传感器管理	最大化传感器资源效能	传感器的监控能力、传感器数量限制等	多目标排序、传感器对目标分配、感器模式确定	滤波技术、数学规划、智能优化、信息论方法等
多平台多传感器管理	最大化网络寿命,最大化传感器资源效能	能量限制、带宽限制、通信范围限制等	通信控制、协同控制等	滤波技术、数学规划、智能优化技术等

此外,随着物联网的兴起,无线传感器网络已成为国际上计算机、信息与控制的一个新的研究热点,显示出了与传统多传感器系统的区别,如节点数量巨大、网络管理需求等,为传感器管理技术带来了许多新的研究机会和挑战。

2.2.2　数据融合系统中的传感器管理

传感器管理作为数据融合系统中的重要部分,不仅服务于数据融合操作,其所需的管理依据也来源于数据融合的结果。传感器管理提供了数据融合所需的基础设施和资源,确保传感器能够正常运行并提供高质量的数据。同时,数据融合需要基于传感器管理的信息,对来自多个传感器的数据进行融合和集成,以获取更全面和准确的信息。然而,以往的数据融合系统仅仅是环境检测和融合数据的开环过程,且只在融合中心准则和算法上进行局部优化,而并没有强调对整个系统的传感器资源的协调,也没有利用融合的结果来反馈、引导传感器管理进行传感器资源的实时分配和传感器的控制。

美国国防部试验联合指导工作组提出的 JDL 数据融合 4 级模型,强调了数据融合需与传感器管理相结合的观点;随后 A.R Benaskeur 等人又提出了数据融合与传感器管理的闭环式模型,并证明了其相对于开环式模型的优越性。该模型可以在提高系统效能的同时减少目标探测时间和系统的负载。在这里,简单介绍闭环模型,数据融合系统的闭环结构如图 2.3 所示。

图 2.3 中,传感器子系统是一种环境探测装置,用于实时检测环境变化并提供相关数据给数据融合子系统。数据融合子系统通过将来自传感器子系统的数据进行融合操作,进一步获取当前环境的状态信息。决策支持子系统利用数据融合的结果进行势态估计和威胁分

析，并为传感器管理子系统提供重要依据。传感器管理子系统根据前几个阶段提供的反馈信息，实时调整和优化传感器资源，在闭环系统中起着极其重要的反馈调节作用。简言之，传感器子系统检测环境并提供数据，数据融合子系统整合这些数据，决策支持子系统分析结果，传感器管理子系统根据反馈信息进行资源调整。显而易见，闭环反馈模型的引入大大提高了系统的自适应能力和稳定性。

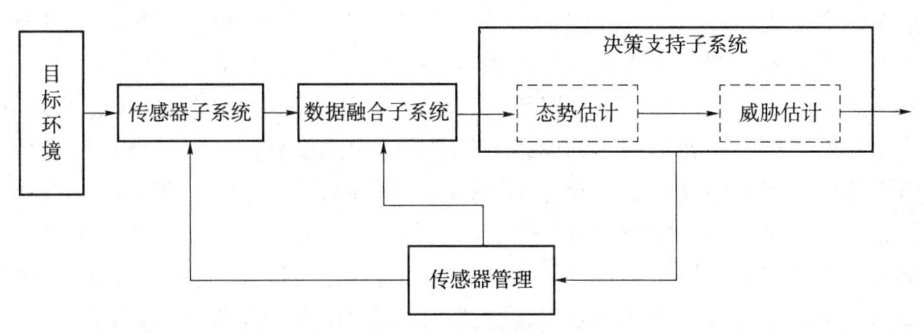

图 2.3 传感反馈控制的闭环数据融合系统

P.L.Rothman 指出在闭环系统中评价传感器管理系统时，应从以下四个方面进行考量：相对任务目标的绩效量测选择、相对权重的确定、基准场景的定义以及传感器管理系统之间的对比。但目前仍然没有完成对该评价体系的具体实现，这也是传感器管理系统有待研究的问题之一。

多年来，多传感器数据融合技术的迅速发展促进了对传感器管理技术的研究。随着在信息融合系统中传感器管理的重要性逐渐显现，它从最初作为信息融合系统的一部分，逐渐演变为一个相对独立的功能模块。传感器管理和数据融合之间的关系也从从属转变为独立而相互联系的阶段。然而，传感器管理的核心任务仍然是合理分配传感器资源并对信息融合系统进行反馈控制。目前，传感器管理和信息融合的这种相辅相成的闭环模式已经成为最热门的发展趋势。

2.2.3 传感器管理的内容

传感器管理的首要问题在于按照一定的优化原则，确定系统中哪些传感器在何时以何种工作模式执行何种任务。这是一个广泛而复杂的概念，涉及传感器的部署、任务分配和协调等诸多问题。随着无线传感器网络的兴起，传感器管理还需要对网络通信进行有效管理。因此，根据任务的要求不同，传感器管理的范围大致可以概括为：时间管理、空间管理、模式管理和网络管理，具体介绍如下：

(1) 时间管理。在多传感器系统中，经常会遇到由于传感器分布或具体任务的不同，而只需要一部分传感器工作，或经常要完成一些需要多传感器严格时间同步工作的情况(如轨迹检测、运动目标检测、对抗活动等)，此时就需要对该系统进行时间管理操作，从而合理安排传感器的工作时间，确保在关键时刻获取到所需的数据。

(2) 空间管理。它的主要任务是决定各个传感器的空间位置，并给出非全向传感器的检测方向，以确保对整个区域的覆盖和对目标的检测、定位与跟踪。这包括传感器的部署位置选择、传感器节点之间的空间关系和布局等，直接涉及对传感器资源的合理利用。

(3) 模式管理。它的主要任务是调节传感器的工作模式和可变参数。这意味着根据特定需求对传感器进行调整,以达到最佳性能。举例来说,由于大多数传感器能量有限,为了保证隐蔽性,可能需要降低传感器的主动发送次数,使其进入静默状态或空闲状态。此外,传感器在不同的工作模式下能够完成不同的任务,或者可以根据环境的变化调整一些参数。这些参数可能涉及传感器的孔径、信息信号波形、功率以及处理技术的选择等。例如,现代先进雷达系统通常提供多种工作模式和参数选项供选择。因此,模式管理的任务就是在不同情况下灵活调整传感器的工作模式和参数,以获得最佳的性能和适应性。

(4) 网络管理。它是针对传感器网络而言的。它在确保网络寿命最大化的基础上,完成多个传感器或传感器平台间通信的管理和信息共享控制,使传感器网络更好地协作完成任务。而无线传感器网络又有节点尺寸小、数量多、冗余性高、无线连接等特点,其网络管理的主要任务是对网络通信、计算和存储等操作进行协调管理。

传感器管理实现上述四类管理任务的方法并非单一机制能够完成。因此,一个合理的传感器管理通常需要通过以下几个步骤来完成:目标排序、传感器预测、事件预测、传感器目标分配、空间和时间范围的控制以及传感器配置和控制策略。具体描述如下:

① 目标排序。基于目标当前状态和未来状态建立目标的优先级,确定传感器资源分配的最优方案。同时,必须提供人工操作接口,满足人为设定的优先级排序需求。

② 传感器预测。为当前目标分配传感器,并预测各个传感器对目标的有效性和能力。

③ 事件预测。根据当前事件、目标状态和战术原则,预测未来可能发生的事件,并验证期望的事件。例如,在目标跟踪中,可以根据目标的当前位置预测未来位置,以保持对目标的监控。

④ 传感器目标分配。在多传感器系统中存在多个目标时,需要将多个传感器分配给不同的目标。分配原则基于相应的目标函数进行。

⑤ 空间和时间范围的控制。通过设置目标指示传感器,在保持对区域内目标监控的同时,及时感知进入该区域的目标。对于空间扫描,需要考虑目标检测概率、跟踪和识别性能以及被敌方检测到的概率等方面的时间消耗。

⑥ 传感器配置和控制策略。将传感器配置方案转化为具体的传感器命令,进行传感器的配置和控制。

以上几个功能模块组成了通用的传感器管理功能模型。具体功能模块由具体情况确定。

2.2.4 传感器管理的结构

传感器管理的结构作为传感器管理的基础与数据融合结构相关联,有着重要的作用。其结构的好坏直接影响数据融合系统输入数据的好坏,一个合理的结构可以大大减轻数据融合系统的负担。随着数据融合和多源传感器系统规模、结构的变化,传感器管理架构也发生了巨大变化。传感器管理的结构可以根据传感器管理的范围分为单传感器管理、单平台多传感器管理和传感器网络管理。相应地,根据传感器管理的结构,通常可以将其分为集中式结构、分布式结构和混合式结构。这些不同的结构形式提供了灵活性和适应性,以满足不同规模和复杂性的数据融合和多源传感器系统的需求。通过选择合适的传感器管理结构,可以实现更高效的数据融合和传感器资源管理,从而提高系统的性能和可靠性。

1. 集中式管理结构

如图 2.4 所示，在系统中存在一个融合中心，它通过反馈机制对所有传感器资源进行统一的分配和管理，并通过信息交互通知各个传感器。这种结构的优点在于它的简单性和中心节点的准确合理的决策能力。此外，各个传感器也能够在相对独立的工作环境中进行自主管理，有效地管理自身的物理资源。然而，这种结构也存在一些缺点。首先，在传感器数量较多时，计算量会变得很大，不够灵活。其次，这种结构容易导致个别传感器负荷过重。

该结构主要应用在简单的单传感器和单平台多传感器系统中。

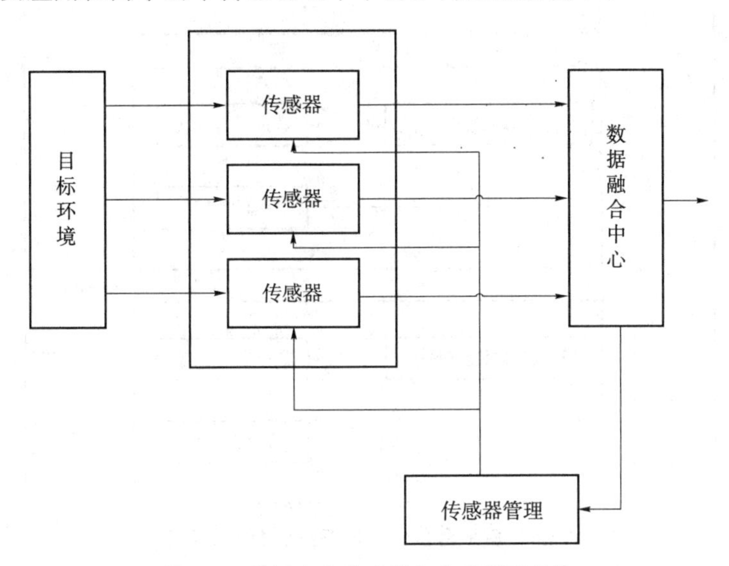

图 2.4 单平台多传感器集中式管理结构

2. 分布式管理结构

随着传感器数量的增加和任务的复杂性提高，集中式结构的劣势逐渐显现。因此，在大规模系统和多任务环境下，通常采用分布式结构。如图 2.5 所示，分布式结构中没有传感器管理中心，每个平台都具有相同的地位。每个平台都有自己的传感器管理系统，在完成自身任务的同时通过平台间的通信来共享信息。这种结构的优点在于可以将管理操作分散到多个传感器平台，增强系统的可扩展性、可靠性和抗击打能力。同时，它避免了集中式结构中的带宽限制和个别传感器负载过重的问题。然而，分布式结构的缺点是整体协调能力减弱，容易产生任务冲突，使管理变得更加复杂。

该结构多适用于复杂的多平台多传感器系统中，如无线传感器网络。

3. 混合式管理结构

由前面可知，集中式结构和分布式结构都有自己的优点和缺点，有时，在同一传感器管理环境中，两种结构都可以适用。通常在传感器数量较多的情况下，会结合使用这两种结构形成混合式管理结构。下面介绍两种常见的混合式管理结构。

为了提高系统的整体性能，可以采用分层结构的方式来建立系统(将管理操作分配到不同的位置或传感器上)，这样的系统被分为多个层次。为了实现这样的模块化系统，引入了宏观和微观结构的概念。如图 2.6 所示，对于单平台多传感器系统，传感器管理被分为宏观管理器和微观管理器:宏观管理器主要负责分配和协调多个传感器的任务,动态配置所有传感器资源,并控制传感器之间的信息交互;微观管理器负责决定每个传感器如何执行给定的任务,选择它们的可变参数和可切换模式。

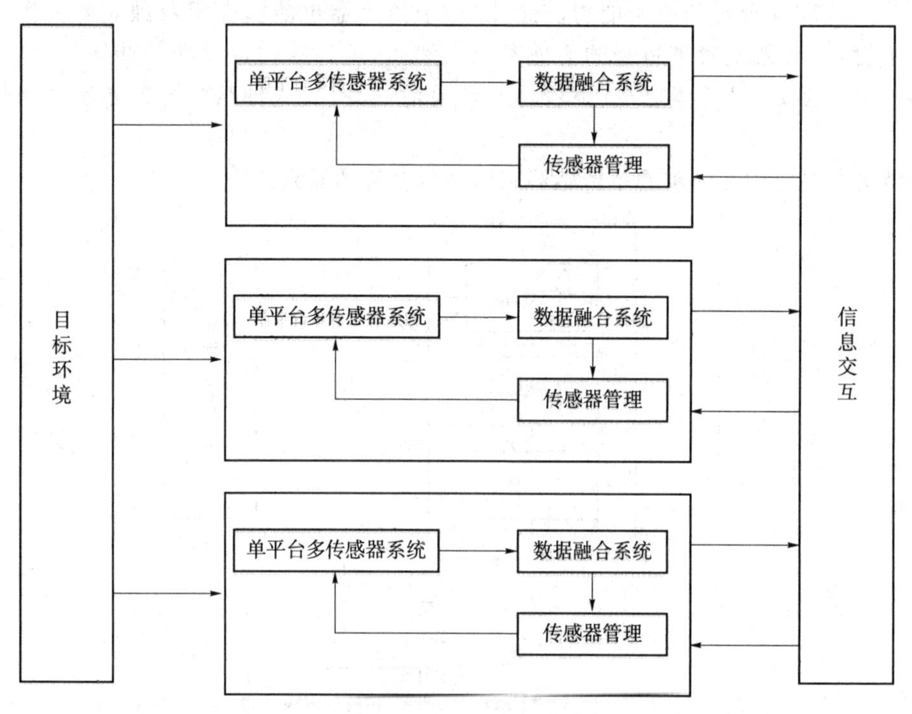

图 2.5　多平台多传感器系统的分布式结构

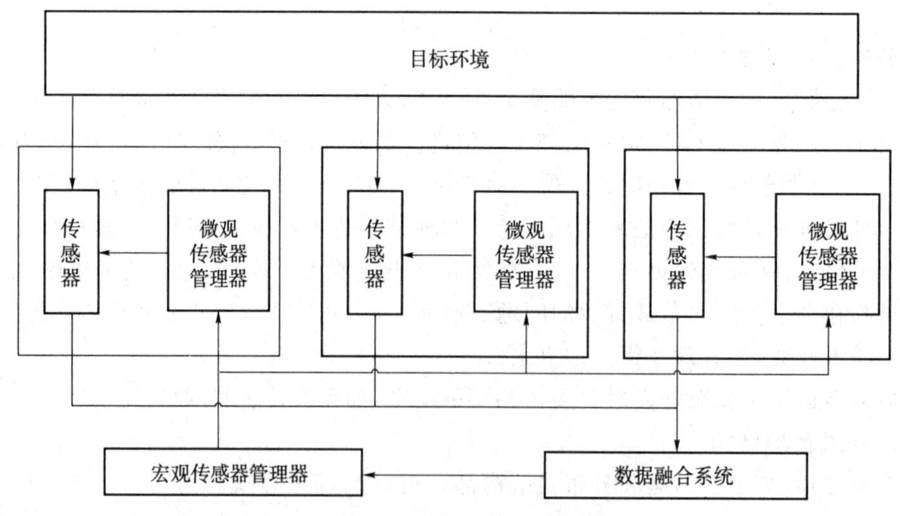

图 2.6　单平台多传感器微观/宏观式结构

多平台多传感器系统也可采用宏观与微观结构,即将多个宏观与微观结构的传感器平台通过信息交互和协同的方式联系起来,从而形成一个更大的系统,如图 2.7 所示。

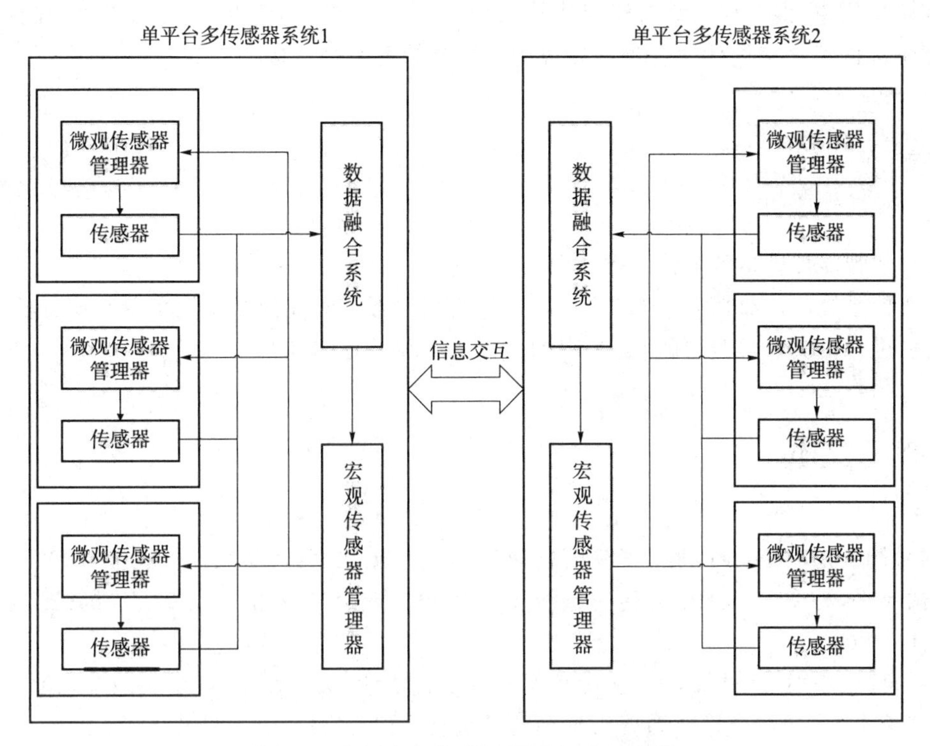

图 2.7　多平台多传感器微观/宏观式结构

此外,在文献中还提到了一种基于计算机网络中服务器和客户端概念的多代理混合管理结构。这里的代理是指软件代理,每个代理都具有自主的推断能力,并能够对周围环境的变化做出响应,即进行传感器管理操作。这些代理之间可以进行通信和交互,形成一个网络结构。

通常,这种结构包括两类代理:传感器代理和融合中心代理,而融合中心代理又可以进一步分为本地融合中心代理和中心融合中心代理,如图 2.8 所示。该结构将管理系统分为三个层次:传感器层、本地融合层和中心融合层。在管理过程中,中心融合中心代理的作用是确定性能指标并传达传感器代理需要完成的任务,监控实际性能是否符合要求,并负责建立本地传感器群组。本地融合中心代理的功能包括管理所在群组的传感器代理,并将本地融合结构传递给上一级。传感器代理的任务是监测目标并获取其他传感器的数据,通过相互协商后将任务分配给各个传感器。

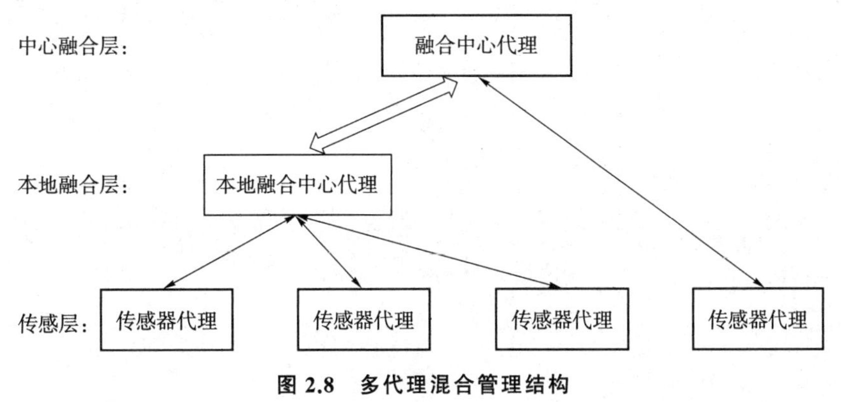

图 2.8　多代理混合管理结构

实际应用中,混合模式综合了集中式结构和分布式结构的优点,因此通常采用混合式结构根据不同的情况来设计适合当前环境的传感器管理系统结构。

习题

1.简述智能传感器的概念和基本特性。

2.通信系统的接收信号,即量测信号一般为何种形式?如何利用概率论知识分析?

3.在进行量测建模时,如何解决观测方程的非线性化问题?

本章参考文献

[1] 韩崇昭,朱洪艳,段战胜. 多源信息融合[M].3 版.北京:清华大学出版社,2022.

[2] 戴亚平,马俊杰,笑涵. 多传感器数据智能融合理论与应用[M]. 北京:机械工业出版社,2021.

[3] 潘泉,王小旭,徐林峰,等. 多源动态系统融合估计[M]. 北京:科学出版社,2019.

[4] 郭承军. 多源组合导航系统信息融合关键技术研究[D]. 电子科技大学,2018.

[5] 祁友杰,王琦. 多源数据融合算法综述[J]. 航天电子对抗,2017,33(6):37-41.

[6] 邓自立. 信息融合估计理论及其应用[M]. 北京:科学出版社,2015.

[7] 彭冬亮,文成林,薛安克. 多传感器多源信息融合理论及应用[M]. 北京:科学出版社,2010.

[8] 何友,王国宏,关欣,等. 信息融合理论及应用[M]. 北京:电子工业出版社,2010.

[9] Jitendra R R. Multi-Sensor Data Fusion with MATLAB[M]. New York: CRC Press, 2009.

[10] Hall D L, Llinas J. Handbook of Multisensor Data Fusion[M]. Danvers: CRC Press, 2001.

第3章 量测与时空对准

3.1 信号描述与信号量测

信号处理与信息融合的前提是获取观测信号，各种通信接收机、侦察机、监视机接收信号并进行处理得到“信息”是设计的根本。信号是信息的载体，即信息通过变换、编码和调制等产生携带该信息的信号。通常接收的信号称为“观测信号”；观测信号通常存在干扰或失真。信号处理的根本目的就是从受到干扰的观测信号中获取出它所携带的“信息”。对于一般的通信系统，信息就是传输的内容，如语音、数字信号等。对于检测、侦察、监视等系统，信息可以是传感信息、特定目标系统的状态和的属性等。

量测是指被噪声污染的有关目标状态的观测信息，或者从观察信号提取的信号，包括：通信接收机的接收信号，监视系统的目标位置估计、测距、方位角信息等。信息融合处理过程所关注的量测信号可能不是原始观测信号，而是经过传感系统获检测系统处理的输出信号。根据信号处理的任务，信号有多种分类方法：

(1) 连续信号可以用连续的时间函数来描述，而离散信号是离散时间上的信号序列。

(2) 如果信号中所含的所有参量都确知，则信号仅为时间的函数，这类信号一般称为确知信号。因此，传感器信号处理重点是确知信号的有/无，信号是否存在。不同形式的确知信号可以代表信号的不同状态。

(3) 参量信号是指信号中含有一个或一个以上的参量是未知的或随机的。参量随机的参量信号称为随机参量信号。

3.1.1 量测信号

1. 确知信号

对于确知信号，常见的有：直流信号，正弦、余弦信号以及窄带信号，其一般形式为

$$s(t)=a(t)\cos[\omega_0 t+\theta(t)] \tag{3.1}$$

式中，振幅 $a(t)$、频率ω_0和相位 $\theta(t)$确知或是时间的确定函数。

在式(3.1)中，$f_0=\omega_0/2\pi$ 称为载波频率，振幅 $a(t)$，相位 $\theta(t)$一般为时间的函数，分别

称为振幅调制波和相位调制波。在信息传输中,$a(t)$和相位 $\theta(t)$是携带信息的参量。如果信号 $s(t)$ 的带宽 $\Delta f \ll f_0$,则称信号 $s(t)$为窄带信号,如图 3.1 所示。

$$s(t)=s_R(t)\cos\omega_0 t-s_I(t)\sin\omega_0 t \tag{3.2}$$

$$s_R(t)=a(t)\cos\theta(t) \tag{3.3}$$

$$s_I(t)=a(t)\sin\theta(t) \tag{3.4}$$

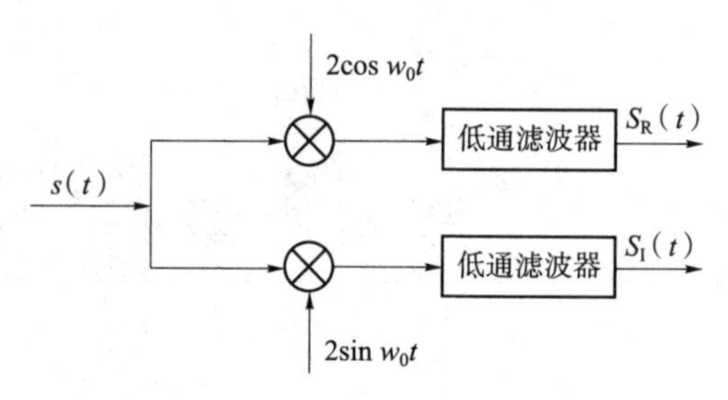

图 3.1　正交相位检波器

2. 参量信号

对于参量信号,首先需要理解"未知或随机参量"的概念,如信号 $s(t)$的随机参数 x,服从高斯概率分布 $N(\mu,\sigma^2)$,即 $p(x)=\sqrt{\left(\frac{1}{2\pi\sigma^2}\right)}\mathrm{e}^{-\frac{(x-\mu)2}{2\sigma2}}$,$s(t)$则属于随机参量信号。高斯分布随机变量的 PDF 曲线如图 3.2 所示。

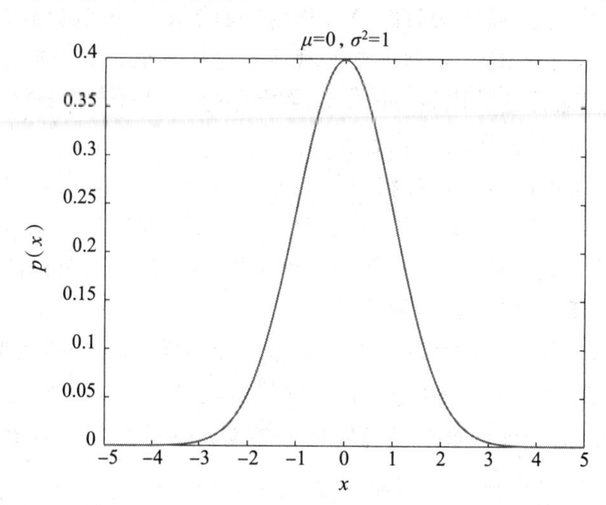

图 3.2　高斯分布随机变量的 PDF 曲线

根据随机参量在信号 $s(t;a,\theta)=a(t)\cos[\omega_0 t+\theta(t)]$中存在的位置,常见的参量信号有:

(1) 随机相位信号:振幅 $a(t)$和频率ω_0是确知的参数,相位 $\theta(t)$是随机参数。

(2) 随机振幅和随机相位信号:频率ω_0是确知的参数,振幅 $a(t)$和相位 $\theta(t)$是随机参数。

(3) 随机频率信号:振幅 $a(t)$和相位 $\theta(t)$是确知的参数,频率ω_0是随机参数。

另外还有随机到达时间等随机参量信号以及多个信号参量同时随机的情况。为了便于对随机参量信号进行处理，需要对随机参量信号中的随机参量的统计特性进行描述。在实际中经常会遇到随机相位的信号，相位 $\theta(t)$ 的随机性通常认为在 $(-\pi,\pi)$ 均匀分布为

$$p(\theta)=\begin{cases}\dfrac{1}{2\pi}, & -\pi\leqslant\theta\leqslant\pi \\ 0, & \text{其他}\end{cases} \tag{3.5}$$

信号振幅的随机性通常采用瑞利分布模型来统计描述为

$$p(a)=\begin{cases}\dfrac{a}{\sigma^2}\mathrm{e}^{-\frac{a^2}{2\sigma^2}}, & a\geqslant 0 \\ 0, & a<0\end{cases} \tag{3.6}$$

瑞利分布随机变量的 PDF 曲线如图 3.3 所示。

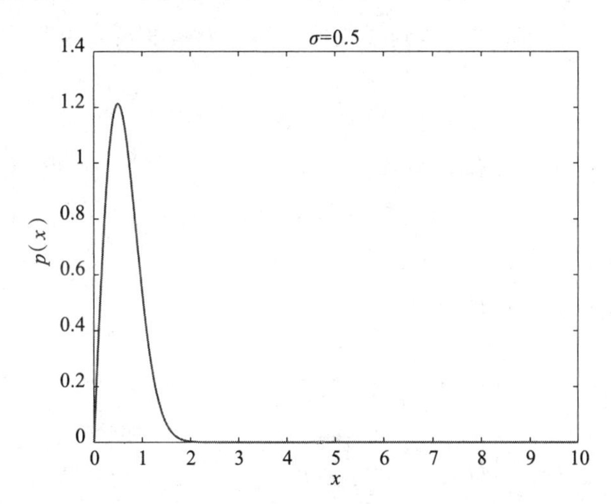

图 3.3　瑞利分布随机变量的 PDF 曲线

3. 噪声信号

如果噪声 $n(t)$ 的功率谱密度仅在频率 $f=\pm f_0$ 附近一个很窄的频率范围内存在，而频率 f_0 相当高，则通常把这种高频限带噪声称为窄带噪声。其信号表达式为

$$n(t)=a_n(t)\cos[\omega_0 t+\theta_n(t)]=n_{\mathrm{R}}(t)\cos\omega_0 t-n_{\mathrm{I}}(t)\sin\omega_0 t \tag{3.7}$$

设噪声 $n(t)$ 是零均值方差为 σ^2 的平稳高斯随机过程，可以推得正交随机分量 $n_{\mathrm{R}}(t)$ 和 $n_{\mathrm{I}}(t)$ 也是均值为零、方差为 σ^2 的高斯噪声，而且两者是不相关的。于是，$n_{\mathrm{R}}(t)$ 和 $n_{\mathrm{I}}(t)$ 的联合概率密度函数(隐去时间变量 t 后)为

$$p(n_{\mathrm{R}},n_{\mathrm{I}})=\frac{1}{2\pi\sigma_n^2}\mathrm{e}^{-\frac{n_{\mathrm{R}}^2+n_{\mathrm{I}}^2}{2\sigma_n^2}} \tag{3.8}$$

最后，可求噪声的包络 $a_n(t)$、相位 $\theta_n(t)$ 的概率密度函数。由包络 $a_n(t)$、相位 $\theta_n(t)$ 与 $n_{\mathrm{R}}(t)$ 和 $n_{\mathrm{I}}(t)$ 的关系，利用二维雅可比变换，可得隐去时间变量的包络 $a_n(t)$、相位 $\theta_n(t)$ 的联合概率密度函数。

$$p(a_n,\theta_n)=\frac{a_n}{2\pi\sigma_n^2}\mathrm{e}^{-\frac{a_n^2}{2\sigma_n^2}},0\leqslant a_n,-\pi\leqslant\theta_n\leqslant\pi \tag{3.9}$$

噪声的包络$a_n(t)$和相位$\theta_n(t)$的密度函数为

$$p(a_n)=\begin{cases}\dfrac{a_n}{\sigma_n^2}\mathrm{e}^{-\frac{a_n^2}{2\sigma_n^2}}, & a_n\geqslant 0\\ 0, & a_n<0\end{cases} \tag{3.10}$$

$$p(\theta_n)=\begin{cases}\dfrac{1}{2\pi}, & -\pi\leqslant\theta_n\leqslant\pi\\ 0, & 其他\end{cases} \tag{3.11}$$

以通信系统为例，量测信号作为接收信号一般有以下两种情况。

(1) 直流或脉冲信号加高斯噪声

设信号 $s(t)$是直流信号 A，叠加高斯白噪声信号，则该接收的参数信号：$x(t)=A+n(t)$。如果直流信号是恒定常数 A，则接收信号的概率密度函数为

$$p(x)=\sqrt{\frac{1}{2\pi\sigma^2}}\mathrm{e}^{-\frac{(x-A)^2}{2\sigma^2}} \tag{3.12}$$

对于数字通信的 0/1 二元信号为

$$\begin{cases}H_0:x=n(t)\\ H_1:x=n(t)+A_{\mathrm{S}}\end{cases} \tag{3.13}$$

此时一般使用条件概率密度函数为

$$p(x_k|H_0)=\sqrt{\frac{1}{2\pi\sigma^2}}\mathrm{e}^{-\frac{x_k^2}{2\sigma^2}},k=1,2,\cdots \tag{3.14}$$

$$p(x_k|H_1)=\sqrt{\frac{1}{2\pi\sigma^2}}\mathrm{e}^{-\frac{(xk-AS)^2}{2\sigma^2}},k=1,2,\cdots \tag{3.15}$$

(2)窄带信号加窄带高斯噪声

设信号 $s(t)$是频率为ω_0、振幅为a_{s}、相位为θ_{s}的余弦信号，叠加有窄带高斯噪声为

$$\begin{aligned}x(t)&=s(t)+n(t)\\&=[a_{\mathrm{s}}\cos\theta_{\mathrm{s}}+n_{\mathrm{R}}(t)]\cos\omega_0 t-[a_{\mathrm{s}}\sin\theta_{\mathrm{s}}+n_{\mathrm{I}}(t)]\sin\omega_0 t\\&=x_{\mathrm{R}}(t)\cos\omega_0 t+x_{\mathrm{R}}(t)\sin\omega_0 t\end{aligned} \tag{3.16}$$

信号加窄带高斯噪声的包络$a_x(t)$和相位$\theta_x(t)$定义为

$$a_x(t)=\sqrt{x_{\mathrm{R}}^2(t)+x_{\mathrm{I}}^2(t)} \tag{3.17}$$

$$\theta_x(t)=\arctan\frac{x_{\mathrm{I}}(t)}{x_{\mathrm{R}}(t)} \tag{3.18}$$

用求边缘概率密度函数的方法，得包络$a_x(t)$的条件概率密度函数为

$$\begin{aligned}p(a_x|a_s,\theta_s)&=\frac{a_x}{\sigma_n^2}\mathrm{e}^{-\frac{a_x^2+a_s^2}{2\sigma_n^2}}\cdot\frac{1}{2\pi}\int_{-\pi}^{\pi}\mathrm{e}^{\frac{a_x a_s\cos(\theta_s-\theta_x)}{2\sigma_n^2}}\mathrm{d}\theta_x\\&=\frac{a_x}{\sigma_n^2}\mathrm{e}^{-\frac{a_x^2+a_s^2}{2\sigma_n^2}}\cdot I_0\left(\frac{a_x a_s}{\sigma_n^2}\right)\end{aligned} \tag{3.19}$$

这种分布称为广义瑞利分布，也称为莱斯(Ricean)分布，其中$I_0()$是修正的0阶第一类贝塞尔函数。广义瑞利分布，即莱斯(Ricean)分布图表示如下($d=\frac{a_s}{\sigma_n}$是信噪比)。莱斯分布随机变量的PDF曲线如图3.4所示。

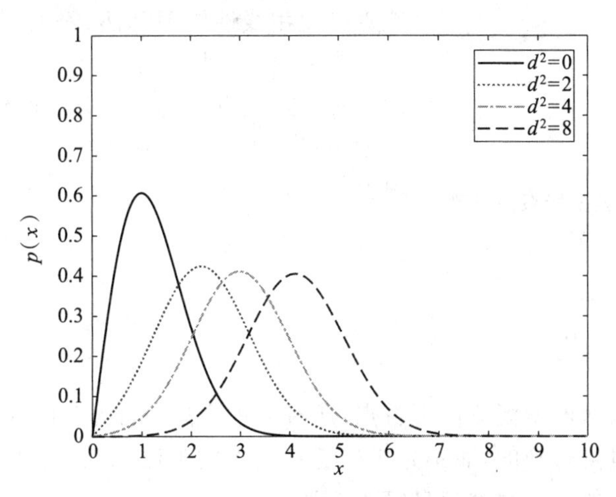

图3.4 莱斯分布随机变量的PDF曲线

3.1.2 量测建模

量测建模：在进行目标信息的检测、估计以及目标信息融合处理时需要建立观测方程，也称为量测方程：

$$Z=f(X)+g(W) \tag{3.20}$$

式中，Z代表观测信号，X代表状态变量，W代表观测噪声。一般状态变量X是目标的位置坐标为

$$X=[x,y,z]^{\mathrm{T}} \tag{3.21}$$

或位置信息加上速度信息为

$$X=[x,y,z,a_x,a_y,a_z]^{\mathrm{T}} \tag{3.22}$$

以雷达系统为例，观测信号是方位角θ、仰角η、距离r以及用多普勒频率计算的距离变化率$\dot{r}$。建立观测方程如下：

$$Z=f(X)+g(W) \tag{3.23}$$

式中，$Z=(\hat{\theta}_i,\hat{\eta}_i,\hat{r}_i,\hat{\dot{r}}_i)^{\mathrm{T}}$，具体表示如下：

$$\hat{\theta}_i=\theta_i+w_\theta=\arctan\left(\frac{y}{x}\right)+w_\theta \tag{3.24}$$

$$\hat{\eta}_i=\eta_i+w_\eta=\arctan\left(\frac{z}{\sqrt{x^2+y^2}}\right)+w_\eta \tag{3.25}$$

$$\hat{r}_i=r_i+w_r=\sqrt{x^2+y^2+z^2}+w_r \tag{3.26}$$

$$\hat{\dot{r}}_i=\dot{r}_i+w_{\dot{r}}=\frac{x\dot{x}+y\dot{y}+z\dot{z}}{\sqrt{x^2+y^2+z^2}}+w_{\dot{r}} \tag{3.27}$$

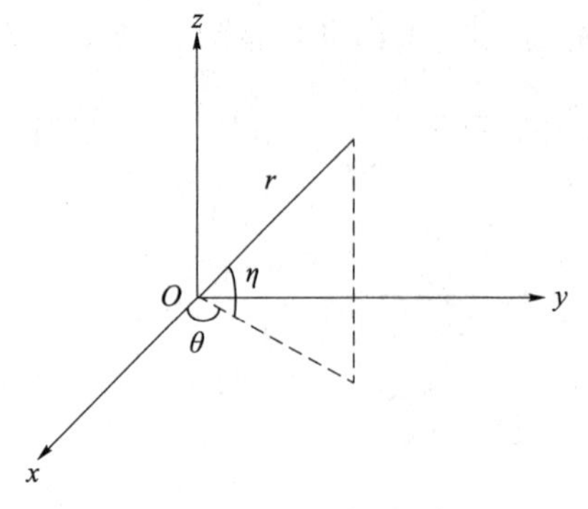

图 3.5 基于单传感器坐标系的量测

基于单传感器坐标系的量测如图 3.5 所示。

对于量测方程 $Z=f(X)+g(W)$，由于观测信号与目标状态参数往往不是同一个坐标系参数，因此，观测方程一般是非线性的。在进行数据融合处理时，不能直接使用线性处理算法，需要对观察方程进行线性化。常用的线性化方法有：导数法、差分法、基于BLUE 的线性方化等。另外，通常可以使用高斯噪声模型来对噪声进行建模，但工程上的噪声建模要复杂得多。

3.2 量测模型

本节所介绍的量测模型涵盖以下特点：所有的量测都来自处于跟踪状态的“点目标”；所有的信息都是通过量测得到的，而不是更广泛意义上的观测，后者可能包括其他附加信息，比如由图像跟踪提供的目标属性信息等。

3.2.1 传感器坐标模型

用于目标跟踪的传感器按自然传感器坐标系（Coordinate System，CS）或称框架提供对目标的量测。在很多情况下（如雷达），这个 CS 就是三维的球坐标系或二维的极坐标系，量测为距离 r、方位角 θ 和俯仰角 η，如图 3.6 所示，可能还有距离变化率 r（Doppler）。在实用中，这些量通常是带噪声量测，即

$$\begin{cases} r_m = r+\tilde{r} \\ \theta_m = \theta+\tilde{\theta} \\ \eta_m = \eta+\tilde{\eta} \\ r_m = \dot{r}+\tilde{\dot{r}} \end{cases} \tag{3.28}$$

式中，(r,θ,η) 表示在传感器球坐标中目标真实位置（无误差），而 $\tilde{r},\tilde{\theta},\tilde{\eta},\tilde{\dot{r}}$ 分别是各量测量的随机误差。假定这些量测都是在时刻得到的。通常假定这些量测噪声是零均值的高斯白噪声，互不相关，即 $v_k=(\tilde{r}_k,\tilde{\theta}_u,\tilde{\eta}_k,\tilde{\dot{r}}_k)^{\mathrm{T}}$，$k=1,2,\cdots$ 是零均值白噪声序列，且

$$v_k \sim N(0,R_k),R_k=\mathrm{diag}(\sigma_r^2,\sigma_\theta^2,\sigma_\eta^2,\sigma_{\dot{r}}^2) \tag{3.29}$$

需要强调的是，对于边跟踪边搜索（SWT）的监视系统，如相控阵雷达，在传感器提供的量测数据中，目标位置是通过方向余弦（u 和 v）相对于坐标轴的形式来表示的，而不是使用方位角 θ 和俯仰角 η。因此，RUV 量测模型可以表达如下：

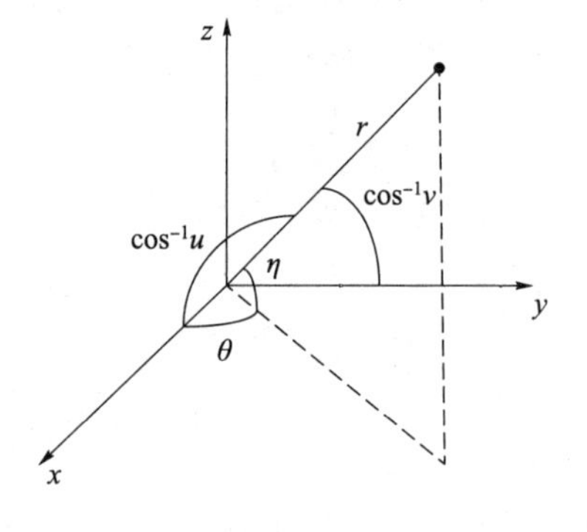

图 3.6 传感器坐标系

$$\begin{cases} r_m = r + \tilde{r} \\ u_m = u + \tilde{u} \\ v_m = v + \tilde{v} \\ \dot{r}_m = \dot{r} + \tilde{\dot{r}} \end{cases} \tag{3.30}$$

式中，u 和 v 分别表示在传感器球坐标中无误差方向余弦，而 $\tilde{u}$ 和 $\tilde{v}$ 是相应的量测随机误差。通常假定这些量测噪声也是零均值的高斯白噪声，并且互不相关，即$v_k=(v_r,v_u,v_v,v_{\dot{r}})^{\mathrm{T}}$；是零均值白噪声序列，且

$$v_k \sim N(0,R_k),R_k=\mathrm{diag}(\sigma_r^2,\sigma_u^2,\sigma_v^2,\sigma_{\dot{r}}^2)$$

上述两种量测模型能够写成向量与矩阵的紧凑形式为

$$\boldsymbol{z}_k=\boldsymbol{H}_k\boldsymbol{x}_k+\boldsymbol{v}_k,\boldsymbol{v}_k \sim N(0,R_k) \tag{3.31}$$

式中，$\boldsymbol{z}_k=(r_m,\theta_m,\eta_m,r_m)^{\mathrm{T}}$ 或 $\boldsymbol{z}_k=(r_m,u_m,v_m,r_m)^{\mathrm{T}}$，$\boldsymbol{x}_k=(r,\theta,\eta,\dot{r},\cdots)^{\mathrm{T}}$ 或 $\boldsymbol{x}_k=\left(\tilde{r},\tilde{\theta},\tilde{\eta},\tilde{\dot{r}}\right)^{\mathrm{T}}$，$\boldsymbol{v}_k=\left(\tilde{r},\tilde{\theta},\tilde{\eta},\tilde{\dot{r}}\right)^{\mathrm{T}}$ 或$\boldsymbol{v}_k=\left(\tilde{r},\tilde{u},\tilde{v},\tilde{\dot{r}}\right)^{\mathrm{T}}$，$\boldsymbol{H}_{k=}(I,0)$而 I 和 0 分别代表单位阵和零阵。

3.2.2　在各种坐标系中的跟踪

目标跟踪所涉及的各种坐标系包括地心惯性系(ECI)、地固地心直角坐标系(ECF)、东北天系(ENU)、雷达表面系(LF)等。在选择坐标系时，有许多因素需要考虑。一般情况下，目标运动的描述是在笛卡儿坐标系中进行的，但量测数据却是在传感器坐标系中获取的。因此，在跟踪过程中，存在四种基本的坐标系可能性，包括混合坐标系、笛卡儿坐标系、传感器坐标系以及其他坐标系。

1. 在混合坐标系中跟踪

这是最流行的方法。目标动力学和量测建模为

$$z=h(x)+v \tag{3.32}$$

式中，目标状态 x 和过程噪声在笛卡儿坐标系中，量测 z 及其可加噪声在传感器坐标系。设$x=(x,y,z)^{\mathrm{T}}$是目标在笛卡儿坐标系的真实位置。对于球面系，有量测 $z=(r_m,\theta_m,\eta_m,\dot{r}_m)^{\mathrm{T}}=(h_r,h_\theta,\eta_m,h_{\dot{r}})^{\mathrm{T}}$，而 $h(x)=(r,\theta,\eta,\dot{r})^{\mathrm{T}}=(h_r,h_\theta,h_\eta,h_{\dot{r}})^{\mathrm{T}}$

$$h_r=r=\sqrt{x^2+y^2+z^2} \tag{3.33}$$

$$h_\theta=\theta=\tan^{-1}(y/x) \tag{3.34}$$

$$h_\eta=\eta=\tan^{-1}(z/\sqrt{x^2+y^2}) \tag{3.35}$$

$$h_{\dot{r}}=\dot{r}+\tilde{\dot{r}}=(x\dot{x}+y\dot{y}+z\dot{z})/\sqrt{x^2+y^2+z^2} \tag{3.36}$$

许多非线性估计与滤波方法如扩展 Kalman 滤波(EKF)可以用于这一框架下的机动目标跟踪。两个典型的 EKF 实现就是采用混合坐标系。

2. 在笛卡儿坐标系中跟踪

在这种方法中，需要将在传感器坐标系中的量测转换为笛卡儿坐标系。显然，传感器坐标系中表示的任何一种量测都可以在笛卡儿坐标系中严格等价地表示。设

$$x_{\mathrm{p}}=(x,y,z)^{\mathrm{T}}=Hx$$

表示传感器无误差量测(r,θ,η)或(r,u,v)在笛卡儿坐标系中的等价表示，其中 x 是目标状态。然而，对于跟踪者来说，目标在笛卡儿坐标系中的真实位置是未知的。一旦带有噪声的目标位置量测转换到笛卡儿坐标系中，量测方程在笛卡儿坐标系中可以采用如下“线性”形式：

$$z_c = x_p + v_c = Hx + v_c \tag{3.37}$$

这种量测有时也被称为伪线性量测。与之前提到的混合坐标系跟踪相比，这种模型不再需要处理非线性量测。这种方法的主要优点是，如果目标的动态方程是线性的，就可以应用线性的 Kalman 滤波器来进行状态估计。

一般情况下，量测噪声v_c被粗略地处理成具有零均值的随机序列，而其协方差阵则由一阶 Taylor 级数展开来确定。需要强调的是，一般情况下量测噪声v_c不仅是坐标耦合的，非高斯的，而且是依赖于状态的。对状态的依赖性可能更显得重要，但文献中大都不重视或者置之不理。由于v_c对状态 x 的非线性依赖，这个量测模型事实上还是非线性的。这样做的结果，即使量测转换严格按（状态依赖）v_c的前两阶矩进行理想的处理，在线性动态方程的情况下利用 Kalman 波获得“最优”状态估计结果仍然是一种幻想。

由于这种非线性状态依赖性仅存在于量测噪声v_c而不是量测函数 $h(\cdot)$ 中，因此它对跟踪性能的影响似乎相对较小，相比一般的非线性滤波方法处理 $h(\cdot)$ 的非线性方程。然而，目前缺乏有效的技术来处理含有对状态依赖的非高斯噪声的量测，但有许多技术可用于处理非线性量测方程 $h(\cdot)$。

另外，该方法的一个弱点是将量测从传感器坐标系转换为笛卡儿坐标系需要已知距离。对于仅有角度量测的情况，需要使用距离的估计值。然而，当应用不精确的距离时，转换量测的精度会降低。事实上，很少将仅有角度量测转换为笛卡儿坐标系。此外，在纯笛卡儿坐标系中建立坐标解耦滤波器是非常困难的。

在上述量测转换中并不处理距离变化率$\dot{r}$。当包含距离变化率时，处理过程显然会更复杂。在此情况下，量测转换将是非线性的。为了在笛卡儿坐标系进行跟踪，可以利用 $d \triangleq r_m\dot{r}_m = x\dot{x} + y\dot{y} + z\dot{z} + \tilde{d}$作为位移$(x,y,z)$和速度$(\dot{x},\dot{y},\dot{z})$的量测，此量测是状态变量的二次函数而不是高次非线性的。这显然比直接转换距离变化率$\dot{r}_m = (x\dot{x} + y\dot{y} + z\dot{z})/\sqrt{x^2+y^2+z^2} + \tilde{\dot{r}}$要好得多，因为后者是高度非线性的。对于不相关的距离和距离变化率误差，量测 d 具有误差$\tilde{d} = r_m\dot{r}_m - r\dot{r}$，均值为零，方差是$\bar{r}^2\sigma_{\dot{r}}{}^2 + \bar{\dot{r}}^2\sigma_r^2 + \sigma_r^2\sigma_{\dot{r}}^2$，对于远距离目标，这是相当大的。

3. 在传感器坐标系中跟踪

反过来，目标动态也可由笛卡儿坐标系转换到传感器坐标系，而使量测结构保持不变。然而，在传感器坐标系（球面坐标系）来表示典型的目标运动则导致高度非线性、坐标耦合，有时甚至会得到非常复杂的模型。例如，定常速度（CV）运动在笛卡儿坐标系中有一个很简单的描述，两个或三个独立的两状态一维（CV）模型。相同的运动在球面坐标系是非线性的，而且很复杂。

但是，这个方法也有某些优点。最重要的是量测模型的线性、解耦性、高斯结构保持不变。根据文献知，大多数跟踪滤波器单纯运行在传感器坐标系。它们的共同特征就是利用了上述线性高斯量测模型。它们的关键差别在于目标动力学如何建模。详细的讨论不在本书的范围内。为了完整性，简单地提供一些技术供参考。

最简单的方法就是直接利用某些解耦的一维目标动态模型，诸如CV、CA和Singer模型作为距离（距离变化率）以及其他量测量的模型。这个方法粗略地考虑传感器坐标系下的目标模型，并不直接把目标动态模型转换到传感器坐标系。

3.3　时间与空间对准问题概述

人们在设计中心式多传感器融合系统时，发现融合结果并不如预料的那么好，很大原因在于没有解决好多传感器偏差对准问题。在多传感器系统中，主要有两类误差：一类是随机误差，可通过滤波的方法进行消除或者通过大量的测量和分析，得到它的统计特性进而设法削弱它对测量结果影响；另一类是系统误差，属于确定性误差，无法通过滤波的方法来消除，需要进行估计，并根据估计值对实际目标跟踪系统进行校正或补偿。多传感器配准误差的主要来源有：

（1）传感器的校准误差，也就是传感器本身的偏差。

（2）参考坐标系中方位角、高低角和距离测量偏差，由传感器惯性测量单元的测量仪引起。

（3）位置误差通常由传感器导航系统的偏差引起，而计时误差常由传感器的时钟偏差所致。

（4）各传感器采用的跟踪算法不同，其局部航迹精度不同。

（5）各传感器本身位置不确定，从而在由各传感器向融合中心进行坐标转换时产生偏差。

（6）坐标转换公式的精度不够，为了减小系统的计算负担而在投影变换时采用了近似方法。

（7）天线正北参考方向本身不够精确。

由于以上原因产生的传感器测量偏差不同于单传感器的随机量测误差，它是一种固定的偏差。对于单传感器来说，固定偏差只是产生一个固定的偏移，不会影响整个系统性能。而对多个传感器系统来说，配准误差造成同一目标不同传感器测量之间有较大的偏差，从而给多传感器融合带来了模糊和困难，丧失了多传感器融合本身应有的优点。为了解决以上问题，传感器对准技术应运而生，即多传感器数据“无误差”转换时所需要的处理过程，主要包括时间对准和空间对准。

时间对准是将关于同一目标的各传感器不同步的量测信息同步到同一时刻。由于各个传感器对目标量测是相互独立的，且采样周期往往不同，它们向融合中心报告的时刻往往是不同的。另外，由于通信网络的不同延迟，各传感器和融合中心之间传送信息所需的时间也各不相同，因此各传感器报告间有可能存在时间差。融合前需将不同步的信息配准到相同融合时刻。时间对准包括以下两个关键问题：各节点（包括传感器和信息融合设备）时间基点一致性问题，即系统“时间同步”问题；各传感器由于探测周期不同所引起的对目标数据采样时刻不一致的问题，即“时间配准”问题。

空间对准，又称为传感器配准，对于同一平台内采用不同坐标平台，各平台采用坐标系是不同的，在融合各平台信息之前，需要将它们转换到同一量测坐标系中，而融合后还需将融合结果转换成各平台坐标系的数据后，再传送给各个平台。

3.4 时间对准

由于传感器采样周期不同、传感器采样起始时间不一致以及通信网络的不同延迟等因素的影响，各传感器对空中同一目标观测所得数据有可能存在时间差，融合中心所接收到的测量数据往往是异步的，而大部分的多传感器融合算法只能处理同步数据。要求融合处理的各传感器数据必须是同一时刻的，这样才可能计算出目标的正确状态，因此，融合中心在进行融合处理前，通常需要先对测量数据进行时间对准，即将多个传感器的异步数据转换为相同时刻下的同步数据，消除时间上的影响。

另外，在多传感器数据融合系统中，并行滤波的精度差，但需对已测数据进行对准，如若使用未经配准的数据进行融合，可能会导致比单独使用某一传感器数据进行融合时的性能还差，因此为了最大限度地发挥多传感器数据融合系统的优越性，必须对多传感器数据进行时间匹配。在多传感器数据融合系统中时间统一分为三种：

（1）传感器平常工作时间，即标准的北京时间；

（2）传感器数据融合系统时间，以融合中心时间为准，其他传感器必须同步到该标准时间下；

（3）多传感器数据融合中心处理时要把一个处理周期内各传感器在不同时刻量测信息统一到同一时刻。

在多传感器时间对准的过程中还涉及多个传感器同步时的采样频率确定问题，怎样确定采样频率也很重要，假设配准频率为 f_t，以下给出选择配准频率的两种简单方法：

（1）取所有传感器采样频率的平均值，即

$$f_t = \frac{1}{n} \sum_{i=1}^{n} f_i \tag{3.38}$$

（2）取所有传感器采样频率的加权平均值，即

$$f_t = \frac{1}{n} \sum_{i=1}^{n} a_i f_i \tag{3.39}$$

式中，$a_i = \dfrac{p_i}{\sum_{i=1}^{n} p_i}$；权重 a_i 由传感器采样精度 p_i 确定，且 $i=1,2,3,\cdots,n$。在配准频率 f_t 确定后，对于相邻的配准时间 $T_i(k-1)$ 和 $T_i(k)$ 存在 $T_i(k-1)-T_i(k)=\dfrac{1}{f_t}$。

对于多源传感器采集同一目标情况下的时间配准，为了避免出现非周期同步数据，所选择的配准频率对应的同步周期应为某一传感器采样周期的整数倍，并且配准计算时刻为该传感器采样时刻集合的子集。对于配准计算过程中出现的拟合公式缺失和测量数据无法利用，主要是配准频率过大造成的，所以在进行配准频率的选择时应适当地选择较小的配准频率。根据时间对准涉及的两个关键问题，即时间同步和时间配准问题，可将时间对准技术分为时间同步技术和时间配准技术。

3.4.1　时间同步技术

国外方面，美国德拉瓦大学的 Mills 于 1985 年提出了 NTP 协议，可以估算封包在网络上的往返延迟和独立估算计算机时钟偏差，在广域网上实现计算机时钟精确同步。时间服务器利用 NTP 协议提供广泛的接近国家时间和频率的服务，组织时间子网的时间同步和调整子网中的本地时钟。在大多数的环境中，NTP 可以提供 1～54 ms 可靠时间源。国内方面，部分基于局域网的工程采用私有协议，由时间标准设备在准秒时或接收到请求时，发出时码信息，其他设备接收对时解决时间误差，其时间同步误差为 1～50 ms 量级。

3.4.2　时间配准技术

配准方法优劣直接关系到数据融合效果好坏，关于多传感器异步问题，目前解决的方法有很多，如最小二乘法、内插外推法、泰勒展开法等。下面介绍传统时间配准方法。

1. 最小二乘法

采用最小二乘规则将第二类传感器的 n 次测量值融合成一个虚拟的测量值作为第二类传感器的第 k 时刻测量值，然后同第一类传感器的第 k 时刻测量值进行融合，从而得到第 k 时刻两传感器测得目标状态融合值。此方法是假定两类传感器的采样周期之比 n 为整数。假设传感器 1 对目标状态最近一次更新时间为 $(k-1)\tau$，下一次更新时间为 $k=(k-1)\tau+nT$；传感器 2 对目标状态最近一次更新时间为 $(k-1)T$，下次更新时间为 kT，意味着在连续两次目标状态更新之间，传感器 2 有 n 次测量值。可采用最小二乘算法将这 n 次测量值融合成一个虚拟的测量值再和传感器 1 的测量值融合。

用 $\boldsymbol{z}_n=(z_1,z_2,\cdots,z_n)^{\mathrm{T}}$ 表示 $(k-1)$ 到 k 时刻传感器 2 的 n 个测量值集合，与 k 时刻传感器 1 测量同步，$u=(z,\dot{z})^{\mathrm{T}}$ 表示 n 个测量值融合后的测量值及其导数，则传感器 2 的测量值可表示为

$$z_i=z+(i-n)T\dot{z}+v_i,i=1,2,3,\cdots,n \tag{3.40}$$

式中，v_i 表示测量噪声，将式(3.40)改为向量形式：

$$\mathbf{z}_n=\boldsymbol{w}_n\boldsymbol{u}+\boldsymbol{v}_n \tag{3.41}$$

式中，$\boldsymbol{v}_n=(v_1,v_2,\cdots,v_n)^{\mathrm{T}}$，$E(\boldsymbol{v}_n\boldsymbol{v}_n^{\mathrm{T}})=\mathrm{diag}(\delta_n^2,\cdots,\delta_n^2,\delta_n^2)$，$E(\boldsymbol{v}_n\boldsymbol{v}_n^{\mathrm{T}})$ 是 $\boldsymbol{v}_n\boldsymbol{v}_n^{\mathrm{T}}$ 的数学期望，且 δ_n^2 为融合前测量噪声方差。

$$\boldsymbol{w}_n=\begin{pmatrix}1 & 1 & \cdots & 1\\(1-n)T & (2-n)T & \cdots & (N-n)T\end{pmatrix}^{\mathrm{T}} \tag{3.42}$$

则式(3.41)的最小二乘解及其方差的估值为

$$\hat{\boldsymbol{u}}=\left(\hat{z},\hat{\dot{z}}\right)^{\mathrm{T}}=(w_n^{\mathrm{T}}w_n)^{-1}w_n^{\mathrm{T}}\mathbf{z}_n \tag{3.43}$$

$$R_u=\delta_n^2\ (w_n^{\mathrm{T}}w_n)^{-1} \tag{3.44}$$

融合后的测量值及测量噪声方差为

$$\hat{z}(k)=c_1\sum_{i=1}^{n}z_i+c_2\sum_{i=1}^{n}iz_i \tag{3.45}$$

$$\operatorname{var}[\hat{z}(k)]=\frac{2\delta_n^2 n(2n+1)}{n(n+1)} \tag{3.46}$$

式中，$c_1=-\frac{2}{n}$，$c_2=\frac{6}{n(n+1)}$。

2. 内插外推法

内插外推法是采用时间片技术，将高频率的观测数据推算到低频率传感器量测数据的时间点上，即在同一时间片内，对各传感器观测数据按测量频率进行增量排序，然后将高频率观测数据向低频率时间点内插、外推，以形成等间隔的观测数据。假设t_{ki-1}，t_{ki}，t_{ki+1}时刻测量数据为z_{i-1}，z_i，z_{i+1}。通常采样时间是等间隔的，即$t_{ki-1}-t_{ki}=t_{ki}-t_{ki+1}=h$。假设计算插值点时刻$t_i$且$t_i=t_{ki}+\tau h$ 的值，则运用拉格朗日三点插值法计算出t_i时刻的测量值如下：

$$\begin{aligned}\bar{z}_i=&\frac{(t_i-t_{ki})(t_i-t_{ki+1})}{(t_{ki-1}-t_{ki})(t_{ki-1}-t_{ki+1})}z_{i-1}+\frac{(t_i-t_{ki-1})(t_i-t_{ki+1})}{(t_{ki}-t_{ki-1})(t_{ki}-t_{ki+1})}z_i\\&+\frac{(t_i-t_{ki-1})(t_i-t_{ki})}{(t_{ki+1}-t_{ki-1})(t_{ki+1}-t_{ki})}z_{i+1}\end{aligned} \tag{3.47}$$

3. 泰勒展开法

假设$\{(t)\}$为采样的等间隔数据，也即

$$t_{i+1}^*-t_i^*=h,i=1,2,3,\cdots,h \tag{3.48}$$

为采样时间间隔，实际上是t_i^*时刻的目标空间状态$x_0(t_i^*)$，$t_{i+1}^*-t_i^*$为采样时间间隔，但不一定等于h，同时$t_i^*-t_i\leqslant\frac{h}{2}$成立。现要得到$t_i$时刻目标空间状态$x_0(t_i)$，可将$x_0(t_i^*)$在$t_i$处进行泰勒展开并取其一阶项

$$x_0(t_i^*)=x_0(t_i)+\dot{x}_0(t_i)(t_i^*-t_i),i=1,2,3,\cdots,h \tag{3.49}$$

则t_i时刻的目标空间状态为

$$\begin{aligned}x_0(t_i)&=x_0(t_i^*)-\dot{x}_0(t_i)(t_i^*-t_i)\\&=x(t_i)-\dot{x}_0(t_i)(t_i^*-t_i),i=1,2,3,\cdots,h\end{aligned} \tag{3.50}$$

式中，$|-\dot{x}_0(t_i)(t_i^*-t_i)|$为观测数据因时间误差引起的修正量，若将其记作$\Delta x(t_i)$，则式(3.50)改为

$$x_0(t_i)=x(t_i)+\Delta x(t_i),i=1,2,3,\cdots,h \tag{3.51}$$

式(3.50)中，$|t_i^*-t_i|\approx\frac{R(t_i)}{c}$，$R(t_i)$为时刻目标到传感器的斜距，$c$ 为光速。

综上所述，经典的三种时间配准方法如上所述，但各方法适用场合不尽相同。目前最小二乘法的研究较多，但用于时间配准模型简单，精度较低。插值法是一种较常用的方法，根据插值法的应用原则，插值数据应在插值区间中部，才能保证较高的精度，因此用于观测数据事后处理效果较好，但实时性不够。对多传感器来说，除了上述方法之外，还有卡尔曼滤波法、插值法、滑动窗口法等更贴近工程的方法。

3.5 坐标变换

3.5.1 常用坐标系

为了准确地描述传感器所探测到的目标运动状态，必须选用适当的坐标系。根据实际配准过程中可能涉及的情况，下面介绍几种常用的坐标系。

（1）载机笛卡儿坐标系（$OXYZ$）：原点取在载机重心处，有一个坐标轴与载机固定相连，X 轴在载机的对称面内，与载机轴线一致指向前方，Y 轴处于对称面内，垂直于 X 轴指向上方，Z 轴向右为正。

（2）载机球/极坐标系：与载机笛卡儿坐标系同心，对目标提供的量测为(r,θ,η)，其中 r 为径向距离，θ 为方位角，η 为俯仰角。

（3）地心地固坐标系（Earth-Centered Earth-Fixed coordinate，ECEF）：以地球质心为原点，随地球矢量旋转，Z 轴指向协议地极原点，代表转轴的方向，即 Z 轴与地球自转轴相同，指向北极；X 轴指向过格林威治本初子午线与赤道交点的笛卡儿空间直角坐标系；Y 轴和 Z 轴、X 轴构成右手坐标系。

（4）大地坐标系（Geodetic Coordinate）：地理坐标系 (L,λ,H)，其中 L 为地理经度，λ 为地理纬度，H 为海拔高度。

3.5.2 坐标系的选择

从传感器应用背景出发，坐标系选择有一定的原则。在杂波环境下，跟踪单个目标时，一般采用直角坐标系、极坐标系。在多回波环境下跟踪多个目标时，或使用多个平台进行目标跟踪时，采用混合坐标系。坐标系选择原则应满足以下几点：

（1）易于目标的运动描述；

（2）满足滤波器的带宽要求；

（3）易于状态耦合和解耦；

（4）较小的动态和静态偏差；

（5）在跟踪精度满足的情况下减少计算量。

3.5.3 坐标转换

1. 由大地坐标系向地心地固坐标系的转换

假设 P 点的大地坐标为(L,λ,H)，则其相应的 ECEF 坐标(x,y,z)为

$$\begin{cases}x=(N+H)\cos\lambda\cos L\\ y=(N+H)\cos\lambda\sin L\\ z=[N(1-e^2)+H]\sin\lambda\end{cases}\tag{3.52}$$

式中，$N=\dfrac{a}{\sqrt{1-e^2\sin^2\lambda}}$，$a$ 为地球椭球长半径，e 为地球偏心率。

2. 由载机球极坐标系向载机笛卡儿坐标系的转换

假设载机传感器对目标的量测为(r,θ,η)，则其相应的笛卡儿坐标(x,y,z)为

$$\begin{cases} x=r\cos\eta\cos\theta \\ y=r\cos\eta\sin\theta \\ z=r\sin\eta \end{cases} \tag{3.53}$$

3. 由地心地固坐标系向大地坐标系的转换

假设 P 点的 ECEF 坐标为(x,y,z)，则其相应的大地坐标(L,λ,H)为

$$\lambda=2\arctan\left[\frac{\sqrt{x^2+y^2}-x}{y}\right] \tag{3.54}$$

对于 L 和 H 的转换值，精确的解析变换公式如下：

$$\begin{cases} r_{xy}=\sqrt{x^2+y^2} \\ \alpha=\dfrac{(r_{xy}^2+a^2e^4)}{1-e^2} \\ \beta=\dfrac{(r_{xy}^2-a^2e^4)}{1-e^2} \\ q=1+\dfrac{13.5z^2(\alpha^2-\beta^2)}{(z^2+\beta)^2} \\ p=\sqrt[3]{q+\sqrt{q^2-1}} \\ t=\dfrac{(z^2+\beta)(p+p^{-1})}{12}-\dfrac{\beta}{6}+\dfrac{z^2}{12} \\ L=\arctan\left(\dfrac{\dfrac{z}{2}+\sqrt{t}+\sqrt{\dfrac{z^2}{4}-\dfrac{\beta}{2}-t+\dfrac{az}{4\sqrt{t}}}}{r_{xy}}\right) \\ H=\dfrac{r_{xy}}{\cos\varphi}-R \end{cases} \tag{3.55}$$

而且，当 z/a 充分小时，L 的表达式可替换为

$$L=\arctan\left[\frac{(\alpha+\beta+\gamma)z}{2\beta r_{xy}}-\frac{\gamma(\alpha+\gamma)^2z^3}{4\beta^4 r_{xy}}\right] \tag{3.56}$$

式中，$\gamma=\sqrt{\alpha^2-\beta^2}$。

4. 坐标平移

设任意一点 P 在坐标系 $OX_aY_aZ_a$ 中的位置为

$$\boldsymbol{x}_a=(x_a,y_a,z_a)^{\mathrm{T}} \tag{3.57}$$

坐标系 $OX_bY_bZ_b$ 和坐标系 $OX_aY_aZ_a$ 的各个坐标轴平行，坐标系 $OX_aY_aZ_a$ 的原点在坐标系 $OX_bY_bZ_b$ 中的坐标为

$$\bar{\boldsymbol{x}}=(\bar{x},\bar{y},\bar{z})^{\mathrm{T}} \tag{3.58}$$

则 P 在 $OX_bY_bZ_b$ 中的位置为

$$\boldsymbol{x}_b=(x_b,y_b,z_b)^{\mathrm{T}}=\boldsymbol{x}_a+\bar{\boldsymbol{x}} \tag{3.59}$$

5. 坐标旋转

设任意一点 P 在坐标系 $OX_aY_aZ_a$ 中的位置为 $\boldsymbol{x}_a=(x_a,y_a,z_a)^{\mathrm{T}}$，而在坐标系 $OX_bY_bZ_b$ 中的位置为

$$\boldsymbol{x}_b=(x_b,y_b,z_b)^{\mathrm{T}} \tag{3.60}$$

假定这两个直角坐标系的坐标原点共点，则根据两坐标系间的几何关系可知

$$\boldsymbol{x}_b=\boldsymbol{L}_{ba}\boldsymbol{x}_a \tag{3.61}$$

式中：

$$\boldsymbol{L}_{ba}=\begin{pmatrix}\cos(X_b,X_a) & \cos(X_b,Y_a) & \cos(X_b,Z_a)\\ \cos(Y_b,X_a) & \cos(Y_b,Y_a) & \cos(Y_b,Z_a)\\ \cos(Z_b,X_a) & \cos(Z_b,Y_a) & \cos(Z_b,Z_a)\end{pmatrix} \tag{3.62}$$

坐标转换矩阵$\boldsymbol{L}_{ba}$满足可逆正交条件

$$\boldsymbol{L}_{ba}^{\mathrm{T}}=\boldsymbol{L}_{ba}^{-1}=\boldsymbol{L}_{ab} \tag{3.63}$$

坐标转换矩阵的取值可以由基本旋转矩阵的合成得到。假如，对坐标原点共点的一个载机坐标系和 ECEF 的关系如图 3.7 所示，则载机坐标系相对地理坐标系空间位置可以由载机坐标系依次绕三个不同的轴转动的三个转角来确定。

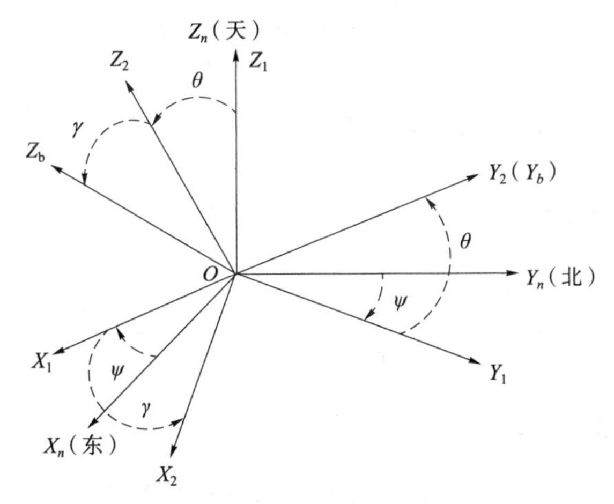

图 3.7 载机坐标系和 ECEF 的关系

$$O-X_nY_nZ_n\xrightarrow{-z_n,\text{旋转 }\varphi}O-X_1Y_1Z_1\xrightarrow{x_1,\text{旋转 }\theta}O-X_2Y_2Z_2\xrightarrow{y_1,\text{旋转 }\gamma}O-X_bY_bZ_b$$

根据上述旋转顺序，可得到由地理坐标系到载机坐标系的转换矩阵

$$\boldsymbol{C}_n^1=\begin{pmatrix}\cos\psi & -\sin\psi & 0\\ \sin\psi & \cos\psi & 0\\ 0 & 0 & 1\end{pmatrix} \tag{3.64}$$

$$\boldsymbol{C}_1^2=\begin{pmatrix}1 & 0 & 0\\ 0 & \cos\theta & \sin\theta\\ 0 & -\sin\theta & \cos\theta\end{pmatrix} \tag{3.65}$$

$$\boldsymbol{C}_2^b=\begin{pmatrix}\cos\gamma & 0 & -\sin\gamma\\ 0 & 1 & 0\\ \sin\gamma & 0 & \cos\gamma\end{pmatrix} \tag{3.66}$$

$$
\begin{aligned}
\boldsymbol{C}_n^b &= \boldsymbol{C}_2^b \boldsymbol{C}_1^2 \boldsymbol{C}_n^1 \\
&= \begin{pmatrix} \cos\gamma\cos\psi+\sin\gamma\sin\theta\sin\psi & -\cos\gamma\sin\psi+\sin\gamma\sin\theta\cos\psi & -\sin\gamma\cos\theta \\ \cos\theta\sin\psi & \cos\theta\cos\psi & \sin\theta \\ \sin\gamma\cos\psi-\cos\gamma\sin\theta\sin\psi & -\sin\gamma\sin\psi-\cos\gamma\sin\theta\cos\psi & \cos\gamma\cos\theta \end{pmatrix}
\end{aligned}
\tag{3.67}
$$

6. 工程中的坐标转换

由于在旋转的过程中，三个轴始终保持垂直，$\boldsymbol{C}_n^b$ 为正交矩阵，因此，$\boldsymbol{C}_n^b=(\boldsymbol{C}_n^b)^{\mathrm{T}}$。对于坐标原点不共点的两个任意直角坐标系之间的相互转换可以采用先旋转再平移的方法来完成。根据工程中传感器所处的位置、装备需求等要求，现以平台级和系统级为例讨论其坐标变换。

1）平台级坐标配准的坐标转换

平台级配准背景是各传感器间物理位置的距离相对检测目标的距离可忽略不计，如某同一飞机或同一舰船上的两部传感器。因此，可将它们看作是共原点的，此时平台级配准任务是将不同传感器观测坐标系中的量测数据转换到规定的公共坐标系即可。假设某一传感器对一目标的量测值为

$$
\boldsymbol{v}_R=\begin{pmatrix} r \\ \theta \\ \eta \end{pmatrix} \tag{3.68}
$$

式中，r 为径向距离，θ 为方向角，η 为俯仰角。

一般可以认为传感器的观测坐标系和公共坐标系间是共原点的，因此径向距离可看作是不变的，只是在方位和俯仰上有一个夹角，若设这些夹角为 $\Delta\theta$、$\Delta\eta$，则目标在公共坐标系下的极坐标为

$$
\boldsymbol{v}=\begin{pmatrix} r \\ \theta+\Delta\theta \\ \eta+\Delta\eta \end{pmatrix} \tag{3.69}
$$

相应的公共坐标下的直角坐标为

$$
\begin{cases} x=R\cos(\eta+\Delta\eta)\cos(\theta+\Delta\theta) \\ y=R\cos(\eta+\Delta\eta)\sin(\theta+\Delta\theta) \\ z=R\sin(\eta+\Delta\eta) \end{cases} \tag{3.70}
$$

式(3.70)为平台级坐标转换的工作。若考虑偏航角、横滚角等姿态信息，则同样可进行平台级内部的转换。对于两个移动的平台，其相对物理位置变化且相距较远，此时，平台级配准方法不再适用。系统级配准是将各个平台传感器提供的数据实时地转换到融合中的地理坐标系中，常采用的坐标变换方法是球极投影法(即立体几何投影法)，但由于自身的弊端，会使坐标转换误差引入到系统量测中及数据产生变形等现象。现在地理坐标变换法是领域内公认的一种高精度坐标变换方法，该方法以大地坐标系作为统一的坐标系来进行坐标变换。

2）系统级坐标配准的坐标转换

假设有 2 架载机，载机 1 和载机 2，且假设载机 1 为融合中心，则系统级坐标配准的坐标转换为

(1) 载机 2 的载机坐标系到载机 2 的地理坐标系的转换

设目标 T 的真实方位为$(r_2^T(k),\theta_2^T(k),\eta_2^T(k))$，载机 2 在第 k 次采样时刻对目标 T 的测量为$(r_2(k),\theta_2(k),\eta_2(k))$，$(\Delta r_2(k),\Delta\theta_2(k),\Delta\eta_2(k))$为偏差量，$(n_2^r(k),n_2^\theta(k),n_2^\eta(k))$为量测噪声，则目标在载机 2 的载机坐标下的直角坐标如下：

$$\begin{cases}x_2^*=r_2(k)\cos\eta_2(k)\cos\theta_2(k)\\ y_2^*=r_2(k)\cos\eta_2(k)\sin\theta_2(k)\\ z_2^*=r_2(k)\sin\eta_2(k)\end{cases}\tag{3.71}$$

假设载机 2 在第 k 次采样时刻的偏航角为$\alpha_2(k)$，俯仰角为$\beta_2(k)$，横滚角为$\gamma_2(k)$，则载机坐标系到载机地理坐标系的变换关系如图 3.8 所示，变换矩阵为

$$\boldsymbol{R}_2(k)=\begin{pmatrix}b_{11}(k) & b_{12}(k) & b_{13}(k)\\ b_{21}(k) & b_{22}(k) & b_{23}(k)\\ b_{31}(k) & b_{32}(k) & b_{33}(k)\end{pmatrix}\tag{3.72}$$

式中：

$b_{11}(k)=\cos\beta_2(k)\cos\alpha_2(k)$

$b_{12}(k)=\sin\beta_2(k)\cos\alpha_2(k)\sin\gamma_2(k)-\sin\alpha_2(k)\cos\gamma_2(k)$

$b_{13}(k)=\sin\beta_2(k)\cos\alpha_2(k)\cos\gamma_2(k)-\sin\alpha_2(k)\sin\gamma_2(k)$

$b_{21}(k)=\cos\beta_2(k)\sin\alpha_2(k)$

$b_{22}(k)=\sin\beta_2(k)\sin\alpha_2(k)\sin\gamma_2(k)+\cos\alpha_2(k)\cos\gamma_2(k)$

$b_{23}(k)=\sin\beta_2(k)\sin\alpha_2(k)\cos\gamma_2(k)-\cos\alpha_2(k)\sin\gamma_2(k)$

$b_{31}(k)=-\sin\beta_2(k)$

$b_{32}(k)=\cos\beta_2(k)\sin\gamma_2(k)$

$b_{33}(k)=\cos\beta_2(k)\cos\gamma_2(k)$

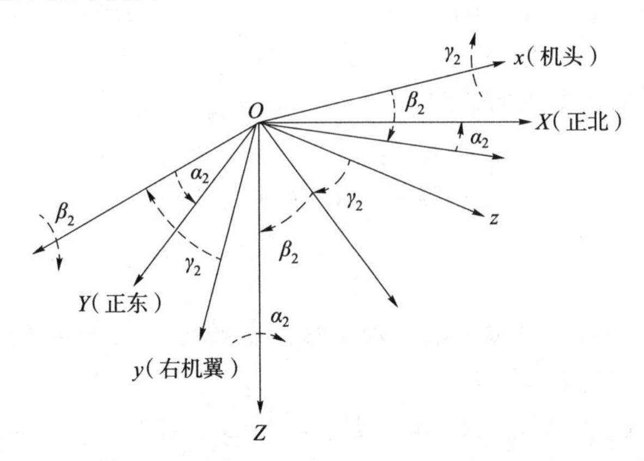

图 3.8　载机坐标系到载机地理坐标系坐标变换关系示意图

因此，可得到目标在载机地理坐标系中的坐标为

$$\begin{pmatrix}x_2(k)\\ y_2(k)\\ z_2(k)\end{pmatrix}=\boldsymbol{R}_2(k)\begin{pmatrix}x_2^*(k)\\ y_2^*(k)\\ z_2^*(k)\end{pmatrix}\tag{3.73}$$

(2) 载机 2 地理坐标系到大地坐标系的变换

① 坐标旋转

载机地理坐标系和大地坐标系的旋转关系如图 3.9 所示，其中地理坐标(L,λ,H)中，L表示载机所在地理位置的经度，λ 表示载机所在地理位置的纬度，H 表示载机所在地理位置的大地高度。

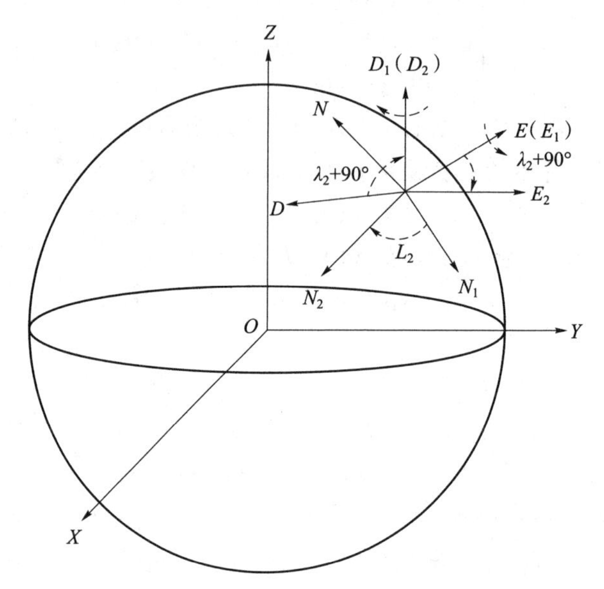

图 3.9　载机地理坐标系向与大地坐标系平行的坐标系变换关系示意图

由图 3.9 可得出旋转矩阵为

$$\boldsymbol{T}_2(k)=\begin{pmatrix}-\cos L_2(k)\sin\lambda_2(k) & -\sin L_2(k) & -\cos L_2(k)\cos\lambda_2(k)\\ -\sin L_2(k)\sin\lambda_2(k) & \cos L_2(k) & -\sin L_2(k)\cos\lambda_2(k)\\ \cos\lambda_2(k) & 0 & -\sin\lambda_2(k)\end{pmatrix} \tag{3.74}$$

可得目标在此坐标系中的坐标为

$$\begin{pmatrix}x_{s2}(k)\\ y_{s2}(k)\\ z_{s2}(k)\end{pmatrix}=\boldsymbol{T}_2(k)\begin{pmatrix}x_2(k)\\ y_2(k)\\ z_2(k)\end{pmatrix} \tag{3.75}$$

② 坐标平移

用$(L_2(k),\lambda_2(k),H_2(k))$表示第 k 次采样时刻载机 2 在地理坐标系中的坐标。下面计算载机 2 在大地坐标系中坐标为

$$\begin{pmatrix}X_2(k)\\ Y_2(k)\\ Z_2(k)\end{pmatrix}=\begin{pmatrix}(N_2(k)+H_2(k))\cos L_2(k)\cos\lambda_2(k)\\ (N_2(k)+H_2(k))\sin L_2(k)\cos\lambda_2(k)\\ [N_2(k)+(1-e^2)H_2(k)]\sin\lambda_2(k)\end{pmatrix} \tag{3.76}$$

式中，$N_2(k)=\dfrac{a}{\sqrt{1-e^2\sin^2\lambda_2(k)}}$，为第 k 次采样时刻载机 2 所在位置对应的椭球卯酉曲率半径；a 为地球椭球长半径；e 为椭球第一偏心率，则目标在大地坐标系中的坐标为

$$\begin{pmatrix} X_{s2}(k) \\ Y_{s2}(k) \\ Z_{s2}(k) \end{pmatrix} = \begin{pmatrix} x_{s2}(k) \\ y_{s2}(k) \\ z_{s2}(k) \end{pmatrix} + \begin{pmatrix} X_2(k) \\ Y_2(k) \\ Z_2(k) \end{pmatrix} \tag{3.77}$$

③ 载机地理坐标系到融合载机的地理坐标系的变换

可通过上述方法的逆过程来求将载机 2 第 k 次采样时刻的观测值旋转平移至融合载机即载机 1 的坐标系中

$$\begin{pmatrix} x_2^*(k) \\ y_2^*(k) \\ z_2^*(k) \end{pmatrix} = \boldsymbol{T}_1^{-1} \left(\begin{pmatrix} X_{s2}(k) \\ Y_{s2}(k) \\ Z_{s2}(k) \end{pmatrix} - \begin{pmatrix} X_1(k) \\ Y_1(k) \\ Z_1(k) \end{pmatrix} \right) \tag{3.78}$$

式中，旋转矩阵$\boldsymbol{T}_1$和式(3.74)中$\boldsymbol{T}_2$的定义类似，$(X_1(k),Y_1(k),Z_1(k))$为第 k 次采样时刻的融合载机 1 在大地坐标系下的坐标。

3.6 量纲对准

除了使用前几节的时空对准技术来处理传感器系统误差外，还要注意的是在做数据处理时应进行量纲对准。所谓量纲对准就是将各个传感器送来的各个数据中的参数量纲进行统一，以便用于后续计算。在历史上也曾有因为量纲不统一，而造成火星登陆失败的记录。如 NASA 开发的火星气候宇宙飞船项目，项目计划小组使用了英制计量单位，而非 NASA 运用的公制计量单位，最终致使探测器最终燃烧坠毁。

习题

1. 误差一般包括哪些种类？系统误差产生的原因主要有哪些？

2. 为什么要进行时间对准和空间对准处理？

3. 坐标基 x、y、z 作三次变换后与坐标基$\bar{x}$、$\bar{y}$、$\bar{z}$ 的各轴方向一致。第一次绕 X 轴旋转 60°，第二次绕 Y 轴旋转 30°，第三次绕 Z 轴旋转 90°，求此变换的变换矩阵。

本章参考文献

[1] 潘泉，程咏梅，梁彦，等.多源信息融合理论及应用[M].北京：清华大学出版社，2021.

[2] 戴亚平，马俊杰，笑涵.多传感器数据智能融合理论与应用[M].北京：机械工业出版社，2021.

[3] 潘泉，王小旭，徐林峰，等.多源动态系统融合估计[M].北京：科学出版社，2019.

[4] 郭承军.多源组合导航系统信息融合关键技术研究[D].成都：电子科技大学，2018.

[5] 祁友杰，王琦.多源数据融合算法综述[J].航天电子对抗，2017，33(6)：37-41.

[6] 邓自立.信息融合估计理论及其应用[M].北京：科学出版社，2015.

[7] 彭冬亮，文成林，薛安克.多传感器多源信息融合理论及应用[M].北京：科学出版社，2010.

[8] 何友，王国宏，关欣，等.信息融合理论及应用[M].北京：电子工业出版社，2010.

第4章 多源检测融合

4.1 引言

实际应用中，传感器往往配置在宽广的地理范围之上，综合多传感器数据信息，在空间域进行多传感器数据融合，可以提高系统可靠性和生存能力，本章主要介绍检测融合，用于判断目标是否存在。其中，分布式检测融合是最具代表性的检测融合方法，在分布式检测融合中，各局部检测器向系统融合中心提供目标是否存在的局部信息，依据各个局部检测器向融合中心提供信息的层次，分布式检测融合可以在数据级、特征级或决策级进行。其中，决策级的分布式检测融合具有造价低和对通信容量要求小的特点，也被称为分布式决策融合，其思想和方法不仅可用于检测级融合，也可用于目标识别级的分布式决策融合。

4.2 假设检验

假设检验是融合检测技术的基础，本节介绍假设检验，主要包括假设检验问题描述和似然比判决准则。

4.2.1 假设检验问题描述

目标检测实际上是一种假设检验问题，例如，在雷达信号检测问题中，有“目标不存在”和“目标存在”两种假设，分别用H_0和H_1表示。对于二元假设检验问题，可表示为

$$H_1: r(t)=n(t)+s(t)\ (\text{目标存在})$$

$$H_0: r(t)=n(t)\ (\text{目标不存在})$$

式中，$r(t)$为观测信号；$n(t)$为噪声；$s(t)$为待检测信号。对于一般情形，在M个假设，$H_1,\cdots,H_M$中，判断哪一个为真，也就是M元假设检验问题，可表示如下：

$$H_1: r(t)=s_1(t)+n(t)$$

$$H_2: r(t)=s_2(t)+n(t)$$
$$\vdots$$
$$H_M: r(t)=s_M(t)+n(t)$$

例如，M 元通信系统是一个典型的 M 元假设检验例子。采用假设检验进行统计判决，主要包含如下 4 步。

(1) 给出各种可能的假设：分析所有可能出现的结果，并分别给出一种假设。二元假设检验问题可以省略这一步骤。

(2) 选择最佳判决准则：根据实际问题，选择合适的判决准则。

(3) 获取所需的数据材料：统计判决所需要的数据资料包括观测到的数据假设的先验概率以及在各种假设下接收样本的概率密度函数等。

(4) 根据给定的最佳准则，利用接收样本进行统计判决。

对应于各种假设，假设观测样本 x 是按照某一概率规律产生的随机变量。统计假设检验的任务就是根据观测样本 x 的测量结果来判决哪个假设为真，x 的取值范围构成观测空间。在二元假设情况下，判决问题实质上是把观测空间分割成 R_0 和 R_1 两个区域，当 x 属于 R_0 时，判决 H_0 为真；当 x 属于 R_1 时，判决 H_1 为真。区域 R_0 和 R_1 称作判决区域。

用 D_i 表示随机事件"判决假设 H_i 为真"，这样二元假设检验有 4 种可能的判决结果：

(1) 实际是 H_0 为真，而判决为 H_0（正确）；

(2) 实际是 H_0 为真，而判决为 H_1（第一类错误，概率为 $p(D_1|H_0)$）；

(3) 实际是 H_1 为真，而判央为 H_0（第二类错误，概率为 $p(D_0|H_1)$）；

(4) 实际是 H_1 为真，而判决为 H_1。（正确）。

在信号检测问题中，第一类错误称为虚警，表示实际目标不存在而判为目标存在，$p_i=p(D_1|H_0)$ 称为虚警概率；第二类错误称为漏警，表示实际目标存在而判为目标不存在，$p_m=p(D_0|H_1)$ 称为漏警概率；实际目标存在而判为目标存在的概率称为检测概率或发现概率，记为 p_d，$p_d=1-p_m$。

4.2.2　似然比判决准则

对于信号检测问题，需要确定合理的判决准则。这里介绍几种常用的判决准则，它们最终都归结为似然比检验。

1. 极大后验概率准则

考虑二元检测问题：假设观测样本为 x，后验概率 $P(H_1|x)$ 表示在得到样本 x 的条件下 H_1 为真的概率，$P(H_0|x)$ 表示在得到样本 x 的条件下 H_0 为真的概率，需要在 H_0 与 H_1 两个假设中选择一个为真。一个合理的判决准则就是选择最大可能发生的假设，也就是说，若

$$P(H_1|x)>P(H_0|x) \tag{4.1}$$

则判 H_1 为真；否则，判 H_0 为真。这个准则称为最大后验概率准则(MAP)。事实上，式(4.1)可以改写为

$$\frac{P(H_1|x)}{P(H_0|x)}>1 \tag{4.2}$$

根据贝叶斯公式，用先验概率和条件概率来表示后验概率，即

$$P(H_i|x)=\frac{P(x|H_i)P(H_i)}{\sum_{i=0}^{1}P(x|H_i)P(H_i)} \quad (i=0,1) \tag{4.3}$$

式中，$P(x|H_1)$及$P(x|H_0)$是条件概率，又称似然函数；$P(H_i)$表示假设H_i出现的概率。将式(4.3)代入式(4.2)中，可得：

$$\frac{P(H_1|x)}{P(H_0|x)}=\frac{P(x|H_1)}{P(x|H_0)}\cdot\frac{P(H_1)}{P(H_0)}>1 \tag{4.4}$$

所以，最大后验概率准则 MAP 可以改写如下：

$$l(x)=\frac{P(x|H_1)}{P(x|H_0)}>\frac{P(H_0)}{P(H_1)} \tag{4.5}$$

式(4.5)成立则判H_1为真；否则，判H_0为真。其中，$l(x)=\frac{P(x|H_1)}{P(x|H_0)}$称为似然比。

上述判决是通过将似然比$l(x)$与门限$\frac{P(H_0)}{P(H_1)}=\frac{P(H_0)}{1-P(H_0)}$相比较来做出判决检验，从而称为似然比检验(LRT)。下面将会看到，根据其他几种准则进行判决检验，最后也都归结为似然比检验，只不过门限不同而已。为了方便，MAP 还可以改写为对数似然比检验，如果

$$h(x)=\ln l(x)=\ln P(x|H_1)-\ln P(x|H_0)>\ln\frac{P(H_0)}{P(H_1)} \tag{4.6}$$

式(4.6)成立则判H_1为真；否则，判H_0为真。

下面证明，最大后验概率准则使平均错误概率达到最小。将第一类错误概率与第二类错误概率分别表示为

$$P_f=P(D_1|H_0)=\int_{R_1}p(x|H_0)\mathrm{d}x \tag{4.7}$$

$$P_m=P(D_0|H_1)=\int_{R_0}p(x|H_1)\mathrm{d}x \tag{4.8}$$

并且

$$P(D_0|H_0)=1-P(D_1|H_0)=1-\int_{R_1}p(x|H_0)\mathrm{d}x \tag{4.9}$$

式中，R_0和R_1为判决区域。因此，总的错误概率为

$$\begin{aligned}P_e&=P(H_1)P(D_0|H_1)+P(H_0)P(D_1|H_0)\\&=P(H_1)\int_{R_0}p(x|H_1)\mathrm{d}x+P(H_0)\int_{R_1}p(x|H_0)\mathrm{d}x\\&=P(H_1)\left[1-\int_{R_1}p(x|H_1)\mathrm{d}x\right]+P(H_0)\int_{R_1}p(x|H_0)\mathrm{d}x\\&=P(H_1)+\int_{R_1}(P(H_0)p(x|H_0)-P(H_1)p(x|H_1))\mathrm{d}x\end{aligned} \tag{4.10}$$

要使p_e达到最小，要求R_1满足如下关系，即

$$P(H_0)P(x|H_0)-P(H_1)P(x|H_1)<0 \tag{4.11}$$

从而可以得到如下准则：若

$$l(x)=\frac{P(x|H_1)}{P(x|H_0)}>\frac{P(H_0)}{P(H_1)} \tag{4.12}$$

则判 H_1 为真；否则，判 H_0 为真。因此，MAP 又称为最小错误概率准则，这恰好是最大后验概率准则。

2. 最小风险贝叶斯判决准则

在最大后验概率准则中，没有考虑到错误判决所付出的代价或风险，或者认为两类错误判决所付出的代价或风险是相同的。但是，在实际应用中，两类错误所造成的损失可能不一样。例如，在雷达信号检测中，漏警后果比虚警后果要严重得多。为了反映不同的判决存在的差别，这里引入代价函数 C_{ij}，表示当假设 H_j 为真时，判决假设 H_i 成立所付出的代价（$i=0,1,j=0,1$）。一般地进行如下定义，即正确判决的代价小于错误判决的代价。

$$C_{10}>C_{00},C_{01}>C_{11}$$

二元假设检验的平均风险或代价为

$$\begin{aligned}R&=\sum_{i,j}C_{ij}P(D_i|H_j)P(H_j)\\&=[C_{00}P(D_0|H_0)+C_{10}P(D_1|H_0)]P(H_0)\\&\quad+[C_{01}P(D_0|H_1)+C_{11}P(D_1|H_1)]P(H_1)\end{aligned}\tag{4.13}$$

$$P(D_0|H_0)=1-P(D_1|H_0)=1-\int_{R_1}p(x|H_0)\mathrm{d}x\tag{4.14}$$

$$P(D_0|H_1)=1-P(D_1|H_1)=1-\int_{R_1}p(x|H_1)\mathrm{d}x\tag{4.15}$$

所以

$$\begin{aligned}R=&C_{00}P(H_0)+C_{01}P(H_1)+\int_{R_1}(C_{10}-C_{00})P(H_0)p(x|H_0)\\&-(C_{01}-C_{11})P(H_1)p(x|H_1)\mathrm{d}x\end{aligned}\tag{4.16}$$

要使 R 达到最小，要求 R_1 区间满足如下关系，即

$$(C_{10}-C_{00})P(H_0)p(x|H_0)-(C_{01}-C_{11})P(H_1)p(x|H_1)<0\tag{4.17}$$

从而得到如下准则：若

$$l(x)=\frac{p(x|H_1)}{p(x|H_0)}>\frac{C_{10}-C_{00}}{C_{01}-C_{11}}\cdot\frac{P(H_0)}{P(H_1)}\tag{4.18}$$

则判 H_1 为真；否则，判 H_0 为真。

4.3 检测融合结构模型

融合检测是对多个传感器数据进行融合处理，消除单个或单类传感器的不确定性，提高目标检测概率。多传感器数据融合检测系统的结构主要包括集中式融合检测结构和分布式融合检测结构。

4.3.1 集中式融合检测结构

在集中式融合检测结构中，每个传感器将观测数据直接传送到融合中心，融合中心按照一定的融合准则和算法进行假设检验，实现目标的融合检测，如图 4.1 所示。这种结构的优点是信息的损失小，但对系统通信要求较高，融合中心计算负担重，系统生存能力较差。

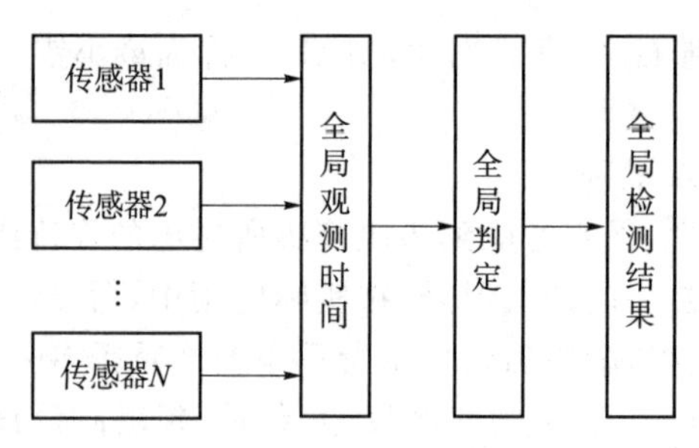

图 4.1 集中式融合检测结构

4.3.2 分布式融合检测结构

在分布式融合检测结构中，各个传感器首先对自身观测数据进行处理，做出本地判决，然后将各自的判决结果传送给融合中心，融合中心根据这些判决结果进行假设检验，形成系统判决，如图 4.2 所示。因为分布式融合检测系统的融合判定不需要大量的原始观测数据，所以不需要很大的通信开销，对传输网络的要求较低，提高了系统的可行性。同时，融合中心处理时间缩短，响应速度可以提高。目前，分布式融合检测结构已成为传感器融合检测的主要结构。

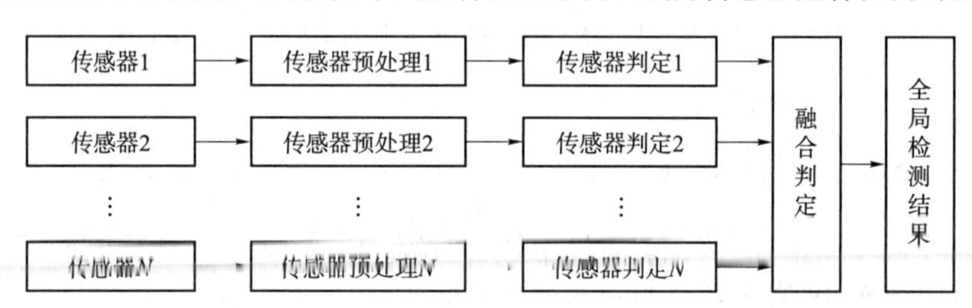

图 4.2 分布式融合检测结构

4.4 基于并行结构的分布式检测融合

4.4.1 并行分布式融合检测系统结构

并行分布式融合检测系统结构如图 4.3 所示，N 个局部传感器在接收到观测数据y_i($i=1,2,\cdots,N$)后，分别进行处理，做出局部检测结果u_i($i=1,2,\cdots,N$)，并将局部检测结果传送到融合中心，融合中心进行融合处理并得到全局检测结果。

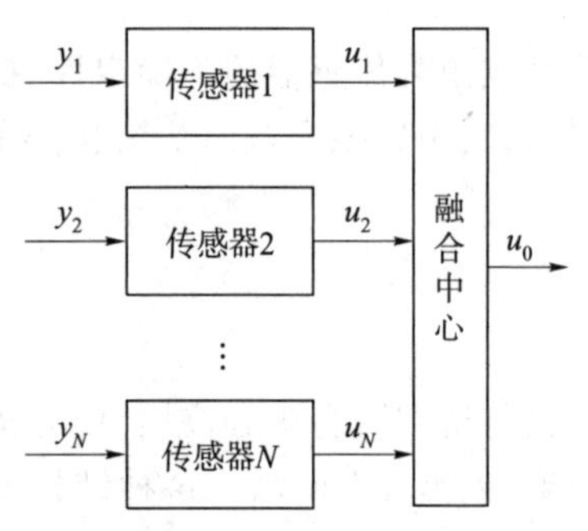

图 4.3 并行分布式融合检测系统结构

为了研究并行分布式融合检测问题，本节做如下假设：

(1) H_0表示“无目标”假设，H_1表示“有目标”假设，其先验概率分别为 P_0和 P_1。

(2) 分布式融合检测中有 N 个局部检测器和一个融合中心。局部检测器的观测数据为y_i($i=1$,

$2,\cdots,N$),其条件概率密度函数为 $p(y_i|H_j)(j=0,1)$;局部检测器观测量的联合条件概率密度函数为 $p(y_1,y_2,\cdots,y_N|H_j)(j=0,1)$。

(3) 各个局部检测器的判决结果为u_i($i=1,2,\cdots,N$),构成判决向量$\boldsymbol{u}=(u_1,u_2,\cdots,u_N)^{\mathrm{T}}$,融合中心的判决结果为$u_0$;局部检测器和融合中心的判决均为硬判决,即当判决结果为无目标时,$u_0=0$,反之,$u_i=1(i=0,1,2,\cdots,N)$。

(4)各个局部检测器的虚警概率,漏警概率和检测概率分别为P_{fi}、P_{mi}和P_{di}($i=0,1,2,\cdots,N$),融合系统的虚警概率,漏警概率和检测概率分别为P_f、P_m和P_d。

4.4.2 并行分布式最优检测

并行分布式融合检测系统性能的优化,就是对融合规则和局部检测器的判决准则进行优化,使融合系统判决结果的贝叶斯风险达到最小。并行分布式融合检测系统的贝叶斯风险为

$$R=\sum_{i=0}^{1}\sum_{j=0}^{1}C_{ij}P_jP(u_0=i|H_j) \tag{4.19}$$

式中,C_{ij}表示当假设H_j为真时,融合判决假设H_i成立所付出的代价($i,j=0,1$)。由于

$$\begin{aligned}P(u_0=i|H_0)&=(P_f)i(1-P_f)^{1-i}\\P(u_0=i|H_1)&=(P_d)^i(1-P_d)^{1-i}\end{aligned} \tag{4.20}$$

式(4.19)可表示为

$$R=C_FP_f-C_DP_d+C \tag{4.21}$$

式中,$C_F=P_0(C_{10}-C_{00})$,$C_D=P_1(C_{01}-C_{11})$,$C=C_{01}P_1+C_{00}P_0$,在实际应用中,通常假定错误判决付出的代价比正确判决付出的代价要大,即 $C_{10}>C_{00}$,$C_{01}>C_{11}$,从而有 $C_F>0$,$C_D>0$。

系统的虚警概率和检测概率可分别表示为

$$P_f=\sum_u P(u_0=1\mid u)P(u|H_0) \tag{4.22}$$

$$P_d=\sum_u P(u_0=1\mid u)P(u|H_1) \tag{4.23}$$

式中,$\sum_u\{\cdot\}$ 表示在判决向量 u 的所有可能取值求和。将式(4.22)与式(4.23)代入式(4.21)可得

$$R=C+C_F\sum_u P(u_0=1\mid u)P(u|H_0)-C_D\sum_u P(u_0=1\mid u)P(u|H_1) \tag{4.24}$$

由式(4.24)可知,融合系统的贝叶斯风险由融合中心的判决准则和局部检测器的判决准则共同决定。因此,融合检测系统的优化涉及上述两类判决准则的联合优化。通过极小化 R 来获得判决准则,进而设计融合系统。这种优化问题可以采用"逐个优化"(Person by Person Optimization,PBPO)方法来解决,PBPO 方法可分以下两步执行,首先,假设融合中心的判决准则已经确定,分别求出各个局部检测器的最优判决准则;然后,假设各个局部检测器的判决准则已经确定,求融合中心的最优融合规则。

步骤 1：优化当前局部检测器

对于单个局部检测器，假设除第 k 个局部检测器外，所有其他局部检测器都固定在最优设置上。则由式(4.24)，我们可以将其他局部检测器对 u_k 的影响表示为

$$R=C+\sum_{\substack{u\\u\neq u_k}}\left\{\begin{array}{c}P(u_0=1\mid u\quad \text{fixed},u_k=1)[C_F P(u_k=1,u\quad \text{fixed}\mid H_0)\\-C_D P(u_k=1,u\quad \text{fixed}\mid H_1)]\\+P(u_0=1\mid u\quad \text{fixed},u_k=0)[C_F P(u_k=0,u\quad \text{fixed}\mid H_0)\\-C_D P(u_k=0,u\quad \text{fixed}\mid H_1)]\end{array}\right\}\tag{4.25}$$

已知 $P(u_k=1\mid H_j)+P(u_k=0\mid H_j)=1$，我们可以分离出第 k 个局部检测器的影响：

$$\begin{aligned}R=&\overbrace{C+\sum_{\substack{u\\u\neq u_k}}\{P(u_0=1\mid u\quad \text{fixed},u_k=0)[C_F P(u\mid H_0)-C_D P(u\mid H_1)]\}}^{C_k}\\&+\sum_{\substack{u\\u\neq u_k}}\left\{\begin{array}{l}\underbrace{[P(u_0=1\mid u\quad \text{fixed},u_k=1)-P(u_0=1\mid u\quad \text{fixed},u_k=0)]}_{\alpha(u)}\\\underbrace{[C_F P(u_k=1\mid H_0)-C_D P(u_k=1\mid H_1)]}_{\text{kth detector}}\end{array}\right\}\end{aligned}\tag{4.26}$$

其中对于第 $k(k=1,2,\cdots,N)$ 个检测器，C_k 保持不变，可将 C_k 看作常数。记 $\alpha(u)=P(u_0=1\mid u\quad \text{fixed},u_k=1)-P(u_0=1\mid u\quad \text{fixed},u_k=0)$，可见 $\alpha(u)$ 并不直接影响 u_k，故把它看作对第 $k(k=1,2,\cdots,N)$ 个检测器的加权影响。

为了进一步说明对观测结果的影响，根据 $P(u\mid H_j)=\int_\gamma P(u\mid\gamma)p(\gamma\mid H_j)\mathrm{d}\gamma$，则式(4.26)可转换为

$$\begin{aligned}R&=C_k+\sum_{\substack{u\\u\neq u_k}}\{\alpha(u)[C_F P(u_k=1\mid H_0)-C_D P(u_k=1\mid H_1)]\}\\&=C_k+\sum_{\substack{u\\u\neq u_k}}\left\{\begin{array}{l}\alpha(u)\Big[C_F\int_\gamma P(u_k=1\mid y_k)P(u\mid\gamma)p(\gamma\mid H_0)\mathrm{d}\gamma\\-C_D\int_\gamma P(u_k=1\mid y_k)P(u\mid\gamma)p(\gamma\mid H_1)\mathrm{d}\gamma\Big]\end{array}\right\}\end{aligned}\tag{4.27}$$

由于观测的独立性，第 $k(k=1,2,\cdots,N)$ 个检测器的条件概率可以从被积函数中提取出来。第 $k(k=1,2,\cdots,N)$ 个检测器的最优决策可表示为

$$\Lambda(y)=\frac{p(y_k\mid H_1)}{p(y_k\mid H_0)}\underset{u_k=0}{\overset{u_k=1}{\gtrless}}\frac{\sum_{\substack{u\\u\neq u_k}}C_F\int_\gamma\alpha(u)P(u\mid y)p(y\mid H_0)\mathrm{d}\gamma}{\sum_{\substack{u\\u\neq u_k}}C_D\int_\gamma\alpha(u)P(u\mid y)p(y\mid H_1)\mathrm{d}\gamma}\tag{4.28}$$

根据条件独立性，将其简化为如下所示的阈值测试：

$$\frac{p(y_k\mid H_1)}{p(y_k\mid H_0)}\underset{u_k=0}{\overset{u_k=1}{\gtrless}}\frac{C_F\prod_{\substack{i=1\\i\neq k}}^N P(u_i\mid H_0)}{C_D\prod_{\substack{i=1\\i\neq k}}^N P(u_i\mid H_1)}=\tau_i\tag{4.29}$$

如式(4.29)所示,即使对于相同的局部检测器,阈值τ_i也与其他检测器耦合。即对于每个检测器,$\tau_k = f(\tau_1, \tau_2, \cdots, \tau_N)_{i \neq k}$。单独来说,传感器可能需要设置高阈值,以确保尽可能少的假警报,减少检测低信号目标的概率。通过不要求所有传感器保持相同的高阈值,融合系统可以利用不同的阈值设置,以确保来自低阈值传感器中增加的虚假警报从最终决策中剔除,同时确保有机会检测困难的目标。

步骤 2:优化融合规则

假设一个二元决策,N 个局部检测器可能的检测组合数为2^N。以类似的方式,融合中心使用这些结果来开发一个最合适的假设的整体系统评估。我们的目标是通过融合决策过程,以最小化融合中心的总体平均风险。回到方程(4.24),整个系统风险变成:

$$R = C + \sum_{u} P(u_0 = 1 \mid u)[C_F P(u \mid H_0) - C_D P(u \mid H_1)] \tag{4.30}$$

选择一个决策$\tilde{u}$作为局部检测器的一种可能实现,则融合后的风险为

$$R = C_k(u) + \sum_{u} P(u_0 = 1 \mid \tilde{u})[C_F P(\tilde{u} \mid H_0) - C_D P(\tilde{u} \mid H_1)] \tag{4.31}$$

式中,$C_k(u) = C + \sum_{\substack{u \\ u \neq \tilde{u}}} P(u_0 = 1 \mid u)[C_F P(u \mid H_0) - C_D P(u \mid H_1)]$。

当 $P(u_0 = 1 \mid \tilde{u}) = \begin{cases} 1 & \text{if}[C_F P(\tilde{u} \mid H_0) - C_D P(\tilde{u} \mid H_1)] \leqslant 0 \\ 0 & \text{otherwise} \end{cases}$ 时,融合风险最小。故融合规则为$\dfrac{P(\tilde{u}_i \mid H_1)}{P(\tilde{u}_i \mid H_0)} \underset{u_0=0}{\overset{u_0=1}{\gtrless}} \dfrac{C_F}{C_D}$。假设条件独立,我们可以将整体融合系统似然写成个体局部决策的乘积:

$$\prod_{i=1}^{N} \frac{P(u_i \mid H_1)}{P(u_i \mid H_0)} \underset{u_0=0}{\overset{u_0=1}{\gtrless}} \frac{C_F}{C_D} \tag{4.32}$$

因此,式(4.29)提供了2^N个同时融合的可能性,可实现每个局部检测器的系统优化。

4.5 基于串行结构的分布式检测融合

串行分布式融合检测系统结构如图 4.4 所示,N 个局部传感器分别接收各自的观测数据$y_i (i=1,2,\cdots,N)$。首先,传感器 1 做出局部检测判决u_1,将它传递给传感器 2;传感器 2 将自己的观测数据与u_1融合形成判决u_2,并传送给下一个传感器,上述过程不断重复,第 i 个传感器的融合判决实际上是对自身观测y_i与u_{i-1}的融合过程;最后,传感器 N 的判决u_N就是融合系统的最终判决。

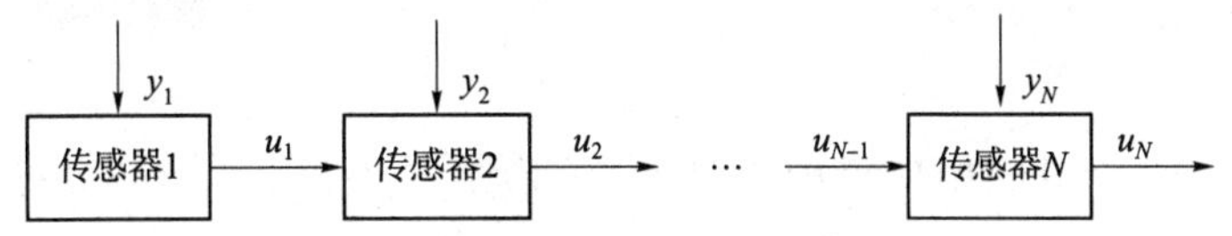

图 4.4 串行分布式融合检测系统结构

与并行结构相比，在串行分布式融合检测系统中，不存在唯一的融合中心，融合过程由各个传感器协同完成，融合系统的最终判决由一指定的传感器完成。

为了研究串行分布式融合检测问题，类似地，本节做如下假设：

(1) H_0表示“无目标”假设，H_1表示“有目标”假设，其先验概率分别为p_0和p_1。

(2) 假设系统由 N 个检测器构成，各个检测器的观测量为$y_i(i=1,2,\cdots,N)$，每个检测器的判决结果为$u_i(i=1,2,\cdots,N)$，最终的融合判决由检测器 N 完成。

(3) 各检测器的判决均为硬判决，即当判决结果为无目标时$u_i=0$，反之，$u_i=1(i=1,2,\cdots,N)$。

(4) 各个检测器的虚警概率、漏警概率和检测概率分别为p_{fi}、p_{mi}和p_{di}，且$p_{di}\geqslant p_{fi}(i=1,2,\cdots,N)$。

基于串行分布式融合检测系统结构，对各个检测器的判决准则进行优化，使融合系统判决结果的贝叶斯风险达到最小。在各个传感器观测相关的条件下，最优检测器判决规则形式较复杂，不能简化为似然比判决准则。以下主要研究各个检测器的观测相互独立条件下，各检测器的判决规则的优化问题。

串行分布式融合检测系统的贝叶斯风险为

$$R=\sum_{i=0}^{1}\sum_{j=0}^{1}C_{ij}p_jp(u_N=i|H_j) \tag{4.33}$$

式中，C_{ij}表示当假设H_j为真时，最终判决假设H_i成立所付出的代价$(i=0,1)$。

由于

$$p(u_N=i|H_0)=(p_{fN})^i(1-p_{fN})^{1-i} \tag{4.34}$$

$$p(u_N=i|H_1)=(p_{dN})^i(1-p_{dN})^{1-i} \tag{4.35}$$

式(4.33)可表示为

$$R=C_fp_{fN}-C_dp_{dN}+C \tag{4.36}$$

式中：

$C_f=p_0(C_{10}-C_{00}),C_f=p_1(C_{01}-C_{11}),C=C_{01}p_1+C_{00}p_0$

系统优化仍然采用“逐个优化”(PBPO)方法，在推导某个检测器的判决规则时，假定其他检测器的判决规则是固定的。下面先考查第一个检测器的判决规则。融合系统的检测概率可表示为

$$p_{dN}=p(u_N=1|u_1=0,H_1)+A(u_N,u_1,H_1)p(u_1=1|H_1) \tag{4.37}$$

同样可得

$$p_{fN}=p(u_N=1|u_1=0,H_0)+A(u_N,u_1,H_0)p(u_1=1|H_0) \tag{4.38}$$

将式(4.37)与式(4.38)代入式(4.36)，可得

$$\begin{aligned}R=&C+C_fp(u_N=1|u_1=0,H_0)-C_dp(u_N=1|u_1=0,H_1)\\&+C_1A(u_N,u_1,H_0)p(u_1=1|H_0)-C_dA(u_N,u_1,H_1)p(u_1=1|H_1)\end{aligned} \tag{4.39}$$

又因为

$$p(u_1=1|H_j)=\int p(u_1=1|y_1)f(y_1|H_j)\mathrm{d}y_1(j=0,1) \tag{4.40}$$

所以

$$R=C_1+\int p(u_1=1|y_1)[C_f A(u_N,u_1,H_1)f(y_1|H_0) - C_d A(u_N,u_1,H_1)p(u_1=1|H_1)]\mathrm{d}y_1 \tag{4.41}$$

式中：

$$C_1=C+C_f p(u_N=1|u_1=0,H_0)-C_d p(u_N=1|u_1=0,H_1)$$

由于假设各个检测器观测量相互独立，可以证明，C_1的取值与第1个检测器的判决规则无关。因此，为了使R达到最小，第一个检测器的判决规则必须满足以下条件，若

$$\frac{f(y_1|H_1)}{f(y_1|H_0)}>\frac{C_f A(u_N,u_1,H_0)}{C_d A(u_N,u_1,H_1)} \tag{4.42}$$

则取$p(u_1=1|y_1)=1$，即判$u_1=1$，H_1成立；否则，取$p(u_1=1|y_1)=0$，判$u_1=0$，H_0成立。

上述判决规则是似然比判决规则，其门限值是一个固定门限。下面再考查第$k(k=2,3,\cdots,N)$个检测器的判决规则。类似地，融合系统的检测概率和虚警概率分别可以表示为

$$p_{dN}=p(u_N=1|u_k=0,H_1)+A(u_N,u_k,H_1)p(u_k=1|H_1) \tag{4.43}$$

$$p_{fN}=p(u_N=1|u_k=0,H_0)+A(u_N,u_k,H_0)p(u_k=1|H_0) \tag{4.44}$$

容易验证

$$p(u_k=1|H_j)=\sum_{u_{k-1}}\int p(u_k=1|y_k,u_{k-1})p(u_{k-1}=1|H_j)f(y_k|H_j)\mathrm{d}y_k \tag{4.45}$$

所以

$$R=C_k+\sum_{u_{k-1}}\int p(u_k=1|y_k,u_{k-1})[C_f A(u_N,u_k,H_0)p(u_{k-1}|H_0)f(y_k|H_0) - C_d A(u_N,u_k,H_1)p(u_{k-1}|H_1)f(y_k|H_1)]\mathrm{d}y_k \tag{4.46}$$

由于假设各个检测器观测量相互独立，可以证明，C_k与第k个检测器的判决规则无关。因此，为了R达到最小，第k个检测器的判决规则必须满足：若

$$\frac{f(y_1|H_1)}{f(y_1|H_0)}>\frac{C_f A(u_N,u_1,H_0)p(u_{k-1}|H_0)}{C_d A(u_N,u_1,H_1)p(u_{k-1}|H_1)} \tag{4.47}$$

则取$p(u_k=1|y_k,u_{k-1})=1$，即判$u_k=1$，H_1成立；否则，取$p(u_k=1|y_k,u_{k-1})=0$，判$u_k=0$，H_0成立。

习题

1. 对一批人进行流感筛查，流感患者定为ω_1类，正常者定为ω_2类。统计资料表明人们患流感的概率$P(\omega_1)=0.004$，从而$P(\omega_2)=0.996$。设化验结果是一维离散模式特征，有阳性反应和阴性反应之分，作为诊断依据。统计资料表明：流感患者有阳性反应的概率为0.96，即$P(x=阳|\omega_1)=0.96$，从而可知$P(x=阴|\omega_1)=0.04$，正常人阳性反应的概率为0.01，$P(x=阳|\omega_2)=0.01$，可知$P(x=阴|\omega_2)=0.99$，请问有阳性反应的人患流感的概率有多大?

2. 某钟表厂对所生产的钟做质量检查，从生产过程中随机不放回的抽取350座作测试，测得每座钟的24小时走时误差(快或慢，不计正负号)并记录下来。根据表4.1中350个数据检验生产过程中产品的走时误差是否服从正态分布(检验的显著水平标准$\alpha=0.05$)。

表 4.1 采样数据

组号	组限	v_i
1	1～10	19
2	10～20	25
3	20～30	31
4	30～40	37
5	40～50	42
6	50～60	46
7	60～70	40
8	70～80	36
9	80～90	30
10	90～100	26
11	100～350	18

3. 设有三个观测量相互独立的分布式并行融合检测结构，求解最优融合准则和各个传感器最优判决门限。并给出融合系统贝叶斯风险随先验概率P_0变化曲线。已知三个观测量服从高斯分布如下，利用 MATLAB 编程实现。

$$p_i(z_i|H_1)=\frac{1}{\sqrt{2\pi}\sigma_i}\exp\left\{-\frac{(z_i-V_i)^2}{2\sigma_i^2}\right\},i=1,2,3$$

$$p_i(z_i|H_0)=\frac{1}{\sqrt{2\pi}\sigma_i}\exp\left\{-\frac{z_i^2}{2\sigma_i^2}\right\},i=1,2,3$$

式中：$V_1/V_2/V_3$ 分别为 2.2，2.5，2.8；$\sigma_1/\sigma_2/\sigma_3$ 分别为 1，1.5，1.2；$C_{00}=C_{11}=0$，$C_{01}=C_{10}=1$。

本章参考文献

[1] 韩崇昭，朱洪艳，段战胜. 多源信息融合[M]. 3 版.北京：清华大学出版社，2022.

[2] 戴亚平，马俊杰，笑涵.多传感器数据智能融合理论与应用[M].北京：机械工业出版社，2021.

[3] 潘泉，王小旭，徐林峰，等.多源动态系统融合估计[M].北京：科学出版社，2019.

[4] 郭承军.多源组合导航系统信息融合关键技术研究[D].成都：电子科技大学，2018.

[5] 祁友杰，王琦.多源数据融合算法综述[J].航天电子对抗，2017，33(6)：37-41.

[6] 邓自立.信息融合估计理论及其应用[M].北京：科学出版社，2015.

[7] 李弼程，黄洁，高世海，等.信息融合技术及其应用[M].北京：国防工业出版社，2010.

第5章 多源属性融合

5.1 多源属性融合概念

多源属性融合是由多种信息源，如传感器数据库、知识库和人类本身来获取有关信息，进行滤波、相关和集成，从而形成一个表示构架，这种构架适合获得有关决策、对信息的解释、达到系统目标（如识别或跟踪运动目标）、传感器管理和系统控制等。主要是利用计算机进行多源信息处理，从而得到可综合利用信息的理论和方法，其中也包含对自然界人和动物大脑进行多传感信息融合机理的探索。

5.2 基于主观贝叶斯推理的属性融合

不确定性推理是目标识别和属性信息融合的基础，不确定性推理包括符号推理和数值推理，前者在推理过程中信息损失较少，但计算量较大；后者容易实现，但在推理过程中有一定的信息损失。由于不确定性推理方法是目标识别和属性信息融合的基本工具，为此本节对各种不确定性方法进行讨论。

5.2.1 贝叶斯条件概率公式

设$A_1,A_2,\cdots,A_m$为样本空间 S 的一个划分，即满足

(1) $A_i \cap A_j = \varnothing (i \neq j)$；

(2) $A_1 \cup A_2 \cup \cdots \cup A_m = S$；

(3) $P(A_i) > 0 (i=1,2,\cdots,m)$。

则对任一事件 B 可以表示如下：

$$P(A_i|B) = \frac{P(A_iB)}{P(B)} = \frac{P(B|A_i)P(A_i)}{\sum_{j=1}^{m} P(B|A_j)(A_j)} \tag{5.1}$$

5.2.2 基于贝叶斯方法的多源信息融合

贝叶斯方法用于多源信息融合时，要求系统可能的决策相互独立，从而这些决策看作一个样本空间的划分，使用贝叶斯条件概率公式解决系统决策问题。假设系统可能的决策为$A_1, A_2, \cdots, A_m$，某一信源提供观测结果为B，如果能够利用系统的先验知识及该信源特性得到先验概率$P(A_i)$和条件概率$P(B|A_i)$，则基于贝叶斯条件概率公式(5.1)，根据信源观测将先验概率$P(A_i)$转换为后验概率$P(A_i|B)$。当有两个信源对系统进行观测时，除了上面介绍的信源观测结果B外，另一个信源对系统进行观测的结果为C。关于各决策A_i的条件概率为$P(C|A_i)>0(i=1,2,\cdots,m)$，则条件概率公式可表示如下：

$$P(A_i|B \cap C)=\frac{P(B \cap C|A_i)P(A_i)}{\sum_{j=1}^{m}P(B \cap C|A_j)(A_j)} \tag{5.2}$$

要求计算出B和C同时发生的先验条件概率$P(B\cap C|A_i)$ $(i=1,2,\cdots,m)$，往往是很困难的。为了简化计算，提出进一步的独立性假设。假设A、B和C之间是相互独立的，即$P(B\cap C|A_i)=P(B|A_i)P(C|A_i)$，式(5.2)可改写为

$$P(A_i|B \cap C)=\frac{P(B|A_i)P(C|A_i)P(A_i)}{\sum_{j=1}^{m}P(B|A_j)P(C|A_j)(A_j)} \tag{5.3}$$

以此类推，当有n个信源，观测结果分别为$B_1, B_2, \cdots, B_n$时，假设它们之间相互统计独立且与被观测对象条件独立，则可以得到系统在n个信源时的各决策总后验概率为

$$P(A_i|B_1 \cap B_1 \cap \cdots \cap B_m)=\frac{\prod_{k=1}^{n}P(B_k|A_i)P(A_i)}{\sum_{j=1}^{m}\prod_{k=1}^{n}P(B_k|A_j)P(A_j)} \quad i=1,2,\cdots,m \tag{5.4}$$

最后，系统的决策可由某些规则给出，如取具有最大后验概率的那条决策作为系统的最终决策。

5.2.3 主观贝叶斯方法的优缺点

主观贝叶斯方法是最早用于处理不确定性推理的方法，它的主要优点有：

(1) 主观贝叶斯方法具有公理基础和易于理解的数学性质；

(2) 贝叶斯方法仅需中等的计算时间。

主观贝叶斯方法的主要缺点有：

(1) 它要求所有的概率都是独立的，这给实际系统带来了很大的困难，有时甚至是不实际的；

(2) 主观贝叶斯方法要求给出先验概率和条件概率，一方面，这是比较困难的，另一方面由于很难保证领域专家给出概率具有前后一致性，就需要领域专家和计算机花大量的时间来检验系统中概率的一致性；

(3) 在系统中增加或删除一个规则时，为了保证系统的相关性和一致性，需要重新计算所有概率，不利于规则库及时增加新规则或删除旧规则；

(4) 主观贝叶斯方法要求有统一的识别框架，不能在不同层次上组合证据，当对不同层次的证据强行进行组合时，由于强行分配先验概率等，有可能引起直观不合理的结论；

(5) 不能区分不确定和不知道。

由于以上缺点，使得主观贝叶斯方法的应用受到一定限制。

5.3　D-S 证据推理

证据理论是由 Dempster 于 1967 年提出的，后由 Shafer 加以扩充和发展，证据理论又称为 D-S 理论。证据理论可处理由不知道所引起的不确定性，采用信任函数而不是概率作为度量，通过对一些事件的概率加以约束以建立信任函数而不必说明精确的难以获得的概率。

5.3.1　概述

【例 5.1】　设甲有两个硬币，一个是正常的正反面硬币，另一个是两面都是正面的错币。他投掷硬币 10 次，每次都出现的是"正面"，问下一次投掷出现正面的概率是多大？我们可以按照古典概率来计算：如果某甲持正常硬币，P(正面)＝0.5；如果甲持错误硬币，P(正面)＝1.0。

我们缺少的正是甲持哪个硬币的"证据"。首先我们考虑用贝叶斯方法来解决，假设甲持错误硬币的先验概率是 α，则 N 次投掷出现正面后持错误硬币的后验概率为

$$P(\text{错误硬币}\mid N\text{ 次出现正面})=\frac{2^N\alpha}{2^N\alpha+(1-\alpha)}$$

显然随着 N 的增大，这个后验概率很快趋于 1。但是，这个先验概率如何得到？是否有其他方法无须给出先验概率，而凭直觉能获得这个硬币是"错币"的证据？以前处理类似问题只能利用概率论中事件概率的框架，而现在某些感兴趣的因素却不能用概率的方法来处理。事实上，有关证据问题在相关文献里已经作过很深入的研究，而证据在本质上就是基于观测对不同的假设赋予权值的一种方法。根据有关证据的定义，我们给出如下解释：能够处理任意数量的假设；能够把证据的权值解释为一种函数，而这个函数把假设的先验概率空间映射到基于观测的假设后验概率空间。

5.3.2　mass 函数、信度函数与拟真度函数

定义 5.1　设 H 表示某个有限集合，称为假设空间，这是一个完备的、元素间相互不交的空间；又假定 O 表示观测空间，或称为试验结果集合。对于给定的假设 $h\in H$，u_h 是观测空间 O 上的概率，而证据空间定义为

$$\varepsilon=\{H,O,u_{h_1},u_{h_2},\cdots,u_{h_n}\}\tag{5.5}$$

式中，$n\in N$ 是假设的个数。

【例 5.2】　在【例 5.1】中，$H=\{h_1=\{\text{正常硬币}\},h_2=\{\text{错误硬币}\}\}$，而 $O=\{z:z=\{\text{观测 }1,\text{观测 }2,\cdots,\text{观测 }10\}\}$。

设z_1={观测 1={正面},观测 2={正面},…,观测 10={正面}}是一个具体的观测,则

$$u_{h_1}(z_1)=1/2^{10}, u_{h_2}(z_1)=1$$

给定假设 $h\in H$,以及观测 $z\in O$,在证据空间中权值为

$$w(z,h)=\frac{u_h(z)}{u_{h_1}(z)+\cdots+u_{h_2}(z)} \tag{5.6}$$

给定 $h\in H$,观测 z 权值就是其相对概率,而且 $w(z,h)\in[0,1]$;对于给定 $z\in O$,$w(z,\cdot)$就是 H 上的一个概率测度。但是,这却不是一个频度或似然。例如,在【例 5.2】中,$w(z_1,h_1)=1/(1+1/2^{10})=2^{10}/(1+2^{10})$.

定义 5.2 设 H 表示某个有限集合,称为假设空间;又假定 $P(\ )$表示的所有子集构成的集类(称为 H 的幂集),映射 $m:P(H)\to[0, 1]$称为一个基本概率赋值或 mass 函数,如果满足下列条件:

(1) $m(\varphi)=0$;

(2) $\sum\limits_{A\in H}m(A)=1$。

那么 mass 函数实际上就是对各种假设的评价权值。但是,基本概率赋值不是概率,因为不满足可列可加性。$m(A)$表示对命题 A 的精确信任程度,也表示了对 A 的直接支持。

【例 5.3】 设有两个医生给同一病人诊断疾病,甲医生认为 0.9 的可能性是感冒,0.1 的可能性是说不清楚的病症;乙医生认为 0.2 的可能性不是感冒,0.8 的可能性是说不清的病症。于是,假设空间是 $H=\{h,\bar{h}\}$,其中 h 表示诊断为感冒,$\bar{h}$表示诊断为不是感冒。

$$P(H)=\{\varnothing,\{h\},\{\bar{h}\},H\}$$

式中,$\varnothing$表示不可能事件:"既是感冒,又不是感冒",而 H 表示事件:"可能是感冒,又可能不是感冒"。从而可以构造所谓 mass 函数:

$m_1(h)=0.9$,表示甲医生认为是感冒的可能性;

$m_1(H)=0.1$,表示甲医生认为是说不清楚何种病症的可能性;

$m_2(\bar{h})=0.2$,表示乙医生认为不是感冒的可能性;

$m_2(\mathrm{H})=0.8$,表示乙医生认为是说不清楚何种病症的可能性。

问题是判定患者是感冒的可能性究竟有多大,或者判定这种可能性落在什么范围内。注意 $H=\{h\}U\{\bar{h}\}$,且$\{h\}\cap\{\bar{h}\}=\varnothing$,但

$$m_1(H)\neq m_1(\{h\})+m_1(\{\bar{h}\})$$

定义 5.3 设 H 表示某个有限集合,$P(H)$表示 H 的所有子集构成的集类,映射 BEL:$P(H)\to[0,1]$称为信度函数(belief function),表示对假设的信任程度估计的下限(悲观估计)。如果:

(1) $\mathrm{BEL}(\varnothing)=0$;$\mathrm{BEL}(H)=1$;

(2)对 H 中的任意子集$A_1,A_2,\cdots,A_n$有

$$\mathrm{BEL}\left(\bigcap_{i=1}^{n}A_i\right)\geqslant\sum_{I\subseteq\{1,2,\cdots,n\}}(-1)^{|I|+1}\mathrm{BEL}\left(\bigcap_{i\in I}A_i\right) \tag{5.7}$$

式中,$|I|$表示集合 I 中元素的个数。

定义 5.4 设 H 表示某个有限集合,$P(H)$表示 H 的所有子集构成的集类,映射 $P1$:$P(H)\to[0.1]$称为拟真度函数,表示对假设的信任程度估计的上限(乐观估计)。如果:

(1) $\mathrm{PL}(\varnothing)=0$;$\mathrm{PL}(H)=1$;

(2) 对 H 中的任意子集 $A_1, A_2, \cdots, A_n$ 有

$$\mathrm{PL}\left(\bigcap_{i=1}^{n} A_i\right) \leqslant \sum_{I \subseteq \{1,2,\cdots,n\}} (-1)^{|I|+1} \mathrm{PL}\left(\bigcap_{i \in I} A_i\right) \tag{5.8}$$

式中，$|I|$ 表示集合 I 中元素的个数。

【例 5.4】 仍考虑诊断问题，假定先验知识告诉我们病人的疾病只有三种可能性 h_1、h_2、h_3，构成基本假设空间 $H=\{h_1,h_2,h_3\}$，于是事件空间可表示如下的形式。

$$P(H)=\{\varnothing,\{h_1\},\{h_2\},\{h_3\},\{h_1,h_2\},\{h_1,h_3\},\{h_2,h_3\},\{h_1,h_2,h_3\}\}$$

而三个医生分别按自己的诊断为上述事件空间给出了三个不同概率 P_1、P_2、P_3，它们满足

$$\begin{cases} P_1(\{h_1\})=0.5, P_1(\{h_2\})=0, P_1(\{h_3\})=0.5 \\ P_2(\{h_1\})=0.5, P_2(\{h_2\})=0.5, P_2(\{h_3\})=0 \\ P_3(\{h_1\})=0, P_3(\{h_2\})=0.5, P_3(\{h_3\})=0.5 \end{cases} \tag{5.9}$$

按概率公式，可计算得到

$$\begin{cases} P_1(\{h_1,h_2\})=0.5, P_1(\{h_1,h_3\})=1, P_1(\{h_2,h_3\})=0.5 \\ P_2(\{h_1,h_2\})=1, P_2(\{h_1,h_3\})=0.5, P_2(\{h_2,h_3\})=0.5 \\ P_3(\{h_1,h_2\})=0.5, P_3(\{h_1,h_3\})=0.5, P_3(\{h_2,h_3\})=1 \end{cases} \tag{5.10}$$

$$\begin{cases} P_1(\varnothing)=P_2(\varnothing)=P_3(\varnothing)=0 \\ P_1(H)=P_2(H)=P_3(H)=1 \end{cases} \tag{5.11}$$

对于任意时间 $A \in P(H)$，其概率下界和概率上界分别定义为

$$P_*(A)=\min_i\{P_i(A): i=1,2,3\}, P^*(A)=\max_i\{P_i(A): i=1,2,3\}$$

于是：

$$\begin{aligned} & P_*(\{h_1\})=P_*(\{h_2\})=P_*(\{h_3\})=0 \\ & P_*(\{h_1,h_2\})=P_*(\{h_2,h_3\})=P_*(\{h_1,h_3\})=0.5 \\ & P_*(H)=1, P_*(\varnothing)=0 \\ & P^*(\{h_1,h_2\})=P^*(\{h_2,h_3\})=P^*(\{h_1,h_3\})=1 \\ & P^*(H)=1, P^*(\varnothing)=0 \end{aligned} \tag{5.12}$$

这就是概率下界和概率上界。显然，概率下界和概率上界具有如下性质：

(1) $P_*(\varnothing)=P^*(\varnothing)=0$；$P_*(H)=P^*(H)=1$。

(2) $0 \leqslant P_*(A) \leqslant P^*(A) \leqslant 1, \forall A \in P(H)$。

(3) $P^*(A)=1-P_*(A^c), \forall A \in P(H)$（其中 $A^c=H-A$）。

(4) $P_*(A)+P_*(B) \leqslant P_*(A \cup B) \leqslant P_*(A)+P^*(B) \leqslant P^*(A \cup B) \leqslant P^*(A)+P_*(B), \forall A, B \in P(H), A \cap B=\varnothing$。

概率下界和概率上界虽然满足有界性，但一般不再满足可加性。显然，因为 $P_*(A \cap B) \geqslant 0$，所以有 $P_*(A \cup B) \geqslant P_*(A)+P_*(B)-P_*(A \cap B), \forall A, B \in P(H)$，从而 P_* 是弱信度函数。同样地，因为

$$\begin{aligned} P^*(A \cap B) &= 1-P_*(A^c \cup B^c) \leqslant 1-P_*(A^c)-P_*(B^c)+P_*(A^c \cap B^c) \\ &= 1-P_*(A^c)+1-P_*(B^c)-1+P_*(A^c \cap B^c) \\ &= P^*(A)+P^*(B)-P^*(A \cup B) \end{aligned} \tag{5.13}$$

从而 P^* 是弱拟真度函数。令 $A_1=\{h_1\}, A_2=\{h_2\}, A_3=\{h_3\}$，而

$$P^*(A_1 \cap A_2 \cap A_3)=P^*(\varnothing)=0 \tag{5.14}$$

从而有

$$P^*(A_1)+P^*(A_2)+P^*(A_3)-P^*(A_1 \cup A_2)-P^*(A_2 \cup A_3)-P^*(A_1 \cup A_3) \\ +P^*(A_1 \cup A_2 \cup A_3)=0.5+0.5+0.5-1-1-1+1=-0.5 \tag{5.15}$$

所以 P^* 不是拟真度函数。

定理 5.1 设 H 表示某个有限集合，BEL 和 PL 分别表示 H 上的信度函数和拟真度函数，则有

$$\mathrm{PL}(A)=1-\mathrm{BEL}(A^c) \tag{5.16}$$

$$\mathrm{BEL}(A)=1-\mathrm{PL}(A^c) \tag{5.17}$$

定理 5.2 设 m、BEL 和 PL 分别是 H 上的 mass 函数、信度函数和拟真度函数，则对任意 $A \in P(H)$ 有

$$\mathrm{BEL}(A)=\sum_{D \subseteq A} m(D) \tag{5.18}$$

$$PL(A)=\sum_{D \cap A \neq \varnothing} m(D) \tag{5.19}$$

且 $\mathrm{BEL}(A) \leqslant \mathrm{PL}(A)$。

定义 5.5 设 H 是有限集合，BEL 和 PL 分别是定义在 $P(H)$ 上的信度函数和拟真度函数，对于任意 $A \in P(H)$，其信度区间(belief interval)定义为

$$[\mathrm{BEL}(A), \mathrm{PL}(A)] \subseteq [0,1] \tag{5.20}$$

信度区间表示事件发生的下限估计到上限估计的可能范围。

定理 5.3 设 $z_1, z_2, \cdots, z_l \in O$ 为 l 个互斥且完备的观测，即 $\mu(z_i)$ 表示 z_i 发生的概率，满足 $z_i \cap z_j=\varnothing, \forall \nu \neq j$ 且 $\sum_{i=1}^{l} u(z_i)=1$；对于每个 $z_i \in O$，当 $m(\cdot \mid z_i)$，$\mathrm{BEL}(\cdot \mid z_i)$，$\mathrm{PL}(\cdot \mid z_i)$ 分别是 H 上的 mass 函数、信度函数和拟真度函数时，则

$$m(A)=\sum_{i=1}^{l} m(A \mid z_i) u(z_i) \tag{5.21}$$

$$\mathrm{BEL}(A)=\sum_{i=1}^{l} \mathrm{BEL}(A \mid z_i) u(z_i) \tag{5.22}$$

$$\mathrm{PL}(A)=\sum_{i=1}^{l} \mathrm{PL}(A \mid z_i) u(z_i) \tag{5.23}$$

【例 5.5】 设某工厂要为某设备的故障 A 的发生率 $m(A)$ 做出判断。而根据统计，各指标分类等级发生的概率分别为 $u(z_1)=0.1$，$u(z_2)=0.15$，$u(z_3)=0.3$，$u(z_4)=0.25$，$u(z_5)=0.2$。已经知道在各检验指标 z 分类等级条件下故障 A 的发生率分别为

(1) $m(A \mid z_1)=0.03$，z_1 表示严重超标；$m(A \mid z_2)=0.025$，z_2 表示超标；

(2) $m(A \mid z_3)=0.01$，z_3 表示轻微超标；$m(A \mid z_4)=0.005$，z_4 表示良好；

(3) $m(A \mid z_5)=0.001$，z_5 表示优良。

于是，故障 A 的发生率为

$$m(A)=0.03 \times 0.1+0.025 \times 0.15+0.01 \times 0.3+0.005 \times 0.25+0.001 \times 0.2=0.011\,2$$

5.3.3 证据理论的合成规则

定理 5.4 (Dempster-Shafer 合成公式)设m_1、m_2是 H 上的两个 mass 函数,则

$$m(\varnothing)=0 \tag{5.24}$$

$$m(A)=\frac{1}{N}\sum_{E\cap F=A} m_1(E)m_2(F), A\neq\varnothing \tag{5.25}$$

是 mass 函数,其中

$$N=\sum_{E\cap F\neq\varnothing} m_1(E)m_2(F)>0 \tag{5.26}$$

为归一化系数。

设m_1、m_2是 H 上的两个 mass 函数,而 m 是其合成的 mass 函数,合成公式满足结合律和交换律,具体表示如下:

$$m=m_1\oplus m_2 \tag{5.27}$$

一般情况下,如果 H 上有 n 个 mass 函数 $m_1, m_2, \cdots, m_n$,如果

$$N=\sum_{\bigcap_{i=1}^{n} E_i\neq\varnothing}\prod_{i=1}^{n} m_i(E_i)>0 \tag{5.28}$$

则有如下合成公式:

$$m(A)=(m_1\oplus\cdots\oplus m_n)(A)=\frac{1}{N}\sum_{\bigcap_{i=1}^{n} E_i=A}\prod_{i=1}^{n} m_i(E_i) \tag{5.29}$$

如果 $N=0$,则不可以合成,即 mass 函数存在矛盾。

【例 5.6】 在【例 5.3】中,求两个医生诊断的合成 mass 函数,以及相应的信度函数和拟真度函数。此时

$$\begin{aligned}N&=\sum_{E\cap F\neq\varnothing} m_1(E)\cdot m_2(F)\\&=m_1(h)m_2(H)+m_1(H)m_2(\bar{h})+m_1(H)m_2(H)\\&=0.9\times0.8+0.1\times0.2+0.1\times0.8=0.82\end{aligned} \tag{5.30}$$

所以:

$$m(h)=\frac{1}{0.82}m_1(h)m_2(H)=\frac{0.9\times0.8}{0.82}=\frac{36}{41} \tag{5.31}$$

$$m(\bar{h})=\frac{1}{0.82}m_1(H)m_2(\bar{h})=\frac{0.1\times0.2}{0.82}=\frac{1}{41} \tag{5.32}$$

$$m(H)=\frac{1}{0.82}m_1(H)m_2(H)=\frac{0.1\times0.8}{0.82}=\frac{4}{41} \tag{5.33}$$

这就是合成的 mass 函数。而按式(5.22)和式(5.23),则 h 和$\bar{h}$的信度函数与拟真函数分别为

$$\mathrm{BEL}(h)=\sum_{D\subseteq h} m(D)=m(h)=\frac{36}{41} \tag{5.34}$$

$$\mathrm{PL}(h)=\sum_{D\cap h\neq\varnothing} m(D)=m(h)+m(H)=\frac{36+4}{41}=\frac{40}{41} \tag{5.35}$$

$$\mathrm{BEL}(\bar{h}) = \sum_{D \subseteq \bar{h}} m(D) = m(\bar{h}) = \frac{1}{41} \tag{5.36}$$

$$\mathrm{PL}(\bar{h}) = \sum_{D \cap \bar{h} \neq \varnothing} m(D) = m(\bar{h}) + m(H) = \frac{1+4}{41} = \frac{5}{41} \tag{5.37}$$

所以 h 的信度区间为$\left[\frac{36}{41},\frac{40}{41}\right]$,而$\bar{h}$的信度区间为$\left[\frac{1}{41},\frac{5}{41}\right]$。

【例 5.7】 假定设备的故障有四种类型构成假设空间$\mathcal{H}=\{h_1,h_2,h_3,h_4\}$,而检测获取的系统状态估计分别是$z_1,z_2\in\mathcal{O}$。现在已知给定$z_i$时的 mass 函数如下:

$$m(\{h_1,h_2\}\,|\,z_1)=0.9;m(\{h_3,h_4\}\,|\,z_1)=0.1 \tag{5.38}$$

$$m(h_1\,|\,z_2)=0.7;m(\{h_2,h_3,h_4\}\,|\,z_2)=0.3 \tag{5.39}$$

(此式隐含:当 $A\neq\{h_1,h_2\}$或$\{h_3,h_4\}$时,$m(A\,|\,z_1)=0$; 当 $A\neq\{h_1\}$或$\{h_2,h_3,h_4\}$时,$m(A\,|\,z_2)=0$。

假定z_1、z_1发生的概率分别是 $\mu(z_1)=0.8,\mu(z_2)=0.2$,则

$$m\{h_1\}=m(h_1\,|\,z_2)\mu(z_2)=0.7\times0.2=0.14 \tag{5.40}$$

$$m\{h_1,h_2\}=m(\{h_1,h_2\}\,|\,z_1)\mu(z_1)=0.9\times0.8=0.72 \tag{5.41}$$

$$m\{h_3,h_4\}=m(\{h_3,h_4\}\,|\,z_1)\mu(z_1)=0.1\times0.8=0.08 \tag{5.42}$$

$$m\{h_2,h_3,h_4\}=m(\{h_2,h_3,h_4\}\,|\,z_2)\mu(z_2)=0.3\times0.2=0.06 \tag{5.43}$$

所以是 mass 函数。于是可得

$$\mathrm{BEL}(h_1) = \sum_{D \subseteq h_1} m(D) = m(h_1) = 0.14 \tag{5.44}$$

$$\mathrm{PL}(h_1) = \sum_{D \cap h_1 \neq \varnothing} m(D) = m(h_1) + m\{h_1,h_2\} = 0.14 + 0.72 = 0.86 \tag{5.45}$$

$$\begin{aligned}\mathrm{BEL}(\{h_1,h_2\}) &= \sum_{D \subseteq \{h_1,h_2\}} m(D) = m(h_1) + m\{h_1,h_2\} \\ &= 0.14 + 0.72 = 0.86\end{aligned} \tag{5.46}$$

$$\begin{aligned}\mathrm{PL}(\{h_1,h_2\}) &= \sum_{D \cap \{h_1,h_2\} \neq \varnothing} m(D) \\ &= m(h_1) + m\{h_1,h_2\} + m\{h_1,h_2,h_3\} \\ &= 0.14 + 0.72 + 0.06 = 0.92\end{aligned} \tag{5.47}$$

$$\mathrm{BEL}(\{h_3,h_4\}) = \sum_{D \subseteq \{h_3,h_4\}} m(D) = m\{h_3,h_4\} = 0.08 \tag{5.48}$$

$$\begin{aligned}\mathrm{PL}(\{h_3,h_4\}) &= \sum_{D \cap \{h_3,h_4\} \neq \varnothing} m(D) = m(h_3,h_4) + m\{h_2,h_3,h_4\} \\ &= 0.08 + 0.06 = 0.14\end{aligned} \tag{5.49}$$

$$\mathrm{BEL}(\{h_2,h_3,h_4\}) = \sum_{D \subseteq h_2,h_3,h_4} m(D) = m(h_2,h_3,h_4) = 0.06 \tag{5.50}$$

$$\begin{aligned}\mathrm{PL}(\{h_2,h_3,h_4\}) &= \sum_{D \cap \{h_2,h_3,h_4\} \neq \varnothing} m(D) \\ &= m(h_1,h_2) + m\{h_3,h_4\} + m\{h_2,h_3,h_4\} \\ &= 0.72 + 0.08 + 0.06 = 0.86\end{aligned} \tag{5.51}$$

从而h_1的信度区间为[0.14,0.86];$\{h_1,h_2\}$的信度区间为[0.86,0.92];$\{h_3,h_4\}$的信度区间为[0.08,0.14];而$\{h_2,h_3,h_4\}$的信度区间为[0.14,0.86]。

5.3.4 基于证据理论的决策

用证据理论组合证据后如何进行决策是与应用密切相关的问题，设 U 是识别框架，m 是基于 Dempster 组合规则得到的组合后的基本概率赋值，则可采用以下几种决策方法。

1. 决策方法 1：基于信任函数的决策

(1) 根据组合后得到的 m，求出信任函数 BEL，则该信任函数就是判决结果，这实际上是一种软判决。

(2) 若希望缩小真值的范围或找出真值，则可以采用“最小点”原则求出真值，所谓“最小点”原则，是指对于集合 A，信任为 $\mathrm{BEL}(A)$，若在集合 A 中，去掉某个元素后的集合设为 B_1，信任为 $\mathrm{BEL}(B_1)$，且 $|\mathrm{BEL}(A)-\mathrm{BEL}(B_1)|<\varepsilon$，则认为可去掉该元素，其中 ε 为预先设定的一个阈值。重复这个过程，直到某个子集 B_k 不再按“最小点”原则去掉元素为止，则 B_k 即为判决结果。

2. 决策方法 2：基于基本概率赋值的决策

设 $\exists A_1, A_2 \subset U$，满足

$$m(A_1)=\max\{m(A_i), A_i \subset U\} \tag{5.52}$$

$$m(A_2)=\max\{m(A_i), A_i \subset U \text{ 且 } A_i \neq A_1\} \tag{5.53}$$

若有

$$\begin{cases} m(A_1)-m(A_2)>\varepsilon_1 \\ m(U)<\varepsilon_2 \\ m(A_1)>m(U) \end{cases} \tag{5.54}$$

则即 A_1 为判决结果，其中 ε_1、ε_2 为预先设定门限。

3. 基于最小风险的决策

设有状态集 $S=\{x_1,\cdots,x_q\}$，决策集 $A=\{a_1,\cdots,a_p\}$，在状态为x_l时做出决策a_i的风险函数为$r(a_i,x_l)$，$i=1,2,\cdots,p$，$l=1,2,\cdots,q$，又设有一批证据 E 在 S 上产生了基本概率赋值，焦元为 $A_1,\cdots,A_n$，基本概率赋值函数为 $m(A_1),\cdots,m(A_n)$，令

$$\bar{r}(a_i,A_j)=\frac{1}{|A_j|}\sum_{x_k \in A_j}(a_i,x_k), i=1,2,\cdots,p, j=1,2,\cdots,n \tag{5.55}$$

$$R(a_i)=\sum_{j=1}^{n}\bar{r}(a_i,A_j)m(A_j) \tag{5.56}$$

若 $\exists a_k \in A$ 使得 $a_k=\underset{a_i}{\operatorname{argmin}}\{R(a_1)\cdots R(a_p)\}$，则$a_k$即为所求的最优决策。

5.3.5 证据理论的优缺点

证据理论具有以下优点：

(1) 证据理论具有比较强的理论基础，既能处理随机性所导致的不确定性，又能处理模糊性所导致的不确定性；

(2) 证据理论可以依靠证据的积累，不断地缩小假设集，亦即证据理论具有当证据增加时使受限假设集模型化的能力；

(3) 证据理论能将“不知道”和“不确定”区分开来；

(4) 证据理论可以不需要先验概率和条件概率。

证据理论的主要缺点描述如下：

(1) 证据理论具有潜在的指数复杂度。

(2) 在推理链较长时，使用证据理论很不方便。这是因为在应用证据理论时，必须首先把相应于每个步骤和证据的信任函数变换成一个一般的识别框架，然后再应用 Dempster 组合规则，当推理步骤增加时，由于最后结果的信任函数的焦元结构的复杂性也相应增加，所以 Dempster 规则的递归应用就会感到十分困难。

(3) Dempster 组合规则具有组合灵敏性，有时，基本概率赋值一个很小的变化都可能导致结果很大的变化。此外，使用 Dempster 组合规则，要求证据是独立的，这个要求有时使用起来很不方便。

5.3.6 基于 D-S 证据理论的目标识别融合技术

本节利用 D-S 证据理论研究目标识别的融合问题，利用证据理论中的组合规则，既可以对不同传感器提供的目标识别证据进行空间域决策融合，也可在时间域对传感器提供的目标识别证据进行时间域融合。在一个或 n 个传感器的测试系统中有 m 个目标，即 m 个命题 $A_1, A_1, \cdots, A_m$。每个传感器都基于观测证据产生对目标的身份识别结果，即产生对命题A_i的后验可信度分配值$m_j(A_i)$；之后在融合中心借助于 D-S 合成规则，获得融合的后验可信度分配值，确定检测对象的最终状态。

1. 基于证据理论的信息融合结构

基于 D-S 证据理论的信息融合一般思路如图 5.1 所示。

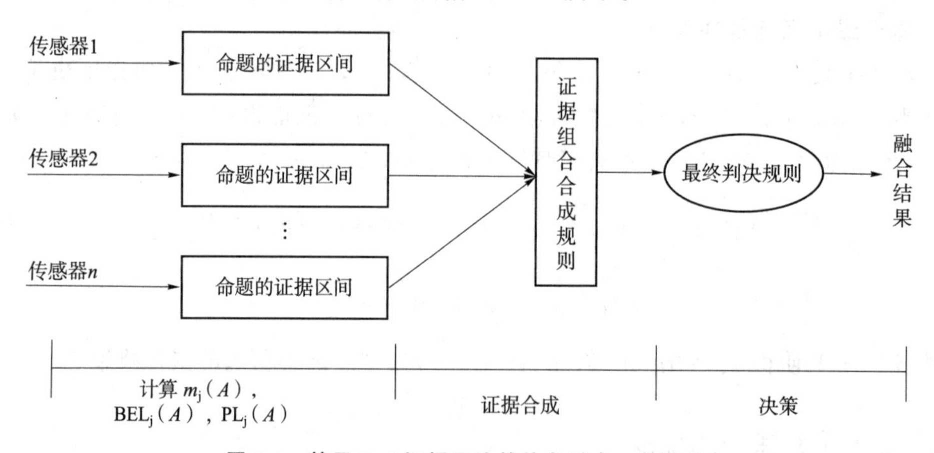

图 5.1 基于 D-S 证据理论的信息融合一般思路

(1) 单传感器多测量周期的信息融合

设一个传感器在多个测量周期中，对命题 A_i 进行测量得到后验可信度分配，Θ 为识别框架；$m_j(A_i)$传感器在第 j 个测量周期所获得的对目标 A_i 的基本置信度指派函数；M_N 传感器在 N 个测量周期的融合后对命题 A 的累积的基本置信度指派函数。

$$M_N(A)=\frac{\sum\limits_{\cap A_i=A}\prod\limits_{1\leqslant j\leqslant N}m_j(A_i)}{1-K} \tag{5.57}$$

$$K=\sum_{\cap A_i=\Phi}\prod_{1\leqslant j\leqslant N}m_j(A_i) \tag{5.58}$$

(2) 多传感器单测量周期的空域信息融合

设多个传感器在一个测量周期中，对命题 A_i 进行测量得到后验可信度分配。Θ 为识别框架；$m^s(A_i)$为第 s 个传感器提供的对命题A_i的基本置信度指派函数；M^N 为 N 个传感器融合后对命题A 的累积基本置信度指派函数。

$$M^N(A)=\frac{\sum\limits_{\cap A_i=A}\prod\limits_{1\leqslant s\leqslant N}m^s(A_i)}{1-K} \tag{5.59}$$

$$K=\sum_{\cap A_i=\Phi}\prod_{1\leqslant s\leqslant N}m^s(A_i) \tag{5.60}$$

(3) 多传感器多测量周期的信息融合

设 m 个传感器，各传感器在各测量周期上获得的后验可信度分配为 $M_j^S(A_i)$，表示第 S 个传感器($S=1,2,\cdots,m$)在第 j 个测量周期($j=1,2,\cdots,n$)上对命题 $A_i(i=1,2,\cdots,n)$ 的后验可信度分配。

2. 多传感器多测量周期的时—空域信息融合算法

(1) 集中式时空域融合算法

将所有传感器在每个周期测得的数据都送至中心处理器，中心处理器将前一时刻的累计信息与当前的测量值进行融合，得到最后的融合结果。$\text{all_}M_k^N(A)$为 K 个测量周期后所有 N 个传感器对命题 A 累计的基本概率分配函数。m_k^s 为第 s 个传感器在 K 时刻的测量值。

$$\text{all\_}M_k^N(A)=\frac{\sum\limits_{B_i\cap A_i=A}\text{all\_}M_{k-1}^N(B_i)\prod\limits_{1\leqslant s\leqslant N}m_k^s(A_i)}{1-K} \tag{5.61}$$

$$K=\sum_{B_i\cap A_i=\varnothing}\text{all\_}M_{k-1}^N(B_i)\prod_{1\leqslant s\leqslant N}m_k^s(A_i) \tag{5.62}$$

(2) 分布式时空域融合算法

先将同一传感器不同周期的测量值进行融合，后将单传感器融合结果，交由融合中心计算最终结果，如图 5.2 所示。

首先，每个传感器在各自终端上进行时域信息融合：

$$M_{k-1}^s(A)=\frac{\sum\limits_{\cap A_i=A}\prod\limits_{1\leqslant j\leqslant k-1}m_j^s(A_i)}{1-K} \tag{5.63}$$

$$K=\sum_{\cap A_i=\Phi}\prod_{1\leqslant j\leqslant k-1}m_j^s(A_i) \tag{5.64}$$

然后，每个传感器在各自终端上将当前的测量值与 M_{k-1}^s 进行融合，得到每个传感器在 k 时刻的累积信息为

$$M_k^s(A)=\frac{\sum\limits_{B_i\cap A_i=A}M_{k-1}^s(B_i)m_k^s(A_i)}{1-K} \tag{5.65}$$

$$K = \sum_{B_i \cap A_i = \Phi} M_{k-1}^{s}(B_i) m_k^{s}(A_i) \tag{5.66}$$

最后，对各传感器获得的 k 时刻的积累信息进行空间信息的融合，得到最后的融合结果为

$$\text{all\_}M_k^N(A) = \frac{\sum_{\cap A_i = A} \prod_{1 \leqslant s \leqslant N} M_k^s(A_i)}{1-K} \tag{5.67}$$

$$K = \sum_{\cap A_i = \Phi} \prod_{1 \leqslant s \leqslant N} M_k^s(A_i) \tag{5.68}$$

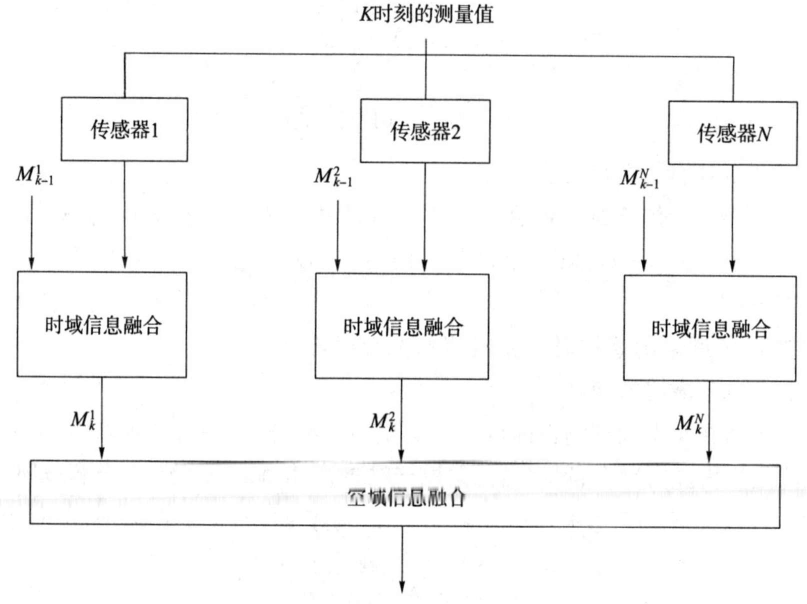

图 5.2　分布式无反馈融合算法具体步骤

习题

1. 设识别框架，两个证据的基本置信度分配函数分别为

$$m_1(A) = \begin{cases} 1, A = \{A_1\} \\ 0, A = \{A_2\} \end{cases} \quad m_2(A) = \begin{cases} 0, A = \{A_1\} \\ 1, A = \{A_2\} \end{cases}$$

求两个证据作用合成后 A_1 和 A_2 的信度分配是多少？

2. 已知识别框架下三个证据的基本置信度分配函数，求合成后的信度分配。

$$m_1(A) = \begin{cases} 0.5, A = \{A_1\} \\ 0.2, A = \{A_2\} \\ 0.3, A = \{A_3\} \end{cases} \quad m_2(A) = \begin{cases} 0.0, A = \{A_1\} \\ 0.9, A = \{A_2\} \\ 0.1, A = \{A_3\} \end{cases} \quad m_3(A) = \begin{cases} 0.55, A = \{A_1\} \\ 0.10, A = \{A_2\} \\ 0.35, A = \{A_3\} \end{cases}$$

3. 假设空中目标可能有10种机型,4个机型类(轰炸机、大型机、小型机、民航),3个识别属性(敌、我、不明)。本检测系统对目标采用中频雷达、ESM和IFF传感器进行识别,已获得两个测量周期的后验可信度分配数据:

M_{11}({民航},{轰炸机},{不明})=(0.3,0.4,0.3)

M_{12}({民航},{轰炸机},{不明})=(0.3,0.5,0.2)

M_{21}({敌轰炸机1},{敌轰炸机2},{我轰炸机},{不明})=(0.4,0.3,0.2, 0.1)

M_{22}({敌轰炸机1},{敌轰炸机2},{我轰炸机},{不明})=(0.4,0.4,0.1, 0.1)

M_{31}({我},{不明})=(0.6,0.4)

M_{32}({我},{不明})=(0.4,0.6)

其中M_{sj}表示第s个传感器($s=1,2,3$)在第j个测量周期($j=2$)上对命题的后验可信度分配函数。

求:两次测量后{民航}、{轰炸机}、{敌轰炸机1}、{敌轰炸机2}、{我轰炸机}、{我}和{不明}的后验信度分别是多少?

4. 设o_1表示战斗机,o_2表示多用途地面攻击飞机;o_3表示轰炸机;o_4表示预警机;o_5表示其他飞行器;目标识别框架为$U=\{o_1,o_2,o_3,o_4,o_5\}$,系统使用ESM,IR和EO三种传感器。由射频RF、脉宽PW、IR及光学设备EO确定的基本置信度值如表5.1所示,其中$m_{RF}(\cdot)$和$m_{PW}(\cdot)$由ESM传感器确定。若采用基于基本置信度值的决策方法时,若选择门限$\varepsilon_1=\varepsilon_2=0.1$时,请确定目标是什么?

表5.1

	o_1	o_2	o_3	o_4	o_5	U
$m_{RF}(\cdot)$	0.2	0.4	0.12	0.15	0	0.13
$m_{PW}(\cdot)$	0.45	0.05	0.25	0.1	0	0.15
$m_{IR}(\cdot)$	0.25	0.3	0	0.2	0	0.25
$m_{EO}(\cdot)$	0.4	0.4	0	0	0	0.2

本章参考文献

[1] 韩崇昭,朱洪艳,段战胜.多源信息融合[M].3版.北京:清华大学出版社,2022.

[2] 戴亚平,马俊杰,笑涵.多传感器数据智能融合理论与应用[M].北京:机械工业出版社,2021.

[3] 潘泉,程咏梅,梁彦,等.多源信息融合理论及应用[M].北京:清华大学出版社,2013.

[4] 潘泉,王小旭,徐林峰,等.多源动态系统融合估计[M].北京:科学出版社,2019.

[5] 郭承军.多源组合导航系统信息融合关键技术研究[D].成都:电子科技大学,2018.

[6] Zhang W, Yang F, Liang Y. A Bayesian Framework for Joint Target Tracking,

Classification, and Intent Inference[J].IEEE Access, 2019, 7: 66148-66156.

[7] Hao Z, Xu Z, Zhao H, et al.A Dynamic Weight Determination Approach Based on the Intuitionistic Fuzzy Bayesian Network and Its Application to Emergency Decision Making[J], IEEE Transactions on Fuzzy Systems, 2018, 26(4), 1893-1907.

[8] Yuan S, Guo P, Han X, et al. DSmT-Based Ultrasonic Detection Model for Estimating Indoor Environment Contour[J], IEEE Transactions on Instrumentation and Measurement, 2020, 69(7): 4002-4014.

[9] Dong Y, Li X,Dezert J, et al.Dezert-Smarandache Theory-Based Fusion for Human Activity Recognition in Body Sensor Networks[J], IEEE Transactions on Industrial Informatics, 2020, 16(11): 7138-7149.

第6章 多源参数估计融合

6.1 多源参数估计融合概述

本章讨论多源参数估计融合(Estimation Fusion)问题,估计融合从狭义上讲,是指各传感器在本地已经完成局部估计的基础上,实现对各局部估计结果的综合信息处理,以期获得更为准确可靠的全局性估计结果;从广义上讲,估计融合是面向估计问题的数据融合,即研究在估计未知量的过程中,如何最佳利用多个数据集合中所包含的有用信息,这些数据集合通常来自多个信息源(大多数情况是多个传感器)。估计融合最重要的应用领域之一,就是在使用多个传感器(同类的或异类的)的目标跟踪中的航迹融合,或者航迹到航迹的融合。估计融合算法与融合结构密切相关,融合结构大致分为三类:集中式、分布式和混合式。所谓集中式融合,就是所有传感器数据都传送到一个中心处理器进行处理和融合,所以也称为中心式融合(Centralized Fusion),分布式融合(Distributed Fusion)也称为传感器级融合或自主式融合。在这种结构中,每个传感器都有自己的处理器,进行一些预处理,然后把中间结果送到中心节点进行融合处理。由于各传感器都具有自己的局部处理器,能够形成局部航迹,所以在融合中心也主要是对局部航迹进行融合,所以这种融合方法通常也称为航迹融合(Track Fusion)。这种结构因对信道要求低、系统生命力强、工程上易于实现。

6.2 估计理论基础

本章对多源信息融合中涉及的统计推断与估计的基本概念和方法进行了描述。

6.2.1 基本概念

设 $x \in R^n$ 是一个未知参数向量,量测是一个 m 维的随机向量,而 y 的一组容量为 N 的样本是 $\{y_1, y_2, \cdots, y_N\}$ 对它的统计量为

$$\hat{x}^{(N)}=\varphi(y_1,y_2,\cdots,y_N) \tag{6.1}$$

称其为对 x 的一个估计量,其中 $\varphi(\cdot)$称为统计规则或估计算法。

利用样本对参数的估计量本质上是随机的,而当样本值给定时所得到的参数估计值一般与真值并不相同,因而需要用某些准则进行评价。

对于式(6.1),所得估计量如果满足

$$E(\hat{x}^{(N)})=x \tag{6.2}$$

则称$\hat{x}^N$是对参数 x 的一个无偏估计。如果满足

$$\lim_{N\to\infty}E(\hat{x}^{(N)})=x \tag{6.3}$$

则称$\hat{x}^N$是对参数 x 的一个渐近无偏估计。

对于式(6.1)所得估计量如果依概率收敛于真值,即

$$\lim_{N\to\infty}\hat{x}^{(N)}\xrightarrow{P}x \tag{6.4}$$

则称$\hat{x}^N$是对参数 x 的一致估计量。

假设$\hat{x}^N$是对参数 x 的一个正规无偏估计,则其估计误差协方差阵满足如下 Cramer-Rao 不等式

$$\mathrm{cov}(\tilde{x})\triangleq E(\tilde{x},\tilde{x}^{\mathrm{T}})\geqslant \boldsymbol{M}_x^{-1} \tag{6.5}$$

其中$\tilde{x}\triangleq\hat{x}^N-x$ 是估计误差,而$\boldsymbol{M}_x$是 Fisher 信息矩阵(主要标量对向量求导取行向量),定义为

$$\boldsymbol{M}_x\triangleq E\left\{\left(\frac{\partial\log p(y\,|\,x)}{\partial x}\right)^{\mathrm{T}}\left(\frac{\partial\log p(y\,|\,x)}{\partial x}\right)\right\} \tag{6.6}$$

式中,$p(y\,|\,x)$是给定 x 时 y 的条件概率密度函数。

6.2.2 Bayes 点估计理论

设 x 也是一个 n 维随机向量,仍设$\{y_1,y_2,\cdots,y_N\}$是的一组容量为 N 的样本。利用 $z=(y_1^{\mathrm{T}},y_2^{\mathrm{T}},\cdots,y_N^{\mathrm{T}})^{\mathrm{T}}$表示量测信息,则 x 与 z 的联合概率密度函数为

$$p(x,z)=\prod_{i=1}^{N}p(x,y_i)=\prod_{i=1}^{N}p(x)p(y_i\,|\,x) \tag{6.7}$$

假定$\hat{x}$表示由量测信息 z 得到的一个估计,而估计误差定义为$\tilde{x}\triangleq\hat{x}-x$,估计误差$\tilde{x}=(\tilde{x}_1,\tilde{x}_2,\cdots,\tilde{x}_N)^{\mathrm{T}}$的标量函数 $L(\tilde{x})$称为一个损失函数,如果

(1) 零误差的损失为零,即$\tilde{x}=0\to L(\tilde{x})=0$;

(2) 按分量的绝对值单调增,即$\tilde{x}^{(1)}$和$\tilde{x}^{(2)}$的第 i 个分量满足$|\tilde{x}_i^{(1)}|\geqslant|\tilde{x}_i^{(2)}|$,其余分量相等,则 $L(\tilde{x}^{(1)})\geqslant L(\tilde{x}^{(2)})$;

(3) $L(\tilde{x})$是对称的,即 $L(\tilde{x})=L(-\tilde{x})$, $\forall\,\tilde{x}$。

假设 $\hat{x}=\varphi(z)$,估计误差$\tilde{x}$的损失函数是 $L(\tilde{x})$,则风险函数定义为

$$R(x,\varphi)\triangleq E(L(\tilde{x})\,|\,x)=E_{z|x}[L(x-\varphi(z))\,|\,x] \tag{6.8}$$

式中,φ 是估计方法,则 Bayes 风险定义为

$$J(\varphi)\triangleq E_x[R(x,\varphi)]=E_x\{E_{z|x}[L(x-\varphi(z))\,|\,x]\} \tag{6.9}$$

式中,E_x和$E_{z|x}$分别表示按分布和条件分布求期望,而最小 Bayes 风险估计定义为

$$\hat{x}^*=\varphi^*(z), J(\varphi^*)=\min_{\varphi} J(\varphi) \tag{6.10}$$

利用 Bayes 公式 $p(x|z)=\dfrac{p(x)p(z|x)}{p(z)}$，Bayes 风险可以改写为

$$J(\varphi)=E_z\{E_{x|z}[L(x-\varphi(z))|z]\} \tag{6.11}$$

式中，$J^0(\varphi)=E_{x|z}[L(x-\varphi(z))|z]$就是损失函数的后验期望。而最小后验期望损失估计定义为

$$\hat{x}^*=\varphi^*(z), J^0(\varphi^*)=\min_{\varphi} J^0(\varphi) \tag{6.12}$$

假设参数 x 和量测信息 z 是联合高斯分布的，其均值和协方差可以分别表示为

$$m=E\begin{pmatrix}x\\z\end{pmatrix}=\begin{pmatrix}\bar{x}\\\bar{z}\end{pmatrix},\quad R=\mathrm{cov}\begin{pmatrix}x\\z\end{pmatrix}=\begin{pmatrix}R_{xx} & R_{xz}\\R_{zx} & R_{zz}\end{pmatrix} \tag{6.13}$$

假定 $\boldsymbol{R}$ 和$\boldsymbol{R}_{zz}$非奇异，那么，给定 z 时 x 也是条件高斯的，而且对估计误差的任意容许损失函数，最小后验期望损失估计按如下公式计算。

$$\hat{x}=E(x|z)=\bar{x}+R_{xz}R_{zz}^{-1}(z-\bar{z}) \tag{6.14}$$

估计误差的协方差矩阵是

$$\boldsymbol{P}=\mathrm{cov}(\tilde{x})=R_{xx}-R_{xz}R_{zz}^{-1}R_{zx} \tag{6.15}$$

证明过程如下：

(1) 条件概率密度函数 $p(x|z)$是高斯分布的。因为(x,z)是联合高斯的，则

$$\begin{aligned}p(x,z)&=(2\pi)^{-Nm/2}|R|^{-1/2}\exp\left\{-\frac{1}{2}\begin{pmatrix}x-\bar{x}\\z-\bar{z}\end{pmatrix}^{\mathrm{T}}R^{-1}\begin{pmatrix}x-\bar{x}\\z-\bar{z}\end{pmatrix}\right\}\\ p(z)&=(2\pi)^{-Nm/2}|R_{zz}|^{-1/2}\exp\left\{-\frac{1}{2}(z-\bar{z})^{\mathrm{T}}R_{zz}^{-1}(z-\bar{z})\right\}\end{aligned} \tag{6.16}$$

对 R 进行变换：

$$\begin{pmatrix}I & -R_{xz}R_{zz}^{-1}\\0 & I\end{pmatrix}R\begin{pmatrix}I & 0\\-R_{zz}^{-1}R_{zx} & I\end{pmatrix}=\begin{pmatrix}R_{xx}-R_{xz}R_{zz}^{-1}R_{zx} & 0\\0 & R_{zz}\end{pmatrix} \tag{6.17}$$

求行列式得$|R|=|R_{xx}-R_{xz}R_{zz}^{-1}R_{zx}|\cdot|R_{zz}|$，对 R 求逆得

$$R^{-1}=\begin{pmatrix}I & 0\\-R_{zz}^{-1}R_{zx} & I\end{pmatrix}\begin{pmatrix}R_{xx}-R_{xz}R_{zz}^{-1}R_{zx} & 0\\0 & R_{zz}\end{pmatrix}\begin{pmatrix}I & -R_{xz}R_{zz}^{-1}\\0 & I\end{pmatrix} \tag{6.18}$$

带入 Bayes 得

$$\begin{aligned}p(x|z)&=\frac{p(x,z)}{p(z)}=(2\pi)^{-n/2}|R_{xx}-R_{xz}R_{zz}^{-1}R_{zx}|^{-1/2}\cdot\\ &\exp\left\{-\frac{1}{2}(x-\hat{x})^{\mathrm{T}}[R_{xx}-R_{xz}R_{zz}^{-1}R_{zx}]^{-1}(x-\hat{x})\right\}\end{aligned} \tag{6.19}$$

其中条件均值$\hat{x}$由式(6.19)表示，从而证明了后验概率密度函数是高斯的。

(2) 估计误差$\tilde{x}$与 z 独立，且式(6.19)成立。因为

$$E(\tilde{x})=E(x-\hat{x})=E(x)-\bar{x}-R_{xz}R_{zz}^{-1}E(z-\bar{z})=0 \tag{6.20}$$

$$\begin{aligned}\mathrm{cov}(\tilde{x},z)&=E[\tilde{x}(z-\bar{z})^{\mathrm{T}}]\\&=E[(x-\bar{x})(z-\bar{z})^{\mathrm{T}}]-R_{xz}R_{zz}^{-1}E[(z-\bar{z})(z-\bar{z})^{\mathrm{T}}]\\&=R_{xz}-R_{xz}R_{zz}^{-1}R_{zz}=0\end{aligned} \tag{6.21}$$

所以估计误差$\tilde{x}$与 z 独立且

$$\mathrm{cov}(\tilde{x}|z)=R_{xx}-R_{xz}R_{zz}^{-1}R_{zx}=\mathrm{cov}(\tilde{x}) \tag{6.22}$$

即式(6.19)成立。

(3) 对于任意损失函数,式(6.14)和式(6.15)是最小后验期望损失估计。根据 Sherman 定理,对于任意损失函数,最小后验期望损失估计就是式(6.14)的条件期望。

6.2.3 加权最小二乘法估计

最小二乘(Least Squares,LS)估计由德国数学家高斯首先提出,目前被广泛应用于科学和工程技术领域。假设系统的测量方程为

$$z=\boldsymbol{H}\boldsymbol{x}+v \tag{6.23}$$

式中,$\boldsymbol{x}$ 为 $m*1$ 维矩阵,$\boldsymbol{H}$ 为 $m*n$ 维矩阵,v 为白噪声,且 $E(v)=0,E(vv^{\mathrm{T}})=R$。加权最小二乘(Weighted Least Squares,WLS)估计的指标是:使量测量 z 与估计$\hat{x}$确定的量测量估计$\hat{z}=\boldsymbol{H}\hat{x}$之差的平方和最小,即

$$J(\hat{x})=(z-\boldsymbol{H}\hat{x})^{\mathrm{T}}\boldsymbol{W}(z-\boldsymbol{H}\hat{x})=\min \tag{6.24}$$

式中,$\boldsymbol{W}$ 为正定的权值矩阵,当 $\boldsymbol{W}=\boldsymbol{I}$ 时,式(6.24)变为一般的最小二乘估计。要使式(6.24)成立,则必须满足

$$\frac{\partial J(\hat{x})}{\partial \hat{x}}=-\boldsymbol{H}^{\mathrm{T}}(\boldsymbol{W}+\boldsymbol{W}^{\mathrm{T}})(z-\boldsymbol{H}\hat{x})=0 \tag{6.25}$$

由此可以解得加权最小二乘估计为

$$\hat{x}_{\mathrm{WLS}}=[\boldsymbol{H}^{\mathrm{T}}(\boldsymbol{W}+\boldsymbol{W}^{\mathrm{T}})\boldsymbol{H}]^{-1}\boldsymbol{H}^{\mathrm{T}}(\boldsymbol{W}+\boldsymbol{W}^{\mathrm{T}})z \tag{6.26}$$

由于正定加权矩阵 $\boldsymbol{W}$ 也是对称阵,即 $W=W^{\mathrm{T}}$,所以加权最小二乘估计为

$$\hat{x}_{\mathrm{WLS}}=(\boldsymbol{H}^{\mathrm{T}}\boldsymbol{W}\boldsymbol{H})^{-1}\boldsymbol{H}^{\mathrm{T}}\boldsymbol{W}z \tag{6.27}$$

加权最小二乘误差为

$$\begin{aligned}\tilde{x}&=\hat{x}_{\mathrm{WLS}}-x=(\boldsymbol{H}^{\mathrm{T}}\boldsymbol{W}\boldsymbol{H})^{-1}\boldsymbol{H}^{\mathrm{T}}\boldsymbol{W}\boldsymbol{H}x-(\boldsymbol{H}^{\mathrm{T}}\boldsymbol{W}\boldsymbol{H})^{-1}\boldsymbol{H}^{\mathrm{T}}\boldsymbol{W}z\\&=(\boldsymbol{H}^{\mathrm{T}}\boldsymbol{W}\boldsymbol{H})^{-1}\boldsymbol{H}^{\mathrm{T}}\boldsymbol{W}(\boldsymbol{H}x-z)\\&=-(\boldsymbol{H}^{\mathrm{T}}\boldsymbol{W}\boldsymbol{H})^{-1}\boldsymbol{H}^{\mathrm{T}}\boldsymbol{W}v\end{aligned} \tag{6.28}$$

若 $E(\boldsymbol{v})=0\quad \mathrm{cov}(\boldsymbol{v})=\boldsymbol{R}$,则

$$E(\tilde{\boldsymbol{x}}\tilde{\boldsymbol{x}}^{\mathrm{T}})=(\boldsymbol{H}^{\mathrm{T}}\boldsymbol{W}\boldsymbol{H})^{-1}\boldsymbol{H}^{\mathrm{T}}\boldsymbol{W}\boldsymbol{R}\boldsymbol{W}^{\mathrm{T}}\boldsymbol{H}\,(\boldsymbol{H}^{\mathrm{T}}\boldsymbol{W}\boldsymbol{H})^{-1} \tag{6.29}$$

式(6.29)表明加权最小二乘估计是无偏估计,且可得到估计误差方差为

$$E(\tilde{\boldsymbol{x}}\tilde{\boldsymbol{x}}^{\mathrm{T}})=(\boldsymbol{H}^{\mathrm{T}}\boldsymbol{W}\boldsymbol{H})^{-1}\boldsymbol{H}^{\mathrm{T}}\boldsymbol{W}\boldsymbol{R}\boldsymbol{W}^{\mathrm{T}}\boldsymbol{H}\,(\boldsymbol{H}^{\mathrm{T}}\boldsymbol{W}\boldsymbol{H})^{-1} \tag{6.30}$$

如果满足 $W=R^{-1}$,则加权最小二乘估计变为

$$\begin{cases}\hat{x}_{\mathrm{WLS}}=(\boldsymbol{H}^{\mathrm{T}}\boldsymbol{R}^{-1}\boldsymbol{H})^{-1}\boldsymbol{H}^{\mathrm{T}}\boldsymbol{R}^{-1}z\\E(\tilde{x}\tilde{x}^{\mathrm{T}})=(\boldsymbol{H}^{\mathrm{T}}\boldsymbol{R}^{-1}\boldsymbol{H})^{-1}\end{cases} \tag{6.31}$$

只有当 $W=R^{-1}$时,加权最小二乘估计的均方差误差才能达到最小。

综上所述可以看出,当 $\boldsymbol{W}=\boldsymbol{I}$ 时,最小二乘估计为使总体偏差达到最小,兼顾了所有量测误差,但其缺点在于其不分优劣地使用了各量测值。如果可以知道不同量测值之间的质量,那么可以采用加权的思想区别对待各量测值,也就是说,质量比较高的量测值所取权重较大,而质量较差的量测值权重取值较小,这就是加权最小二乘估计。

6.2.4　极大似然估计与极大后验估计

极大似然(Maximum Likelihood, ML)估计是估计非随机参数最为常见的方法,通过最大化似然函数 $p(z|x)$得到极大似然估计为

$$\hat{x}_{\mathrm{ML}}=\arg\max_{x} p(z|x) \tag{6.32}$$

注意到,x 为未知常数,$\hat{x}_{\mathrm{ML}}$ 为一个随机变量,它是一组随机观测的函数。似然函数能够反映出在观测值得到的条件下参数取某个值的可能性大小。

极大似然估计为似然方程

$$\left.\frac{\partial \ln p(z|x)}{\partial x}\right|_{x=\hat{x}_{\mathrm{ML}}}=0 \tag{6.33}$$

的解。

极大后验(Maximum a Posterior, MAP)估计通过最大化后验概率密度函数(z)得到,即

$$\hat{x}_{\mathrm{MAP}}=\arg\max_{x} p(x|z) \tag{6.34}$$

极大后验估计为后验方程

$$\left.\frac{\partial \ln p(x|z)}{\partial x}\right|_{x=\hat{x}_{\mathrm{MAP}}}=0 \tag{6.35}$$

的解。

6.2.5　主成分估计

设 $\boldsymbol{h}=(h_1,h_2,\cdots,h_p)^{\mathrm{T}}\in\boldsymbol{R}^p$ 为随机向量,而且 $E(\boldsymbol{h})=\bar{\boldsymbol{h}}$,$\mathrm{cov}(\boldsymbol{h})=\boldsymbol{G}$ 已知,假定 $\boldsymbol{G}$ 有特征值$\lambda_1\geqslant\lambda_2\geqslant\cdots\geqslant\lambda_p$,对应的标准正则化特征向量为$\boldsymbol{\varphi}_1,\boldsymbol{\varphi}_2,\cdots,\boldsymbol{\varphi}_p$,所以 $\boldsymbol{\Phi}=(\boldsymbol{\varphi}_1,\boldsymbol{\varphi}_2,\cdots,\boldsymbol{\varphi}_p)$为正交阵,且满足

$$\boldsymbol{\Phi}^{\mathrm{T}}\boldsymbol{G}\boldsymbol{\Phi}=\Lambda=\mathrm{diag}(\lambda_1,\lambda_2,\cdots,\lambda_p) \tag{6.36}$$

随机向量 $\boldsymbol{h}$ 的主成分(Principal Component, PC)定义为

$$y=(y_1,y_2,\cdots,y_p)^{\mathrm{T}}\triangleq\boldsymbol{\Phi}^{\mathrm{T}}(\boldsymbol{h}-\bar{\boldsymbol{h}}) \tag{6.37}$$

而 $y_i=\varphi_i^{\mathrm{T}}(\boldsymbol{h}-\bar{\boldsymbol{h}}),i=1,2,\cdots,p$ 称为 $\boldsymbol{h}$ 的第 i 个主成分。

主成分具有如下性质

$$\mathrm{cov}(y)=\Lambda \tag{6.38}$$

即任意两个主成分都互不相关,且第 i 个主成分的方差为λ_i

$$\sum_{i=1}^{p}\mathrm{var}(y_i)=\sum_{i=1}^{p}\mathrm{var}(h_i)=\mathrm{tr}(\boldsymbol{G}) \tag{6.39}$$

即主成分的方差之和与原随机向量的方差之和相等

$$\sup_{a^{\mathrm{T}}a=1}\mathrm{var}(\boldsymbol{a}^{\mathrm{T}}\boldsymbol{h})=\mathrm{var}(y_i)=\lambda_i \tag{6.40}$$

$$\sup_{\substack{a^{\mathrm{T}}a=1\\ \varphi_i^{\mathrm{T}}a=0}}\mathrm{var}(\boldsymbol{a}^{\mathrm{T}}\boldsymbol{h})=\mathrm{var}(y_i)=\lambda_i,i=1,2,\cdots,p;j=1,2,\cdots,i-1 \tag{6.41}$$

即任意的单位向量$\boldsymbol{a}\in R^p$，在随机变量$\boldsymbol{a}^{\mathrm{T}}\boldsymbol{h}$中第一个主成分$y_1=\boldsymbol{\varphi}_1^{\mathrm{T}}(\boldsymbol{h}-\bar{\boldsymbol{h}})$的方差最大；而在与第一个主成分不相关的随机变量$\boldsymbol{a}^{\mathrm{T}}\boldsymbol{h}$中，第二个主成分$y_2=\boldsymbol{\varphi}_2^{\mathrm{T}}(\boldsymbol{h}-\bar{\boldsymbol{h}})$的方差最大；一般来讲，在与前面$i-1$个主成分不相关的随机变量$\boldsymbol{a}^{\mathrm{T}}\boldsymbol{h}$中，第$i$个主成分$y_i=\boldsymbol{\varphi}_i^{\mathrm{T}}(\boldsymbol{h}-\bar{\boldsymbol{h}})$的方差最大。

考虑线性量测方程

$$z=\boldsymbol{H}x+v \tag{6.42}$$

式中，$x\in\boldsymbol{R}^p$是未知参数，$z\in\boldsymbol{R}^p$是量测向量，$v\sim N(0,\sigma^2\boldsymbol{I})$是量测误差，$\boldsymbol{H}\in\boldsymbol{R}^{n\times p}$为量测矩阵。假定$\boldsymbol{H}$已经中心化、标准化，即把$\boldsymbol{H}=(\boldsymbol{h}_1,\boldsymbol{h}_2,\cdots,\boldsymbol{h}_p)$各分量视为随机向量，满足

$$\hat{\boldsymbol{h}}=\frac{1}{p}\sum_{i=1}^{p}\boldsymbol{h}_i=0 \tag{6.43}$$

而$\boldsymbol{H}^{\mathrm{T}}\boldsymbol{H}$的特征值$\lambda_1\geqslant\lambda_2\geqslant\cdots\geqslant\lambda_p\geqslant0$，所对应的标准正交化特征向量为$\varphi_1,\varphi_2,\cdots,\varphi_p$，$\boldsymbol{\Phi}=(\varphi_1,\varphi_2,\cdots,\varphi_p)$为正交阵，则式(6.42)的典范形式可表示如下

$$z=\boldsymbol{\Gamma}\omega+v \tag{6.44}$$

式中，$\boldsymbol{\Gamma}=\boldsymbol{H\Phi}$，$\omega=\boldsymbol{\Phi}^{\mathrm{T}}x$，且满足

$$\boldsymbol{\Gamma}^{\mathrm{T}}\boldsymbol{\Gamma}=\boldsymbol{\Phi}^{\mathrm{T}}\boldsymbol{H}^{\mathrm{T}}\boldsymbol{H\Phi}=\Lambda=\mathrm{diag}(\lambda_1,\lambda_2,\cdots,\lambda_p) \tag{6.45}$$

称$\boldsymbol{w}$为典范向量；而

$$\boldsymbol{\Gamma}=(\gamma_1,\gamma_2,\cdots,\gamma_p)=\boldsymbol{H\Phi} \tag{6.46}$$

就是量测矩阵$\boldsymbol{H}$的主成分。

由以上讨论可见，典范形式(6.44)就是以原量测矩阵$\boldsymbol{H}$的主成分$\boldsymbol{\Gamma}$为量测矩阵的新的量测方程。如果$\boldsymbol{H}^{\mathrm{T}}\boldsymbol{H}$的特征值$\lambda$中有一部分很小，不妨设后面$p$-$r$个很小，即$\lambda_{r+1},\lambda_{r+3},\cdots,\lambda_p\approx0$由主成分的定义知，$\gamma_j\gamma_j^{\mathrm{T}}=\lambda_j\approx0$，$j=r+1,r+2,\cdots,p$，所以

$$\mathrm{cov}(\gamma_j)=E(\gamma_j\gamma_j^{\mathrm{T}})=\lambda_j\approx0 \tag{6.47}$$

故可以把这些$\gamma_{r+1},\gamma_{r+2},\cdots,\gamma_p$看成常数，即不再是随机向量。这样，就可以从估计模型中剔除。故可以把这些主成分去掉，这样原来要处理p维向量估计问题，现在只需要进行r维向量的降维估计，这就是利用主成分估计的好处。

如果主成分$\gamma_{r+1},\gamma_{r+2},\cdots,\gamma_p$相应的特征值$\lambda_{r+1},\lambda_{r+2},\cdots,\lambda_p\approx0$，对$\Delta$、$\omega$、$\boldsymbol{\Gamma}$和$\boldsymbol{\Phi}$和作相应分块，即设

$$\begin{aligned}&\boldsymbol{\Lambda}=\mathrm{blockdiag}(\boldsymbol{\Lambda}_1,\boldsymbol{\Lambda}_2),\boldsymbol{\Lambda}_1\in\boldsymbol{R}^{r\times r}\\&\boldsymbol{\omega}=\begin{pmatrix}\omega_1\\\omega_2\end{pmatrix},\omega_1\in\boldsymbol{R}^r\\&\boldsymbol{\Gamma}=(\boldsymbol{\Gamma}_1\boldsymbol{\Gamma}_2),\boldsymbol{\Gamma}_1\in\boldsymbol{R}^{n\times r}\\&\boldsymbol{\Phi}=[\boldsymbol{\Phi}_1\boldsymbol{\Phi}_2],\boldsymbol{\Phi}_1\in\boldsymbol{R}^{p\times r}\end{aligned} \tag{6.48}$$

则式(6.44)相应变为

$$z=\boldsymbol{\Gamma}_1\omega_1+\boldsymbol{\Gamma}_2\omega_2+v \tag{6.49}$$

因为$\boldsymbol{\Gamma}_2\approx0$，即可剔除$\boldsymbol{\Gamma}_2\omega_2$这一项，这样可求得$\omega_1$的LS估计为

$$\hat{\omega}_1^{\mathrm{LS}}=\boldsymbol{\Lambda}_1^{-1}\boldsymbol{\Gamma}_1^{\mathrm{T}}z \tag{6.50}$$

考虑到$\boldsymbol{\Phi\Phi}^{\mathrm{T}}=\boldsymbol{I}$，则$\boldsymbol{\Phi\omega}=\boldsymbol{\Phi\Phi}^{\mathrm{T}}x=x$，从而有

$$\hat{x}_{\mathrm{PC}}=\boldsymbol{\Phi}_1\hat{\omega}_1^{\mathrm{LS}}=\boldsymbol{\Phi}_1\boldsymbol{\Lambda}_1^{-1}\boldsymbol{\Gamma}_1^{\mathrm{T}}z=\boldsymbol{\Phi}_1\boldsymbol{\Lambda}_1^{-1}\boldsymbol{\Phi}_1^{\mathrm{T}}\boldsymbol{H}^{\mathrm{T}}z \tag{6.51}$$

这就是主成分(Principal Component,PC)估计。

主成分的主要性质如下:

(1) 主成分估计$\hat{x}_{PC}$是 LS 估计$\hat{x}_{LS}$的一个线性变换,即

$$\hat{x}_{PC}=\boldsymbol{\Phi}_1\boldsymbol{\Phi}_1^{T}\hat{x}_{LS} \tag{6.52}$$

(2) 只要 $r<p$,主成分估计就是有偏估计;

(3) 当量测矩阵呈病态时,适当选取 r,可使 PC 估计$\hat{x}_{PC}$比 LS 估计$\hat{x}_{LS}$有较小的均方误差(MSE),即

$$\mathrm{MSE}(\hat{x}_{PC})<\mathrm{MSE}(\hat{x}_{LS}) \tag{6.53}$$

证明

(1) 这是因为

$$\begin{aligned}\hat{x}_{PC}&=\boldsymbol{\Phi}_1\boldsymbol{\Lambda}_1^{-1}\boldsymbol{\Phi}_1^{T}\boldsymbol{H}^{T}z=\boldsymbol{\Phi}_1\boldsymbol{\Lambda}_1^{-1}\boldsymbol{\Phi}_1^{T}\boldsymbol{H}^{T}\boldsymbol{H}\hat{x}_{LS}=\boldsymbol{\Phi}_1\boldsymbol{\Lambda}_1^{-1}\boldsymbol{\Phi}_1^{T}\boldsymbol{\Lambda}\boldsymbol{\Phi}^{T}\hat{x}_{LS}\\&=\boldsymbol{\Phi}_1\boldsymbol{\Lambda}_1^{-1}\boldsymbol{\Phi}_1^{T}[\boldsymbol{\Phi}_1\boldsymbol{\Lambda}_1^{-1}\boldsymbol{\Phi}_1^{T}+\boldsymbol{\Phi}_2\boldsymbol{\Lambda}_2\boldsymbol{\Phi}_2^{T}]\hat{x}_{LS}\approx\boldsymbol{\Phi}_1\boldsymbol{\Phi}_1^{T}\hat{x}_{LS}\end{aligned} \tag{6.54}$$

(2) 这是因为

$$\boldsymbol{\Phi}_1\boldsymbol{\Phi}_1^{T}E(\hat{x}_{LS})\neq x \tag{6.55}$$

(3) 这是因为

$$\begin{aligned}\mathrm{MSE}(\hat{x}_{PC})&=\mathrm{MSE}(\boldsymbol{\Phi}_1\boldsymbol{\omega}_1^{LS})+\sum_{j=r+1}^{p}\|\gamma_j\|^2=\sigma^2\sum_{i=1}^{r}\lambda_i^{-1}+\sum_{j=r+1}^{p}\|\gamma_j\|^2\\&=\sigma^2\sum_{i=1}^{r}\lambda_i^{-1}+\left(\sum_{j=r+1}^{p}\|\gamma_j\|^2-\sum_{j=r+1}^{p}\lambda_j^{-1}\right)\\&=\mathrm{MSE}(\hat{x}_{LS})+\left(\sum_{j=r+1}^{p}\|\gamma_j\|^2-\sum_{j=r+1}^{p}\lambda_j^{-1}\right)\end{aligned} \tag{6.56}$$

由于假设量测矩阵呈病态,所以有后面 p-r 个 λ_j,此时 $\sum_{j=r+1}^{p}\lambda_j^{-1}$ 就很大,可使式(6.56)的第二项为负,于是结论成立。

6.2.6 递推最小二乘法估计与最小均方估计

考虑如下参数估计问题:

$$z_k=\boldsymbol{x}_k^{T}\boldsymbol{\theta}+v_k \tag{6.57}$$

式中,$k\in N$ 是时间指标,$\boldsymbol{x}_k,\boldsymbol{\theta}\in R^n$ 分别是回归向量和未知参数向量,z_k 是 k 时刻的量测量,而 $v_k=z_k-\boldsymbol{x}_k^{T}\boldsymbol{\theta}$ 是量测误差。

1. 递推最小二乘估计

假定$\{v_k\}$是一个零均值的随机过程,对于 k 时刻的量测量、回归总量和误差总量 $Z_k\triangleq(z_1,z_2,\cdots,z_k)^{T}$,$X_k\triangleq(x_1,x_2,\cdots,x_k)$,$V_k\triangleq(v_1,v_2,\cdots,v_k)^{T}$,可有总量关系

$$Z_k=(\boldsymbol{X}_k)^{T}\boldsymbol{\theta}+\boldsymbol{V}_k \tag{6.58}$$

所以有最小二乘估计

$$\hat{\boldsymbol{\theta}}_k^{LS}=[\boldsymbol{X}_k(\boldsymbol{X}_k)^{T}]^{-1}\boldsymbol{X}_k\boldsymbol{Z}_k \tag{6.59}$$

引理(矩阵求逆引理)　设 $A\in R^{n\times n}$，$D\in R^{m\times m}$ 均可逆，$B\in R^{n\times m}$，$C\in R^{m\times n}$，则有

$$(A-BD^{-1}C)^{-1}=A^{-1}+A^{-1}B(D-CA^{-1}B)^{-1}CA^{-1} \tag{6.60}$$

设获得第 $k+1$ 时刻的量测 z_{k+1} 和回归向量 x_{k+1} 之后，令

$$(X_{k+1})^{\mathrm{T}}=\begin{bmatrix}(X_k)^{\mathrm{T}}\\ x_{k+1}^{\mathrm{T}}\end{bmatrix},P_k\triangleq[X_k\,(X_k)^{\mathrm{T}}]^{-1} \tag{6.61}$$

则有递推最小二乘(Recursive Least Squares，RLS)估计得到

$$\hat{\theta}_{k+1}^{\mathrm{LS}}=\hat{\theta}_k^{\mathrm{LS}}+K_{k+1}\varepsilon_{k+1} \tag{6.62}$$

式中，K_{k+1} 和 ε_{k+1} 分别是 Kalman 增矩阵和一步预测误差或参数估计新息，分别计算为

$$K_{k+1}=\frac{P_k x_{k+1}}{1+x_{k+1}^{\mathrm{T}}P_k x_{k+1}},\varepsilon_{k+1}=z_{k+1}-x_{k+1}^{\mathrm{T}}\hat{\theta}_k^{\mathrm{LS}} \tag{6.63}$$

而 P_k 的递推计算式为

$$P_{k+1}=P_k-P_k\,\frac{P_k x_{k+1}}{1+\boldsymbol{x}_{k+1}^{\mathrm{T}}P_k x_{k+1}}P_k,k\in N \tag{6.64}$$

证明：这是因为 $P_{k+1}\triangleq[\boldsymbol{X}_{k+1}(\boldsymbol{X}_{k+1})^{\mathrm{T}}]^{-1}=[\boldsymbol{X}_k\,(\boldsymbol{X}_k)^{\mathrm{T}}+x_{k+1}x_{k+1}^{\mathrm{T}}]^{-1}$，根据矩阵求逆引理直接可得式(6.62)；于是

$$\begin{aligned}\hat{\theta}_{k+1}^{\mathrm{LS}}&=P_{k+1}\boldsymbol{X}_{k+1}Z_{k+1}\\&=\left[P_k-P_k\,\frac{P_k x_{k+1}}{1+\boldsymbol{x}_{k+1}^{\mathrm{T}}P_k x_{k+1}}P_k\right][\boldsymbol{X}_k Z_k+\boldsymbol{x}_{k+1}z_{k+1}]\\&=\hat{\theta}_k^{\mathrm{LS}}+\frac{P_k x_{k+1}}{1+\boldsymbol{x}_{k+1}^{\mathrm{T}}P_k x_{k+1}}[z_{k+1}-\boldsymbol{x}_{k+1}^{\mathrm{T}}\hat{\theta}_k^{\mathrm{LS}}]\end{aligned} \tag{6.65}$$

结论得证。

2. 最小均方估计

此时定义量测误差的均方值是

$$\mathrm{MSE}\triangleq\xi=E(v_k^2)=E[(z_k-x_k^{\mathrm{T}}\theta)^{\mathrm{T}}(z_k-x_k^{\mathrm{T}}\theta)]=E(z_k^2)-2P_k^{\mathrm{T}}\theta+\theta^{\mathrm{T}}R_k\theta \tag{6.66}$$

式中，$P_k\triangleq E(\boldsymbol{x}_k z_k)$，$R_k\triangleq E(\boldsymbol{x}_k\boldsymbol{x}_k^{\mathrm{T}})$，定义均方误差函数的梯度向量如下：

$$\nabla_k\triangleq\left(\frac{\partial E(v_k^2)}{\partial\theta}\right)^{\mathrm{T}}=-2P_k+2R_k\theta \tag{6.67}$$

假定 R_k 可逆，则参数的最优估计是

$$\hat{\theta}_k^*=R_k^{-1}P_k \tag{6.68}$$

则式(6.68)就是最小二乘意义上的最优估计。

因为一般情况下梯度向量 $\hat{\nabla}_k$ 并不能确切获得，所以自适应的最小均方算法就是最速下降法的一种实现；正比于梯度向量估计值 $\hat{\nabla}_k$ 的负值，即

$$\hat{\theta}_{k+1}=\hat{\theta}_k+\mu(-\hat{\nabla}_k) \tag{6.69}$$

式中，$\hat{\nabla}_k=\nabla_k-\tilde{\nabla}_k$，是一种梯度估计，等于真实梯度减去梯度误差，$\mu$ 是自适应参数。根据自适应线性组合器的误差公式，可以求得一个很粗略的梯度估计

$$\hat{\nabla}_k=\left(\frac{\partial \varepsilon_k^2}{\partial \hat{\theta}_k}\right)^{\mathrm{T}}=2\varepsilon_k\left(\frac{\partial \varepsilon_k}{\partial \hat{\theta}_k}\right)^{\mathrm{T}}=-2\varepsilon_k x_k \tag{6.70}$$

式中，$\varepsilon_k=z_k-x_k^{\mathrm{T}}\hat{\theta}_k$ 是 k 时刻的估计残差。从而得最小方(Least Mean-Squares，LMS)估计算法

$$\hat{\theta}_{k+1}=\hat{\theta}_k+2\mu\varepsilon_k x_k \tag{6.71}$$

式中，μ 是自适应参数。

6.2.7 最佳线性无偏最小方差估计

$a\in R^n$，$B\in R^{n\times(Nm)}$，对参数的估计表示为量测信息之的线性函数

$$\hat{x}=a+Bz \tag{6.72}$$

则称为线性估计；进而如果估计误差的均方值达到最小则称为线性最小方差估计，如果估计还是无偏的，则称为线性无偏最小方差估计。

这种线性无偏最小方差估计在多源数据融合领域一般称为最佳线性无偏估计(Best Linear Unbiased Estimation，BLUE)。

设参数 x 和量测信息 z 是任意分布，的协方差阵 $\boldsymbol{R}_{zz}$ 非奇异，则利用量测信息对参数 x 的 BLUE 唯一地表示为

$$\hat{x}_{\mathrm{BLUE}}=E^*(x\,|\,z)=\bar{x}+\boldsymbol{R}_{xz}\boldsymbol{R}_{zz}^{-1}\boldsymbol{R}_{zx}(z-\bar{z}) \tag{6.73}$$

此处 $E^*(\cdot\,|\,\cdot)$只是一个记号，不表示条件期望；而估计误差的协方差阵是

$$P=\mathrm{cov}(\tilde{x})=\boldsymbol{R}_{xx}-\boldsymbol{R}_{xz}\boldsymbol{R}_{zz}^{-1}\boldsymbol{R}_{zx} \tag{6.74}$$

证明：分两个步骤证明。

(1) 因为线性估计是无偏的，所以有 $\bar{x}=E(x)=E(\hat{x})=a+BE(z)=a+B\bar{z}$，从而有 $a=\bar{x}-B\bar{z}$；于是，线性无偏估计可以表示为 $\hat{x}_{\mathrm{BLUE}}=\bar{x}+B(z-\bar{z})$。

(2) 因为 $E(\tilde{x})=E(x-\hat{x}_{\mathrm{BLUE}})=B(\bar{z}-\bar{z})=0$，则估计误差的协方差阵是

$$\begin{aligned}\mathrm{cov}(\tilde{x})&=E(\tilde{x}\tilde{x}^{\mathrm{T}})\\&=E\{[(x-\bar{x})-B(z-\bar{z})][(x-\bar{x})-B(z-\bar{z})]^{\mathrm{T}}\}\\&=R_{xx}-BR_{zx}-R_{xz}B^{\mathrm{T}}+BR_{zz}B^{\mathrm{T}}\\&=(B-R_{xz}R_{zz}^{-1})R_{zz}(B-R_{xz}R_{zz}^{-1})^{\mathrm{T}}+R_{xx}-R_{xz}R_{zz}^{-1}R_{zx}\end{aligned} \tag{6.75}$$

为使方差最小，当且仅当上式第一项为零，即 $B=R_{xz}R_{zz}^{-1}$ 从而式(6.73)和式(6.74)得证。

6.3 多传感器系统数学模型

为了讨论问题的方便，在本节只讨论过程与测量噪声相互独立的情况，系统模型中不含控制项，且各传感器位于同一地理位置。

6.3.1 线性系统

设在离散化状态方程的基础上目标运动规律可表示为

$$\boldsymbol{X}_{k+1}=\boldsymbol{\Phi}_k\boldsymbol{X}_k+\boldsymbol{G}_k\boldsymbol{V}_k \tag{6.76}$$

式中,$\boldsymbol{X}_k\in R^n$ 是 k 时刻目标的状态向量,$\boldsymbol{V}_k\in R^h$ 是零均值高斯过程噪声向量,$\boldsymbol{\Phi}_k\in R^{n\times n}$ 是状态转移矩阵,$\boldsymbol{G}_k\in R^{n\times h}$ 是过程噪声分布矩阵。初始状态 X_0 是均值为 μ 和协方差矩阵为 $\boldsymbol{P}_0$ 的一个高斯随机向量,且 $\mathrm{cov}\{X_0,\boldsymbol{V}_k\}=0$。

定义两个集合,设

$$U=\{1,2,\cdots,M\},\quad U_j=\{1,2,\cdots,N_j\} \tag{6.77}$$

式中,M 是局部节点数,N_j 是局部节点 j 的传感器数。传感器 i 的量测方程可表示为

$$Z_i^j(k+1)=H_i^j(k+1)X(k+1)+W_i^j(k+1),i\in U_j,j\in U \tag{6.78}$$

式中,$Z_i^j(k+1)\in R^m$,$H_i^j(k+1)$是测量矩阵,$W_i^j(k+1)\in R^m$ 是均值为零且相互独立的高斯序列,且

$$E\left\{\begin{pmatrix}V(k)\\W_i^j(k)\end{pmatrix}[V'(l),(W_i^j(k))']\right\}=\begin{pmatrix}Q(k) & 0\\0 & R_i^j(k)\end{pmatrix}\delta_{k,l}[W_i^j(k)] \tag{6.79}$$

$\boldsymbol{R}_i^j(k)$是正定阵,同时 $\mathrm{cov}[X(0),W_i^j(k)]=0$。

已知局部节点 j 中的第 i 个传感器的 Kalman 滤波方程为

$$\begin{aligned}\hat{X}_i^j(k+1|k+1)&=\hat{X}_i^j(k+1|k)+P_i^j(k+1)[H_i^j(k+1)]^{\mathrm{T}}R_i^j({}^{k}+1)^{-1}\\&\overset{\text{def}}{=}[Z_i^j(k+1)-H_i^j(k+1)\hat{X}_i^j(k+1|k)]\end{aligned} \tag{6.80}$$

$$P_i^j(k+1|k+1)^{-1}=P_i^j(k+1|k)^{-1}+[\boldsymbol{H}_i^j(k+1)]^{\mathrm{T}}R_i^j(k+1)^{-1}H_i^j(k+1) \tag{6.81}$$

$$\hat{X}_i^j(k+1|k)=\boldsymbol{\Phi}(k)\hat{X}_i^j(k|k) \tag{6.82}$$

$$P_i^j(k+1|k)=\boldsymbol{\Phi}(k)P_i^j(k|k)\boldsymbol{\Phi}^{\mathrm{T}}(k)+G(k)Q(k)G^{\mathrm{T}}(k),i\in U,j\in U \tag{6.83}$$

其初始条件为 $\hat{X}_i^j(0|0)=\mu$,$P_i^j(0|0)=P_0$。

6.3.2 非线性系统

非线性离散时间系统的一般状态方程可描述为

$$X(k+1)=f(k,X(k))+G(k)V(k) \tag{6.84}$$

式中,$f(\cdot,k)$是非线性状态转移函数。

传感器 i 的测量方程可表示为

$$Z_i^j(k+1)=h_i^j(k+1,X(k+1))+W_i^j(k+1),i\in U_j,j\in U \tag{6.85}$$

式中,$h_i^j(k+1,X(k+1))$是非线性状态转移函数。

如果系统的状态估计采用扩展 Kalman 滤波(EKF),局部节点 j 中的第 i 个传感器的一阶 EKF 滤波方程为

$$\hat{X}_i^j(k+1|k+1)=\hat{X}_i^j(k+1|k)+K_i^j(k+1)[Z_i^j(k+1)-\hat{Z}_i^j(k+1|k)] \tag{6.86}$$

$$\begin{aligned}P_i^j(k+1|k+1)&=[I-K_i^j(k+1)h_{iX}^j(k+1)]P_i^j(k+1|k)\\&[I+K_i^j(k+1)h_{iX}^j(k+1)]^{\mathrm{T}}-K_i^j(k+1)R_i^j(k+1)[K_i^j(k+1)]^{\mathrm{T}}\end{aligned} \tag{6.87}$$

$$\hat{X}_i^j(k+1|k)=f(k,\hat{X}_i^j(k|k)) \tag{6.88}$$

$$P_i^j(k+1|k)=f_X(k)P_i^j(k|k)f_X^{\mathrm{T}}(k)+G(k)Q(k)G^{\mathrm{T}}(k) \tag{6.89}$$

$$\hat{Z}_i^j(k+1|k)=h_i^j(k+1,\hat{X}_i^j(k+1|k)) \tag{6.90}$$

$$S_i^j(k+1)=h_{iX}^j(k+1)P_i^j(k+1|k)[h_{iX}^j(k+1)]^{\mathrm{T}}+R_i^j(k+1) \tag{6.91}$$

$$K_i^j(k+1)=P_i^j(k+1|k)[h_{iX}^j(k+1)]^{\mathrm{T}}[S_i^j(k+1)]^{-1} \tag{6.92}$$

目前,扩展 Kalman 滤波虽然被广泛应用于解决非线性系统的状态估计问题,但其滤波效果在很多复杂系统中并不能令人满意。模型的线性化误差往往会严重影响最终的滤波精度,甚至导致滤波发散。另外,在许多实际应用中,模型的线性化过程比较复杂,而且也不容易得到。

6.4 线性系统滤波

6.4.1 离散时间线性系统状态估计问题的一般描述

定义 6.1 考虑离散时间线性随机动态系统

$$\boldsymbol{x}_{k+1}=\boldsymbol{F}_k\boldsymbol{x}_k+\boldsymbol{\Gamma}_k w_k \tag{6.93}$$

$$\boldsymbol{z}_k=\boldsymbol{H}_k\boldsymbol{x}_k+v_k \tag{6.94}$$

式中,$k\in N$ 是时间指标,$\boldsymbol{x}_k\in R^n$ 是 k 时刻的系统状态向量,$\boldsymbol{F}_k$ 是系统状态转移矩阵,而 w_k 是过程演化噪声,$\boldsymbol{\Gamma}_k$ 是噪声矩阵,$\boldsymbol{z}_k\in R^m$ 是 k 时刻对系统状态的量测向量,$\boldsymbol{H}_k$ 是量测矩阵,而 v_k 是量测噪声。

假定到 k 时刻所有的量测信息是

$$Z^k=\{z_1,z_2,\cdots,z_k\} \tag{6.95}$$

基于量测信息 Z^k,对 x_k 的估计问题,称为状态滤波问题;对 x_{k+l},$l>0$ 的估计问题,称为状态预测问题;对 x_{k-l},$l>0$ 的估计问题称为状态平滑问题。

定义 6.2 仍考虑式(6.93)和式(6.94)描述的离散时间线性随机动态系统,假定所有随机变量都是高斯的情况下,考虑对于量测的一步提前预测

$$\hat{z}_{k|k-1}=E(z_k|Z^{k-1}),k\in N \tag{6.96}$$

而预测误差序列

$$\tilde{z}_{k|k-1}=z_k-\hat{z}_{k|k-1},k\in N \tag{6.97}$$

称为新息(innovation)序列。

如果假定随机变量是非高斯的情况下,仍考虑对于量测的一步提前预测

$$\tilde{z}_{k|k-1}=E^*(z_k|Z^{k-1}),k\in N \tag{6.98}$$

其中估计采用 BLUE 准则,而预测误差序列

$$\tilde{z}_{k|k-1}=z_k-\hat{z}_{k|k-1},k\in N \tag{6.99}$$

则称为伪新息序列。

定理 6.1 高斯序列$\{z_1,z_2,\cdots,z_k\}$所产生的新息序列$\{\tilde{z}_{1|0},\tilde{z}_{2|1},\cdots,\tilde{z}_{k|k-1}\}$是一个零均值的独立过程,它与原测量序列之间存在因果线性运算,而且包含了原序列的所有新息,

同时原测量序列、一步提前预测序列和新息序列构成了一个一步提前预测器，这个预测器是一个具有单位反馈的线性系统，如图 6.1 所示。

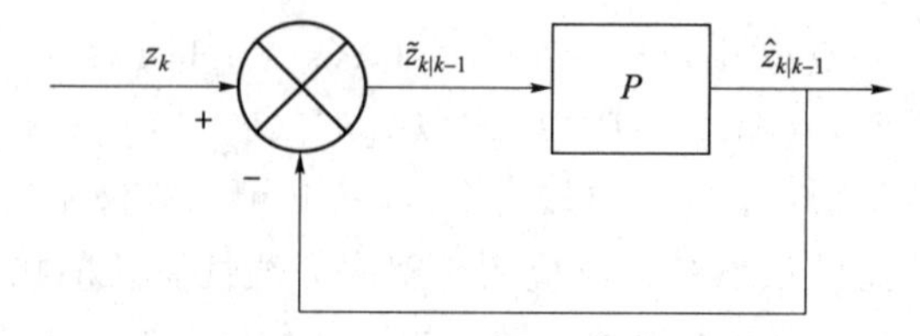

图 6.1　一步提前预测系统

证明：分三步完成以下证明。

(1) $E(\tilde{z}_{k|k-1})=0,\forall k\in N$，这是因为

$$E(\tilde{z}_{k|k-1})=E(z_k-\hat{z}_{k|k-1})=E(z_k)-E[E(z_k|Z^{k-1})]=0$$

(2) $\operatorname{cov}(\tilde{z}_{i|i-1},\tilde{z}_{j|j-1})=0,i\neq j,\forall i,j\in N$，这是因为对 $\forall s<k$，有

$$\begin{aligned}\tilde{z}_{s|s-1}&=z_s-E(z_s)-R_{z_sZ^{s-1}}R^{-1}_{Z^{s-1}Z^{s-1}}[Z^{s-1}-E(Z^{s-1})]\\&=\begin{pmatrix}-R_{z_sZ^{s-1}}R^{-1}_{Z^{s-1}Z^{s-1}} & & \cdots & 0\\ & I & & \vdots\\ \vdots & & 0 & \\ 0 & & \cdots & 0\end{pmatrix}\begin{pmatrix}Z^{s-1}-E(Z^{s-1})\\ z_s-E(z_s)\\ \vdots\\ z_k-E(z_k)\end{pmatrix}\\&=B_k[Z^k-E(Z^k)]\end{aligned}$$

所以有

$$\begin{aligned}&\operatorname{cov}[\tilde{z}_{k|k-1},\tilde{z}_{s|s-1}]\\&=E\{[z_k-E(z_k)-R_{z_kZ^{k-1}}R^{-1}_{Z^{k-1}Z^{k-1}}(Z^{k-1}-E(Z^{k-1}))][B_k(Z^k-E(Z^k))]^{\mathrm{T}}\}\\&=R_{z_kZ^{k-1}}B_k^{\mathrm{T}}-R_{z_kZ^{k-1}}R^{-1}_{Z^{k-1}Z^{k-1}}R_{Z^{k-1}Z^{k-1}}B_s^{\mathrm{T}}=0,k>s\end{aligned}$$

类似地可以证明 $s>k$ 的情况。

(3) 由定义知，序列 $\{\tilde{z}_{k|k-1}\}$ 本身是由序列 $\{z_k\}$ 的因果线性运算得到，即 $\tilde{z}_{k|k-1}$ 是序列 $\{z_1,z_2,\cdots,z_k\}$ 的线性组合。其次，z_k 也是序列 $\{\tilde{z}_{1|0},\tilde{z}_{2|1},\cdots,\tilde{z}_{k|k-1}\}$ 的线性组合，可用归纳法证明如下：当 $s=1$，$z_1=\tilde{z}_{1|0}+E(z_1)$ 成立；假定 $1<s<k$ 时，z_s 均由 $\{\tilde{z}_{1|0},\tilde{z}_{2|1},\cdots,\tilde{z}_{s|s-1}\}$ 的线性组合构成，于是由 $z_k=\tilde{z}_{k|k-1}+E(z_k|z^{k-1})$，以及 $E(z_k|z^{k-1})$ 是由 $\{\tilde{z}_{1|0},\tilde{z}_{2|1},\cdots,\tilde{z}_{k|k-1}\}$ 的线性组合构成，得出结论，从而图 6.1 成立。

(4) 以序列 z_k 为条件，等价于以序列 $\tilde{z}^k=\{\tilde{z}_{1|0},\tilde{z}_{2|1},\cdots,\tilde{z}_{k|k-1}\}$ 为条件，即对任意与随机向量 $(z_1,z_2,\cdots,z_k)$ 联合分布的随机向量 $\boldsymbol{x}$，则有 $E(x|z^k)=E(x|\tilde{z}^k)$。

推论：非高斯序列 $\{z_1,z_2,\cdots,z_k\}$ 所产生的伪新息序列 $\{\tilde{z}_{1|0},\tilde{z}_{2|1},\cdots,\tilde{z}_{k|k-1}\}$ 也是一个零均值的独立过程，它与原量测序列之间也存在因果性线性运算，而且包含了原序列的所有信息；同时原量测序列、一步提前预测序列和伪新息序列构成一个一步提前预测器，与高斯情况相同。

证明：只需要证明 $E(\tilde{z}_{k|k-1})=0,\forall k\in N$，其他步骤与定理相同。这是因为

$$E(\tilde{z}_{k|k-1})=E(z_k-\hat{z}_{k|k-1})=E(z_k)-E[E^*(z_k|Z^{k-1})]$$
$$=E(z_k)-E[E(z_k)+R_{z_kZ^{k-1}}R_{Z^{k-1}Z^{k-1}}^{-1}(Z^{k-1}-\bar{Z}^{k-1})]=0$$

结论得证。

定理 6.2　设$\{\tilde{z}_{1|0},\tilde{z}_{2|1},\cdots,\tilde{z}_{k|k-1}\}$是由高斯序列$\{z_1,z_2,\cdots,z_k\}$产生的新息序列，假定$x$是与$\{z_1,z_2,\cdots,z_k\}$联合高斯分布的，且$E(x)=\bar{x}$，则

$$E(x|Z^k)=E(x|\tilde{Z}^k)=\sum_{i=1}^{k}E(x|\tilde{z}_{i|i-1})-(k-1)\bar{x},k\in N \tag{6.100}$$

证明：根据定理6.1，新息序列$\{\tilde{z}_{1|0},\tilde{z}_{2|1},\cdots,\tilde{z}_{k|k-1}\}$是零均值的独立过程，且式(6.100)的第一个等号成立。再根据最小后验期望损失估计的算式$\hat{x}=E(x|z)=\bar{x}+R_{xz}R_{zz}^{-1}(z-\bar{z})$，则

$$R_{x\tilde{Z}^k}=E[(x-\bar{x})(\tilde{Z}^k)^{\mathrm{T}}]=(R_{x\tilde{z}_{1|0}},R_{x\tilde{z}_{2|1}},\cdots,R_{x\tilde{z}_{k|k-1}})$$
$$R_{\tilde{Z}^k\tilde{Z}^k}=E[\tilde{Z}^k(\tilde{Z}^k)^{\mathrm{T}}]=\text{block diag}R_{\tilde{Z}^k\tilde{Z}^k}=E[\tilde{Z}^k(\tilde{Z}^k)^{\mathrm{T}}]$$
$$=(R_{\tilde{z}_{1|0}\tilde{z}_{1|0}},R_{\tilde{z}_{2|1}\tilde{z}_{2|1}},\cdots,R_{\tilde{z}_{k|k-1}\tilde{z}_{k|k-1}})$$

所以有

$$R_{\tilde{Z}^k\tilde{Z}^k}^{-1}=\text{block diag}(R_{\tilde{z}_{1|0}\tilde{z}_{1|0}}^{-1},R_{\tilde{z}_{2|1}\tilde{z}_{2|1}}^{-1},\cdots,R_{\tilde{z}_{k|k-1}\tilde{z}_{k|k-1}}^{-1})$$

$$E(x|\tilde{Z}^k)=\bar{x}+R_{x\tilde{Z}^k}R_{\tilde{Z}^k\tilde{Z}^k}^{-1}\tilde{Z}^k=\bar{x}+\sum_{i=1}^{k}R_{x\tilde{z}_{i|i-1}}R_{\tilde{z}_{i|i-1}\tilde{z}_{i|i-1}}^{-1}\tilde{z}_{i|i-1}$$
$$=\sum_{i=1}^{k}(\bar{x}+R_{x\tilde{z}_{i|i-1}}R_{\tilde{z}_{i|i-1}\tilde{z}_{i|i-1}}^{-1}\tilde{z}_{i|i-1})-(k-1)\bar{x}$$
$$=\sum_{i=1}^{k}E(x|\tilde{z}_{i|i-1})-(k-1)\bar{x}$$

结论得证。

推论：如果$\{\tilde{z}_{1|0},\tilde{z}_{2|1},\cdots,\tilde{z}_{k|k-1}\}$是由非高斯序列$\{z_1,z_2,\cdots,z_k\}$所产生的伪新息序列，并假定$x$是与$\{z_1,z_2,\cdots,z_k\}$具有任意形式的联合分布，且$E(x)=\bar{x}$，则

$$E^*(x|z^k)=E^*(x|\tilde{z}^k)=\sum_{i=1}^{k}E^*(x|\tilde{z}_{i|i-1})-(k-1)\bar{x}\quad k\in N \tag{6.101}$$

证明：这就是本定理和定理6.1推论的直接结果。

6.4.2　基本 Kalman 滤波器

定义 6.3　考虑离散时间线性随机动态系统

$$x_{k+1}=F_kx_k+\Gamma_kw_k \tag{6.102}$$
$$z_k=H_kx_k+v_k \tag{6.103}$$

式中，$k\in N$是时间指标，$x_k\in R^n$是k时刻的系统状态向量，F_k是系统状态转移矩阵，而w_k是过程演化噪声，Γ_k是噪声矩阵，$z_k\in R^m$是k时刻对系统状态的量测向量，H_k是量测矩阵，而v_k是量测噪声。

定理 6.3　对于由式(6.102)和式(6.103)所描述的系统，假定$w_k\sim N(0,Q_k)$是一个独立过程，$v_k\sim N(0,Q_k)$也是一个独立过程；它们之间相互独立，而且两者还与初始状态$x_0\sim N(\bar{x}_0,P_0)$也独立，那么对于任意损失函数，有如下基本 Kalman 滤波公式：

(1) 初始条件为

$$\hat{x}_{0|0}=\bar{x}_0,\tilde{x}_{0|0}=x_0-\hat{x}_{0|0},\mathrm{cov}(\tilde{x}_{0|0})=P_0 \tag{6.104}$$

(2) 一步提前预测值和预测误差的协方差阵分别是

$$\hat{\boldsymbol{x}}_{k|k-1}=E(\boldsymbol{x}_k|\boldsymbol{Z}^{k-1})=\boldsymbol{F}_{k-1}\hat{\boldsymbol{x}}_{k-1|k-1} \tag{6.105}$$

$$\boldsymbol{P}_{k|k-1}=\mathrm{cov}(\tilde{\boldsymbol{x}}_{k|k-1})=\boldsymbol{F}_{k-1}\boldsymbol{P}_{k-1|k-1}\boldsymbol{F}_{k-1}^{\mathrm{T}}+\boldsymbol{\Gamma}_{k-1}\boldsymbol{Q}_{k-1}\boldsymbol{\Gamma}_{k-1}^{\mathrm{T}} \tag{6.106}$$

式中,$\hat{\boldsymbol{x}}_{k|k-1}=\boldsymbol{x}_k-\hat{\boldsymbol{x}}_{k|k-1}$是一步预测误差。

(3) 获取新的量测 z_k 后,滤波更新值和相应的滤波误差的协方差阵分别是

$$\hat{\boldsymbol{x}}_{k|k}=E(\boldsymbol{x}_k|\boldsymbol{Z}^k)=\hat{\boldsymbol{x}}_{k|k-1}+\boldsymbol{K}_k(\boldsymbol{z}_k-\boldsymbol{H}_k\hat{\boldsymbol{x}}_{k|k-1}) \tag{6.107}$$

$$\boldsymbol{P}_{k|k}=\mathrm{cov}(\tilde{\boldsymbol{x}}_{k|k})=\boldsymbol{P}_{k|k-1}-\boldsymbol{P}_{k|k-1}\boldsymbol{H}_k^{\mathrm{T}}(\boldsymbol{H}_k\boldsymbol{P}_{k|k-1}\boldsymbol{H}_k^{\mathrm{T}}+\boldsymbol{R}_k)^{-1}\boldsymbol{H}_k\boldsymbol{P}_{k|k-1} \tag{6.108}$$

式中,$\hat{\boldsymbol{x}}_{k|k}=\boldsymbol{x}_k-\hat{\boldsymbol{x}}_{k|k}$是滤波误差;而 k 时刻的 Kalman 增益阵为

$$\boldsymbol{K}_k=\boldsymbol{P}_{k|k-1}\boldsymbol{H}_k^{\mathrm{T}}(\boldsymbol{H}_k\boldsymbol{P}_{k|k-1}\boldsymbol{H}_k^{\mathrm{T}}+\boldsymbol{R}_k)^{-1} \tag{6.109}$$

证明:分两个步骤完成证明。

(1) 根据系统方程以及噪声假设,则有如下一步预测公式

$$\hat{\boldsymbol{x}}_{k|k-1}=E(\boldsymbol{x}_k|\boldsymbol{Z}^{k-1})=E(\boldsymbol{F}_{k-1}\boldsymbol{x}_{k-1}+\boldsymbol{\Gamma}_{k-1}\boldsymbol{w}_{k-1}|\boldsymbol{Z}^{k-1})=\boldsymbol{F}_{k-1}\hat{\boldsymbol{x}}_{k-1|k-1}$$

$$\begin{aligned}\boldsymbol{P}_{k|k-1}&=\mathrm{cov}(\tilde{\boldsymbol{x}}_{k|k-1})\\&=E\{[\boldsymbol{F}_{k-1}(\boldsymbol{x}_{k-1}-\hat{\boldsymbol{x}}_{k-1|k-1})+\boldsymbol{\Gamma}_{k-1}\boldsymbol{w}_{k-1}]\\&\quad\times[\boldsymbol{F}_{k-1}(\boldsymbol{x}_{k-1}-\hat{\boldsymbol{x}}_{k-1|k-1})+\boldsymbol{\Gamma}_{k-1}\boldsymbol{w}_{k-1}]^{\mathrm{T}}\}\\&=\boldsymbol{F}_{k-1}\boldsymbol{P}_{k-1|k-1}\boldsymbol{F}_{k-1}^{\mathrm{T}}+\boldsymbol{\Gamma}_{k-1}\boldsymbol{Q}_{k-1}\boldsymbol{\Gamma}_{k-1}^{\mathrm{T}}\end{aligned}$$

$$\hat{\boldsymbol{z}}_{k|k-1}=E(\boldsymbol{z}_k|\boldsymbol{Z}^{k-1})=E(\boldsymbol{H}_k\boldsymbol{x}+\boldsymbol{v}_k|\boldsymbol{Z}^{k-1})=\boldsymbol{H}_k\hat{\boldsymbol{x}}_{k|k-1}$$

$$\tilde{\boldsymbol{z}}_{k|k-1}=\boldsymbol{z}_k-\hat{\boldsymbol{z}}_{k|k-1}$$

$$\begin{aligned}\boldsymbol{R}_{\tilde{z}_{k|k-1}\tilde{z}_{k|k-1}}&=\mathrm{cov}(\tilde{\boldsymbol{z}}_{k|k-1})=E[(\boldsymbol{H}_k\tilde{\boldsymbol{x}}_{k|k-1}+\boldsymbol{v}_k)(\boldsymbol{H}_k\tilde{\boldsymbol{x}}_{k|k-1}+\boldsymbol{v}_k)^{\mathrm{T}}]\\&=\boldsymbol{H}_k\boldsymbol{P}_{k|k-1}\boldsymbol{H}_k^{\mathrm{T}}+\boldsymbol{R}_k\end{aligned}$$

$$\boldsymbol{R}_{x_k\tilde{z}_{k|k-1}}=\mathrm{cov}(\boldsymbol{x}_k,\tilde{\boldsymbol{z}}_{k|k-1})=E[\tilde{\boldsymbol{x}}_{k|k-1}(\boldsymbol{H}_k\tilde{\boldsymbol{x}}_{k|k-1}+\boldsymbol{v}_k)^{\mathrm{T}}]=\boldsymbol{P}_{k|k-1}\boldsymbol{H}_k^{\mathrm{T}}$$

(2) 根据最小后验期望损失估计,在获取新的量测 z_k 后,则有

$$\begin{aligned}\hat{\boldsymbol{x}}_{k|k}&=E(\boldsymbol{x}_k|\boldsymbol{Z}^k)=E(\boldsymbol{x}_k|\tilde{\boldsymbol{Z}}^{k-1},\tilde{\boldsymbol{z}}_k)=E(\boldsymbol{x}_k|\tilde{\boldsymbol{Z}}^{k-1})+E(\boldsymbol{x}_k|\tilde{\boldsymbol{z}}_k)-\bar{\boldsymbol{x}}_k\\&=\hat{\boldsymbol{x}}_{k|k-1}+\boldsymbol{R}_{x_k\tilde{z}_k}\boldsymbol{R}_{\tilde{z}_k\tilde{z}_k}^{-1}\tilde{\boldsymbol{z}}_k=\hat{\boldsymbol{x}}_{k|k-1}+\boldsymbol{K}_k(\boldsymbol{z}_k-\boldsymbol{H}_k\hat{\boldsymbol{x}}_{k|k-1})\end{aligned}$$

式中,Kalman 增益阵满足

$$\boldsymbol{K}_k=\boldsymbol{R}_{x_k\tilde{z}_k}\boldsymbol{R}_{\tilde{z}_k\tilde{z}_k}^{-1}=\boldsymbol{P}_{k|k-1}\boldsymbol{H}_k^{\mathrm{T}}(\boldsymbol{H}_k\boldsymbol{P}_{k|k-1}\boldsymbol{H}_k^{\mathrm{T}}+\boldsymbol{R}_k)^{-1}$$

同时有

$$\begin{aligned}\boldsymbol{P}_{k|k}&=\mathrm{cov}(\tilde{x}_{k|k})=E(\tilde{\boldsymbol{x}}_{k|k}\tilde{\boldsymbol{x}}_{k|k}^{\mathrm{T}})=E[(\tilde{\boldsymbol{x}}_{k|k-1}-\boldsymbol{K}_k\tilde{\boldsymbol{z}}_k)(\tilde{\boldsymbol{x}}_{k|k-1}-\boldsymbol{K}_k\tilde{\boldsymbol{z}}_k)^{\mathrm{T}}]\\&=\boldsymbol{P}_{k|k-1}-\boldsymbol{K}_k\boldsymbol{H}_k\boldsymbol{P}_{k|k-1}-\boldsymbol{P}_{k|k-1}\boldsymbol{H}_k^{\mathrm{T}}\boldsymbol{K}_k^{\mathrm{T}}+\boldsymbol{K}_k(\boldsymbol{H}_k\boldsymbol{P}_{k|k-1}\boldsymbol{H}_k^{\mathrm{T}}+\boldsymbol{R}_k)\boldsymbol{K}_k^{\mathrm{T}}\\&=\boldsymbol{P}_{k|k-1}-\boldsymbol{P}_{k|k-1}\boldsymbol{H}_k^{\mathrm{T}}(\boldsymbol{H}_k\boldsymbol{P}_{k|k-1}\boldsymbol{H}_k^{\mathrm{T}}+\boldsymbol{R}_k)^{-1}\boldsymbol{H}_k\boldsymbol{P}_{k|k-1}\end{aligned}$$

至此,完成所有证明。

6.4.3 基于 BLUE 的 Kalman 滤波器

定义 设 $a\in R^n,B\in R^{n\times(N_m)}$,对参数 x 的估计表示为量测信息 z 的线性函数

$$\hat{x}=a+Bz \tag{6.110}$$

则称为线性估计；进而如果估计误差的均方值达到最小，则称之为线性最小方差估计；如估计还是无偏的，则称为线性无偏最小方差估计。这种线性无偏最小方差估计在多源信息融合领域一般称为最佳线性无偏估计(Best Linear Unbiased Estimation，BLUE)。

定理6.4　设参数x和量测信息z是任意分布，z的协方差阵$\boldsymbol{R}_{zz}$非奇异，则利用量测信息z对参数x的BLUE估计唯一地表示为

$$\hat{x}^{\mathrm{BLUE}}=E^{*}(x|z)=\bar{x}+\boldsymbol{R}_{xz}\boldsymbol{R}_{zz}^{-1}(z-\bar{z}) \tag{6.111}$$

式中，$E^{*}(\cdot|\cdot)$只是一个记号，不表示条件期望；而估计误差的协方差阵是

$$\boldsymbol{P}=\mathrm{cov}(\tilde{x})=\boldsymbol{R}_{xx}-\boldsymbol{R}_{xz}\boldsymbol{R}_{zz}^{-1}\boldsymbol{R}_{zx} \tag{6.112}$$

证明：分两个步骤证明。

(1) 因为线性估计是无偏的，所以有$\bar{x}=E(\boldsymbol{x})=E(\hat{\boldsymbol{x}})=a+\mathrm{BE}(z)=a+\boldsymbol{B}\bar{z}$，从而有$a=\bar{x}-\boldsymbol{B}\bar{z}$；于是，线性无偏估计可以表示为$\hat{x}^{\mathrm{BLUE}}=\bar{\boldsymbol{x}}+\boldsymbol{B}(\boldsymbol{z}-\bar{\boldsymbol{z}})$。

(2) 因为$E(\tilde{\boldsymbol{x}})=E(\boldsymbol{x}-\hat{\boldsymbol{x}}^{\mathrm{BLUE}})=\boldsymbol{B}(\bar{\boldsymbol{z}}-\bar{\boldsymbol{z}})=0$，则估计误差的协方差阵是

$$\begin{aligned}\mathrm{cov}(\tilde{\boldsymbol{x}})&=E(\tilde{\boldsymbol{x}}\tilde{\boldsymbol{x}}^{\mathrm{T}})=E\{[(\boldsymbol{x}-\bar{\boldsymbol{x}})-\boldsymbol{B}(\bar{\boldsymbol{z}}-\bar{\boldsymbol{z}})][(\boldsymbol{x}-\bar{\boldsymbol{x}})-\boldsymbol{B}(\bar{\boldsymbol{z}}-\bar{\boldsymbol{z}})]^{\mathrm{T}}\}\\&=\boldsymbol{R}_{xx}-\boldsymbol{B}\boldsymbol{R}_{zx}-\boldsymbol{R}_{xz}\boldsymbol{B}^{\mathrm{T}}+\boldsymbol{B}\boldsymbol{R}_{zz}\boldsymbol{B}^{\mathrm{T}}\\&=(\boldsymbol{B}-\boldsymbol{R}_{xz}\boldsymbol{R}_{zz}^{-1})\boldsymbol{R}_{zz}(\boldsymbol{B}-\boldsymbol{R}_{xz}\boldsymbol{R}_{zz}^{-1})^{\mathrm{T}}+\boldsymbol{R}_{xx}-\boldsymbol{R}_{xz}\boldsymbol{R}_{zz}^{-1}\boldsymbol{R}_{zx}\end{aligned}$$

为使方差最小，当且仅当上式第一项为零，即$\boldsymbol{B}=\boldsymbol{R}_{xz}\boldsymbol{R}_{zz}^{-1}$，从而式(6.111)和式(6.112)得证。如果$\boldsymbol{R}_{zz}$是奇异矩阵，利用伪逆仍可以得到类似结论。如果$(\boldsymbol{x},\boldsymbol{z})$是联合高斯的，则BLUE估计与最小后验期望估计完全一致。

仍考虑由式(6.102)和式(6.103)所描述的线性随机系统，此时假定

(1) 初始状态为任意分布，具有均值和协方差矩阵分别为

$$E(\boldsymbol{x}_0)=\bar{x}_0,\mathrm{cov}(x_0)=\boldsymbol{P}_0 \tag{6.113}$$

(2) 过程噪声是一个零均值的独立过程，分布任意，具有协方差矩阵为

$$\mathrm{cov}(\boldsymbol{w}_k)=\boldsymbol{Q}_k,k\in N \tag{6.114}$$

(3) 量测噪声也是一个零均值的独立过程，分布任意，具有协方差矩阵为

$$\mathrm{cov}(\boldsymbol{v}_k)=\boldsymbol{R}_k,k\in N \tag{6.115}$$

(4) 过程噪声、量测噪声，以及初始状态之间都相互独立。

那么按照BLUE估计，有如下Kalman滤波公式：

(1) 初始条件

$$\hat{\boldsymbol{x}}_{0|0}=\bar{\boldsymbol{x}}_0,\tilde{\boldsymbol{x}}_{0|0}=\boldsymbol{x}_0-\hat{\boldsymbol{x}}_{0|0},\mathrm{cov}(\tilde{\boldsymbol{x}}_{0|0})=\boldsymbol{P}_0 \tag{6.116}$$

(2) 一步提前预测值和预测误差的协方差阵分别是

$$\hat{\boldsymbol{x}}_{k|k-1}=E^{*}(x_k|\boldsymbol{Z}^{k-1})=\boldsymbol{F}_{k-1}\hat{\boldsymbol{x}}_{k-1|k-1} \tag{6.117}$$

$$\boldsymbol{P}_{k|k-1}=\mathrm{cov}(\tilde{\boldsymbol{x}}_{k|k-1})=\boldsymbol{F}_{k-1}\boldsymbol{P}_{k-1|k-1}\boldsymbol{F}_{k-1}^{\mathrm{T}}+\boldsymbol{\Gamma}_{k-1}Q_{k-1}\boldsymbol{\Gamma}_{k-1}^{\mathrm{T}} \tag{6.118}$$

式中，$\tilde{\boldsymbol{x}}_{k|k-1}=\boldsymbol{x}_k-\hat{\boldsymbol{x}}_{k|k-1}$是一步预测误差。

(3) 获取新的量测z_k后，滤波更新值和相应的滤波误差的协方差阵分别是

$$\hat{\boldsymbol{x}}_{k|k}=E^{*}(\boldsymbol{x}_k|\boldsymbol{Z}^k)=\hat{\boldsymbol{x}}_{k|k-1}+\boldsymbol{K}_k(z_k-\boldsymbol{H}_k\hat{\boldsymbol{x}}_{k|k-1}) \tag{6.119}$$

$$\boldsymbol{P}_{k|k}=\mathrm{cov}(\tilde{\boldsymbol{x}}_{k|k})=\boldsymbol{P}_{k|k-1}-\boldsymbol{P}_{k|k-1}\boldsymbol{H}_k^{\mathrm{T}}(\boldsymbol{H}_k\boldsymbol{P}_{k|k-1}\boldsymbol{H}_k^{\mathrm{T}}+\boldsymbol{R}_k)^{-1}\boldsymbol{H}_k\boldsymbol{P}_{k|k-1} \tag{6.120}$$

式中，$\tilde{\boldsymbol{x}}_{k|k}=\boldsymbol{x}_k-\hat{\boldsymbol{x}}_{k|k}$是滤波误差；而$k$时刻的Kalman增益阵为

$$\boldsymbol{K}_k=\boldsymbol{P}_{k|k-1}\boldsymbol{H}_k^{\mathrm{T}}(\boldsymbol{H}_k\boldsymbol{P}_{k|k-1}\boldsymbol{H}_k^{\mathrm{T}}+\boldsymbol{R}_k)^{-1} \tag{6.121}$$

6.4.4 Kalman 滤波器的应用

1970 年前后,发动机传感器系统故障诊断的问题就已经备受国内外学者的关注。起初,为解决发动机的可靠性,Wallhagen 研究了传感器系统的解析余度技术。Spang 随后采用基于机载自适应模型与扩展 Kalman 滤波的故障指示校正系统(FICA),根据两者的残差与对应阈值进行对比分析,进行传感器故障的检测。从 20 世纪 90 年代开始,以 Kalman 滤波技术为代表的改进的发动机故障诊断算法得到深入研究。为了单一与双重传感器故障检测的实现,研究人员根据发动机线性模型和 Kalman 滤波器,设计了一套发动机故障诊断系统。完成渐变部件故障诊断以后,由于在实际中存在故障诊断突变的情况,研究人员提出假定前提,克服了 Kalman 滤波器在此方面的局限性。首先剖析新息序列的特征,然后判别传感器量测数据中的野值情况,最后再次组织参数,以此来减弱甚至去除野值的影响,提升滤波器的鲁棒性,解决了由于测量野值而导致误诊的问题。

伴随着计算机运算速度的提高,Kalman 滤波算法在军事上、民用上的应用越来越普遍,在经济学方面,被应用于经济数据预测;在军事方面,被应用于雷达跟踪飞行目标,被动跟踪空中和空间,通过地图匹配来定位目标导航系统;在交通管制方面,它被应用于水路、陆路的视频监控,对车辆周转量的预测和对车速的估计;在图像处理方面,被应用于盲图像恢复等;在无线信号领域它被用于信号解调、多用户检测和衰落信道中空时编码的估计与检测;在语音信号处理领域,它被用于语音识别、语音增强、语音信号盲分离等。

【例 6.1】 假设有一个标量系统,信号与观测模型为

$$x[k+1]=ax[k]+n[k] \tag{6.122}$$

$$z[k]=x[k]+w[k] \tag{6.123}$$

式中,a 为常数,$n[k]$和 $w[k]$是不相关的零均值白噪声,方差分别为 σ_n^2 和 σ^2。系统的起始变量 $x[0]$为随机变量,其均值为零,方差为 $P_x[0]$。

(1) 求估计 $x[k]$的卡尔曼滤波算法;

(2) 当 $a=0.9,\sigma_n^2=1,\sigma^2=10,P_x[0]=10$ 时的卡尔曼滤波增益和滤波误差方差。

解答: 根据卡尔曼滤波算法,预测方程为

$$\hat{x}[k/k-1]=a\hat{x}[k-1/k-1] \tag{6.124}$$

预测误差方差为

$$P_{\tilde{x}}[k/k-1]=a^2P_{\tilde{x}}[k-1/k-1]+\sigma_n^2 \tag{6.125}$$

卡尔曼增益为

$$\begin{aligned} K[k]&=P_{\tilde{x}}[k/k-1](P_{\tilde{x}}[k/k-1]+\sigma^2)^{-1} \\ &=\frac{a^2P_{\tilde{x}}[k-1/k-1]+\sigma_n^2}{a^2P_{\tilde{x}}[k-1/k-1]+\sigma_n^2+\sigma^2} \end{aligned} \tag{6.126}$$

滤波方程为

$$\begin{aligned} \hat{x}[k/k]&=\hat{x}[k/k-1]+K[k](z[k]-\hat{x}[k/k-1]) \\ &=a\hat{x}[k-1/k-1]+K[k](z[k]-a\hat{x}[k-1/k-1]) \\ &=a(1-K[k])\hat{x}[k-1/k-1]+K[k]z[k] \end{aligned} \tag{6.127}$$

滤波误差方差为

$$
\begin{aligned}
P_{\tilde{x}}[k/k] &= (1-K[k])P_{\tilde{x}}[k/k-1] \\
&= \left(1-\frac{a^2P_{\tilde{x}}[k-1/k-1]+\sigma_n^2}{a^2P_{\tilde{x}}[k-1/k-1]+\sigma_n^2+\sigma^2}\right)(a^2P_{\tilde{x}}[k-1/k-1]+\sigma_n^2) \\
&= \frac{\sigma^2(a^2P_{\tilde{x}}[k-1/k-1]+\sigma_n^2)}{a^2P_{\tilde{x}}[k-1/k-1]+\sigma_n^2+\sigma^2}
\end{aligned}
\tag{6.128}
$$

起始：$\hat{x}[0/0]=0, P_{\tilde{x}}[0/0]=P_x[0]$

k	$P_{\tilde{x}}[k/k-1]$	$K[k]$	$P_{\tilde{x}}[k/k]$
0			10
1	9.10	0.473 6	4.764 4
2	4.859 2	0.327 0	3.270 1
3	3.648 8	0.267 3	2.673 4
4	3.165 4	0.240 4	2.276 5
5	2.947 5	0.227 7	2.214 2
6	2.844 0	0.221 4	2.183 6
8	2.793 5	0.218 4	2.168 3
9	2.768 7	0.216 8	2.160 8

其中，$a=0.9, \sigma_n^2=1, \sigma^2=10, \hat{x}[0/0]=0, P_{\tilde{x}}[0/0]=10$。

6.4.5 扩展 Kalman 滤波器(EKF)

考虑离散时间非线性动态系统：

$$\boldsymbol{x}_{k+1}=\boldsymbol{f}_k(\boldsymbol{x}_k, \boldsymbol{w}_k) \tag{6.129}$$

$$\boldsymbol{z}_k=\boldsymbol{h}_k(\boldsymbol{x}_k, \boldsymbol{v}_k) \tag{6.130}$$

式中，$\boldsymbol{x}_k \in \boldsymbol{R}^n$ 是 k 时刻的系统状态向量，$f_k: \boldsymbol{R}^n \times \boldsymbol{R}^n \to \boldsymbol{R}^n$ 是系统状态演化映射，而 $\boldsymbol{w}_k$ 是 n 维过程演化噪声，$z_k \in \boldsymbol{R}^m$ 是 k 时刻对系统状态的量测向量，$\boldsymbol{h}_k: \boldsymbol{R}^n \times \boldsymbol{R}^m \to \boldsymbol{R}^m$ 是量测映射，而 v_k 是 m 维量测噪声。

假定 $\boldsymbol{f}_k$ 和 $\boldsymbol{h}_k$ 对其变元连续可微(当用二阶扩展 Kalman 滤波时假定二阶连续可微)，同时假定初始状态为任意分布，均值和协方差矩阵分别为

$$E(\boldsymbol{x}_0)=\bar{\boldsymbol{x}}_0, \mathrm{cov}(x_0)=\boldsymbol{P}_0 \tag{6.131}$$

过程噪声是一个零均值的独立过程，分布任意，协方差矩阵为

$$\mathrm{cov}(\boldsymbol{w}_k)=\boldsymbol{Q}_k, k \in N \tag{6.132}$$

量测噪声也是一个零均值的独立过程，分布任意，协方差矩阵为

$$\mathrm{cov}(\boldsymbol{v}_k)=\boldsymbol{R}_k, k \in N \tag{6.133}$$

式中，过程噪声、量测噪声以及初始状态之间都相互独立。

扩展 Kalman 滤波算法实质上是一种在线线性化的算法，即按名义轨线进行线性化处理，再利用 Kalman 滤波公式进行计算。这种算法已经不再是按某个指标进行优化的最优

化算法,其性能取决于非线性系统的复杂度以及算法的优劣等。

一阶 EKF 算法的步骤描述如下:

(1) 在时刻 $k-1$,假定已经获得 $k-1$ 时刻的状态估计值和估计误差的协方差阵

$$\hat{\boldsymbol{x}}_{k-1|k-1}, \boldsymbol{P}_{k-1|k-1} \tag{6.134}$$

而此时对演化方程的线性化方程为

$$\boldsymbol{x}_k = \boldsymbol{f}_{k-1}(\boldsymbol{x}_{k-1}, \boldsymbol{w}_{k-1}) \approx \boldsymbol{f}_{k-1}^x(\hat{\boldsymbol{x}}_{k-1|k-1}, 0) + \boldsymbol{f}_{k-1}^w \boldsymbol{w}_{k-1} \tag{6.135}$$

其中

$$\tilde{\boldsymbol{x}}_{k|k-1} = \boldsymbol{x}_k - \hat{\boldsymbol{x}}_{k|k-1} \tag{6.136}$$

$$\boldsymbol{f}_{k-1}^x = \left.\frac{\partial \boldsymbol{f}_{k-1}(\boldsymbol{x}_{k-1}, \boldsymbol{w}_{k-1})}{\partial \boldsymbol{x}_{k-1}}\right|_{\substack{\boldsymbol{x}_{k-1} = \hat{\boldsymbol{x}}_{k-1|k-1} \\ \boldsymbol{w}_{k-1} = 0}}, \boldsymbol{f}_{k-1}^w = \left.\frac{\partial \boldsymbol{f}_{k-1}(\boldsymbol{x}_{k-1}, \boldsymbol{w}_{k-1})}{\partial \boldsymbol{w}_{k-1}}\right|_{\substack{\boldsymbol{x}_{k-1} = \hat{\boldsymbol{x}}_{k-1|k-1} \\ \boldsymbol{w}_{k-1} = 0}} \tag{6.137}$$

(2) 对时刻 k 状态的一步提前预测

$$\hat{\boldsymbol{x}}_{k|k-1} \approx \boldsymbol{f}_{k-1}(\hat{\boldsymbol{x}}_{k-1|k-1}, 0) \tag{6.138}$$

状态预测误差是

$$\tilde{\boldsymbol{x}}_{k|k-1} = \boldsymbol{x}_k - \hat{\boldsymbol{x}}_{k|k-1} \approx \boldsymbol{f}_{k-1}^x \tilde{\boldsymbol{x}}_{k-1|k-1} + \boldsymbol{f}_{k-1}^w \boldsymbol{w}_{k-1} \tag{6.139}$$

状态预测误差的协方差阵是

$$\boldsymbol{P}_{k|k-1} = \operatorname{cov}(\tilde{x}_{k|k-1}) \approx \boldsymbol{f}_{k-1}^x \boldsymbol{P}_{k-1|k-1} (\boldsymbol{f}_{k-1}^x)^{\mathrm{T}} + \boldsymbol{f}_{k-1}^w \boldsymbol{Q}_{k-1} (\boldsymbol{f}_{k-1}^w)^{\mathrm{T}} \tag{6.140}$$

(3) k 时刻量测的线性化量测方程为

$$\boldsymbol{z}_k = \boldsymbol{h}_k(\boldsymbol{x}_k, \boldsymbol{v}_k) \approx \boldsymbol{h}_k(\hat{\boldsymbol{x}}_{k|k-1}, 0) + \boldsymbol{h}_k^x \tilde{\boldsymbol{x}}_{k|k-1} + \boldsymbol{h}_k^v \boldsymbol{v}_k \tag{6.141}$$

其中

$$\tilde{\boldsymbol{x}}_{k|k-1} = \boldsymbol{x}_k - \hat{\boldsymbol{x}}_{k|k-1} \tag{6.142}$$

$$\boldsymbol{h}_k^x = \left.\frac{\partial \boldsymbol{h}_k(\boldsymbol{x}_k, \boldsymbol{v}_k)}{\partial \boldsymbol{x}_k}\right|_{\substack{\boldsymbol{x}_k = \hat{\boldsymbol{x}}_{k|k-1} \\ \boldsymbol{v}_k = 0}}, \boldsymbol{h}_k^v = \left.\frac{\partial \boldsymbol{h}_k(\boldsymbol{x}_k, \boldsymbol{v}_k)}{\partial \boldsymbol{v}_k}\right|_{\substack{\boldsymbol{x}_k = \hat{\boldsymbol{x}}_{k|k-1} \\ \boldsymbol{v}_k = 0}} \tag{6.143}$$

(4) 对时刻 k 量测的一步提前预测为

$$\hat{\boldsymbol{z}}_{k|k-1} \approx \boldsymbol{h}_k(\hat{\boldsymbol{x}}_{k|k-1}, 0) \tag{6.144}$$

量测预测误差是

$$\tilde{\boldsymbol{z}}_{k|k-1} = \boldsymbol{z}_k - \hat{\boldsymbol{z}}_{k|k-1} \approx \boldsymbol{h}_k^x \tilde{\boldsymbol{x}}_{k|k-1} + \boldsymbol{h}_k^v \boldsymbol{v}_k \tag{6.145}$$

量测预测误差的协方差阵是

$$\boldsymbol{R}_{\tilde{z}_{k|k-1}\tilde{z}_{k|k-1}} = \operatorname{cov}(\tilde{\boldsymbol{z}}_{k|k-1}) \approx \boldsymbol{h}_k^x \boldsymbol{P}_{k|k-1} (\boldsymbol{h}_k^x)^{\mathrm{T}} + \boldsymbol{h}_k^v \boldsymbol{R}_k (\boldsymbol{h}_k^v)^{\mathrm{T}} \tag{6.146}$$

状态预测误差与量测预测误差的协方差阵是

$$\boldsymbol{R}_{\tilde{x}_{k|k-1}\tilde{z}_{k|k-1}} = \operatorname{cov}(\tilde{\boldsymbol{x}}_{k|k-1}, \tilde{\boldsymbol{z}}_{k|k-1}) \approx \boldsymbol{P}_{k|k-1} (\boldsymbol{h}_k^x)^{\mathrm{T}} \tag{6.147}$$

(5) 在时刻 k 得到新的量测 $\boldsymbol{z}_k$,状态滤波的更新公式为

$$\hat{\boldsymbol{x}}_{k|k} = \hat{\boldsymbol{x}}_{k|k-1} + \boldsymbol{K}_k (\boldsymbol{z}_k - \boldsymbol{h}_k^x \hat{\boldsymbol{x}}_{k|k-1}) \tag{6.148}$$

$$\boldsymbol{P}_{k|k} = \boldsymbol{P}_{k|k-1} \boldsymbol{P}_{k|k-1} (\boldsymbol{h}_k^x)^{\mathrm{T}} (\boldsymbol{h}_k^x \boldsymbol{P}_{k|k-1} (\boldsymbol{h}_k^x)^{\mathrm{T}} + \boldsymbol{h}_k^v \boldsymbol{R}_k (\boldsymbol{h}_k^v)^{\mathrm{T}})^{-1} \boldsymbol{h}_k^x \boldsymbol{P}_{k|k-1} \tag{6.149}$$

而 k 时刻的 Kalman 增益阵为

$$\boldsymbol{K}_k=\boldsymbol{P}_{k|k-1}(\boldsymbol{h}_k^x)^{\mathrm{T}}(\boldsymbol{h}_k^x\boldsymbol{P}_{k|k-1}(\boldsymbol{h}_k^x)^{\mathrm{T}}+\boldsymbol{h}_k^v\boldsymbol{R}_k(\boldsymbol{h}_k^v)^{\mathrm{T}})^{-1} \tag{6.150}$$

二阶 EKF 算法的步骤描述如下：

(1) 在时刻 $k-1$,假定已经获得 $k-1$ 时刻的状态估计值和估计误差的协方差阵

$$\hat{\boldsymbol{x}}_{k-1|k-1},\boldsymbol{P}_{k-1|k-1} \tag{6.151}$$

而此时对演化方程的线性化方程为

$$\begin{aligned}\boldsymbol{x}_k&=\boldsymbol{f}_{k-1}(\boldsymbol{x}_{k-1},\boldsymbol{w}_{k-1})\\&\approx\boldsymbol{f}_{k-1}(\hat{\boldsymbol{x}}_{k-1|k-1},0)+\boldsymbol{f}_{k-1}^x\tilde{\boldsymbol{x}}_{k-1|k-1}\\&\quad+\frac{1}{2}\sum_{i=1}^{n}\boldsymbol{e}_i\tilde{\boldsymbol{x}}_{k-1|k-1}\boldsymbol{f}_{i,k-1}^{xx}\tilde{\boldsymbol{x}}_{k-1|k-1}+\boldsymbol{f}_{k-1}^w\boldsymbol{w}_{k-1}\end{aligned} \tag{6.152}$$

式中,$\boldsymbol{e}_i\in\boldsymbol{R}^n$ 是第 i 个标准基向量，$\boldsymbol{f}_{i,k-1}$是 $\boldsymbol{f}_{k-1}$的第 i 个分量,而

$$\tilde{\boldsymbol{x}}_{k-1|k-1}=\boldsymbol{x}_{k-1}-\hat{\boldsymbol{x}}_{k-1|k-1} \tag{6.153}$$

$$\boldsymbol{f}_{k-1}^x=\left.\frac{\partial\boldsymbol{f}_{k-1}(\boldsymbol{x}_{k-1},\boldsymbol{w}_{k-1})}{\partial\boldsymbol{x}_{k-1}}\right|_{\substack{\boldsymbol{x}_{k-1}=\hat{\boldsymbol{x}}_{k-1|k-1}\\\boldsymbol{w}_{k-1}=0}},\boldsymbol{f}_{k-1}^w=\left.\frac{\partial\boldsymbol{f}_{k-1}(\boldsymbol{x}_{k-1},\boldsymbol{w}_{k-1})}{\partial\boldsymbol{w}_{k-1}}\right|_{\substack{\boldsymbol{x}_{k-1}=\hat{\boldsymbol{x}}_{k-1|k-1}\\\boldsymbol{w}_{k-1}=0}} \tag{6.154}$$

$$\boldsymbol{f}_{i,k-1}^{xx}=\frac{\partial}{\partial\boldsymbol{x}_{k-1}}\left[\frac{\partial\boldsymbol{f}_{i,k-1}(\boldsymbol{x}_{k-1},\boldsymbol{w}_{k-1})}{\partial\boldsymbol{x}_{k-1}}\right]^{\mathrm{T}}\Bigg|_{\substack{\boldsymbol{x}_{k-1}=\hat{\boldsymbol{x}}_{k-1|k-1}\\\boldsymbol{w}_{k-1}=0}},i=1,2,\cdots,n \tag{6.155}$$

(2) 对时刻 k 状态的一步提前预测

$$\hat{\boldsymbol{x}}_{k|k-1}\approx\boldsymbol{f}_{k-1}(\hat{\boldsymbol{x}}_{k-1|k-1},0)+\frac{1}{2}\sum_{i=1}^{n}\boldsymbol{e}_i\operatorname{tr}(\boldsymbol{f}_{i,k-1}^{xx}\boldsymbol{P}_{k-1|k-1}) \tag{6.156}$$

式中,tr(·)表示矩阵求迹,状态预测误差是

$$\tilde{\boldsymbol{x}}_{k|k-1}=\boldsymbol{x}_k-\hat{\boldsymbol{x}}_{k|k-1}\approx\boldsymbol{f}_{k-1}^x\tilde{\boldsymbol{x}}_{k-1|k-1}+\boldsymbol{f}_{k-1}^w\boldsymbol{w}_{k-1} \tag{6.157}$$

状态预测误差的协方差阵是

$$\boldsymbol{P}_{k|k-1}=\operatorname{cov}(\tilde{\boldsymbol{x}}_{k|k-1})\approx\boldsymbol{f}_{k-1}^x\boldsymbol{P}_{k-1|k-1}(\boldsymbol{f}_{k-1}^x)^{\mathrm{T}}+\boldsymbol{f}_{k-1}^w\boldsymbol{Q}_{k-1}(\boldsymbol{f}_{k-1}^w)^{\mathrm{T}} \tag{6.158}$$

(3) 对 k 时刻量测的线性化量测方程

$$\boldsymbol{z}_k=\boldsymbol{h}_k(\boldsymbol{x}_k,\boldsymbol{v}_k)\approx\boldsymbol{h}_k(\hat{\boldsymbol{x}}_{k|k-1},0)+\boldsymbol{h}_k^x\tilde{\boldsymbol{x}}_{k|k-1}+\frac{1}{2}\sum_{i=1}^{m}\hat{\boldsymbol{e}}_j\tilde{\boldsymbol{x}}_{k|k-1}\boldsymbol{h}_{j,k}^{xx}\tilde{\boldsymbol{x}}_{k|k-1}+\boldsymbol{h}_k^v\boldsymbol{v}_k \tag{6.159}$$

式中,$\hat{\boldsymbol{e}}_j\in\boldsymbol{R}^m$ 是第 j 个标准基向量，$\boldsymbol{h}_{j,k}$是$\boldsymbol{h}_k$ 的第 j 个分量,而

$$\tilde{\boldsymbol{x}}_{k|k-1}=\boldsymbol{x}_k-\hat{\boldsymbol{x}}_{k|k-1} \tag{6.160}$$

$$\boldsymbol{h}_k^x=\left.\frac{\partial\boldsymbol{h}_k(\boldsymbol{x}_k,\boldsymbol{v}_k)}{\partial\boldsymbol{x}_k}\right|_{\substack{\boldsymbol{x}_k=\hat{\boldsymbol{x}}_{k|k-1}\\\boldsymbol{v}_k=0}},\boldsymbol{h}_k^v=\left.\frac{\partial\boldsymbol{h}_k(\boldsymbol{x}_k,\boldsymbol{v}_k)}{\partial\boldsymbol{v}_k}\right|_{\substack{\boldsymbol{x}_k=\hat{\boldsymbol{x}}_{k|k-1}\\\boldsymbol{v}_k=0}} \tag{6.161}$$

$$\boldsymbol{h}_{j,k}^{xx}=\frac{\partial}{\partial\boldsymbol{x}_k}\left[\frac{\partial\boldsymbol{h}_{j,k}(\boldsymbol{x}_k,\boldsymbol{v}_k)}{\partial\boldsymbol{x}_k}\right]^{\mathrm{T}}\Bigg|_{\substack{\boldsymbol{x}_k=\hat{\boldsymbol{x}}_{k|k-1}\\\boldsymbol{v}_k=0}},j=1,2,\cdots,m \tag{6.162}$$

(4) 对时刻 k 量测的一步提前预测

$$\hat{\boldsymbol{z}}_{k|k-1}\approx\boldsymbol{h}_k(\hat{x}_{k|k-1},0)+\frac{1}{2}\sum_{j=1}^{m}\hat{\boldsymbol{e}}_j\operatorname{tr}(\boldsymbol{h}_{j,k}^{xx}\boldsymbol{P}_{k|k-1}) \tag{6.163}$$

量测预测误差是

$$\tilde{\boldsymbol{z}}_{k|k-1}=\boldsymbol{z}_k-\hat{\boldsymbol{z}}_{k|k-1}\approx\boldsymbol{h}_k^x\tilde{\boldsymbol{x}}_{k|k-1}+\boldsymbol{h}_k^v\boldsymbol{v}_k \tag{6.164}$$

量测预测误差的协方差阵是

$$\boldsymbol{R}_{\tilde{z}_{k|k-1}\tilde{z}_{k|k-1}}=\mathrm{cov}(\tilde{\boldsymbol{z}}_{k|k-1})\approx\boldsymbol{h}_k^x\boldsymbol{P}_{k|k-1}(\boldsymbol{h}_k^x)^{\mathrm{T}}+\boldsymbol{h}_k^v\boldsymbol{R}_k(\boldsymbol{h}_k^v)^{\mathrm{T}} \tag{6.165}$$

状态预测误差与量测预测误差的协方差阵是

$$\boldsymbol{R}_{\tilde{x}_{k|k-1}\tilde{z}_{k|k-1}}=\mathrm{cov}(\tilde{\boldsymbol{x}}_{k|k-1},\tilde{\boldsymbol{z}}_{k|k-1})\approx\boldsymbol{P}_{k|k-1}(\boldsymbol{h}_k^x)^{\mathrm{T}} \tag{6.166}$$

(5) 在时刻 k 得到新的量测 $\boldsymbol{z}_k$,状态滤波的更新公式是

$$\hat{\boldsymbol{x}}_{k|k}=\hat{\boldsymbol{x}}_{k|k-1}+\boldsymbol{K}_k(\boldsymbol{z}_k-\boldsymbol{h}_k^x\hat{\boldsymbol{x}}_{k|k-1}) \tag{6.167}$$

预测误差的协方差阵是

$$\boldsymbol{P}_{k|k}=\boldsymbol{P}_{k|k-1}-\boldsymbol{P}_{k|k-1}(\boldsymbol{h}_k^x)^{\mathrm{T}}[\boldsymbol{h}_k^x\boldsymbol{P}_{k|k-1}(\boldsymbol{h}_k^x)^{\mathrm{T}}+\boldsymbol{h}_k^v\boldsymbol{R}_k(\boldsymbol{h}_k^v)^{\mathrm{T}}]^{-1}\boldsymbol{h}_k^x\boldsymbol{P}_{k|k-1} \tag{6.168}$$

而 k 时刻的 Kalman 增益阵为

$$\boldsymbol{K}_k=\boldsymbol{P}_{k|k-1}(\boldsymbol{h}_k^x)^{\mathrm{T}}(\boldsymbol{h}_k^x\boldsymbol{P}_{k|k-1}(\boldsymbol{h}_k^x)^{\mathrm{T}}+\boldsymbol{h}_k^v\boldsymbol{R}_k(\boldsymbol{h}_k^v)^{\mathrm{T}})^{-1} \tag{6.169}$$

习题

1. 什么是卡尔曼滤波?如何理解卡尔曼滤波的作用?卡尔曼滤波的主要应用有哪些?

2. 卡尔曼滤波中的协方差矩阵一定是方阵吗?为什么?

3. 设有一雷达对某飞行器进行观测,飞行器状态参数为径向距离、速度、加速度。假设飞行器相对雷达径向作匀加速直线运动,并忽略加速度扰动,且假设初始条件为

$x=(r,v,a)^{\mathrm{T}}$;

$E(r_0)=0,\sigma_{r0}^2=8\ (\mathrm{km})^2$;$E(v_0)=0,\sigma_{v0}^2=10\ (\mathrm{km/s})^2$;

$E(a_0)=0.2\ \mathrm{km/s^2},\sigma_{r0}^2=5\ (\mathrm{km/s^2})^2$;

观测信号为距离,每 2 秒一次观测一次,观测噪声为零均值白噪声:$\sigma_n^2=0.15\ (\mathrm{km})^2$;

计算:

(1) 建立离散观测方程和状态方程;

(2) 在获得距离观测值 $k=1,2,\cdots,10$ 为:0.36,1.56,3.64,6.44,10.5,14.8,20.0,25.2,32.2,40.4。分别计算状态的估计值和均方误差。

本章参考文献

[1] Talebi S P, Werner S. Distributed Kalman filtering and control through embedded average consensus information fusion[J]. IEEE Transactions on Automatic Control, 2019, 64(10): 4396-4403.

[2] Barrau A, Bonnabel S. Invariant kalman filtering [J]. Annual Review of Control,

Robotics, and Autonomous Systems, 2018, 1(1): 237-257.

[3] Chen B, Hu G, Ho D W C, et al. Distributed Kalman filtering for time-varying discrete sequential systems[J]. Automatica, 2019, 99: 228-236.

[4] Pei Y, Biswas S, Fussell D S, et al. An elementary introduction to Kalman filtering [J]. Communications of the ACM, 2019, 62(11): 122-133.

[5] Bozic S M. Digital and Kalman filtering[M]. New York: Courier Dover Publications, 2018.

[6] 韩崇昭,朱洪艳,段战胜.多源信息融合[M].3 版.北京:清华大学出版社,2022.

第7章 其他多源信息融合

7.1 模糊集合理论

模糊性是客观事物所呈现的普遍现象，主要是指客观事物差异中的中间过渡的“不分明性”，或者说是研究对象的类属边界或状态的不确定性。过去，概率论是表示数学中不确定性的主要工具。因此，所有不确定性都被假设满足随机不确定性的特征。随机过程有可能通过对过程的长期统计平均来精确描述。然而，有些不确定性是非随机的，所以也不能用概率论来处理和建模。事实上，模糊数学的目的是要使客观存在的一些模糊事物能够用数学的方法来处理。模糊集合理论给出了表示不确定性的方法。模糊集合理论为那些含糊、不精确或手头上缺少必要资料的不确定性事物的建模提供了奇妙的工具。

7.1.1 模糊集合与隶属度

经典数学方法难以处理复杂系统问题的主要原因或许源于其不能有效地描述模糊事物。这里的所谓模糊，指并非由于随机性而是由于缺适从一类成员到另类成员的明晰过渡所引起的不确定性。界限的模糊使这些分类问题与常规数学意义上明确定义的那些分类问题相区分。实际上，在界限模糊的分类中，一个对象可以有一种介于完全隶属和不隶属之间的隶属等级。允许元素可能部分隶属的集合称作模糊集合，模糊集合是对模糊现象或模糊概念的刻画。所谓模糊现象就是没有严格的界限划分而使得很难用精确的尺度来刻画的现象，而反映模糊现象的种种概念就称为模糊概念。模糊集合的基本思想是把经典集合中的绝对隶属关系灵活化或称模糊化。从特征函数方面讲就是：元素 x 对集合 A 的隶属程度不再局限于取 0 或 1，而是可以取区间[0,1]中任何一个数值，这一数值反映了元素 x 隶属于集合的程度。

下面给出模糊集合的一种定义形式，论域 A 上的模糊集合 $\underset{\sim}{A}$ 由隶属函数$\mu_{\underset{\sim}{A}}(x)$来表征，其中$\mu_{\underset{\sim}{A}}(x)$在实轴上的闭区间[0,1]上取值，$\mu_{\underset{\sim}{A}}(x)$的值反映了 X 中的元素 x 于 $\underset{\sim}{A}$ 的隶属程度。模糊集合完全由隶属函数所刻画。对于任给 $x \in X$，都有唯一确定的隶属函数

$\mu_{\underset{\sim}{A}}(x)\in[0,1]$与之对应。我们可以将 $\underset{\sim}{A}$ 示为$\mu_{\underset{\sim}{A}}(x)\in[0,1]$，即$\mu_{\underset{\sim}{A}}(x)$是从 X 到$[0,1]$的一个映射，它唯一确定了模糊集合 $\underset{\sim}{A}$，常用的隶属度函数有正态型、柯西型、居中型和降 Γ 分布等。

设论域 A 是连续的，其模糊集可用实函数来表示，比如人的年龄论域 $A=[0,100]$，定义“老年”和“年轻”两个模糊集的隶属函数为

$$\mu_{老年}(x)=\begin{cases}0 & 0\leqslant x\leqslant 50\\ 1/[1+(5/(x-50))^2] & 50<x\leqslant 100\end{cases} \tag{7.1}$$

$$\mu_{年青}(x)=\begin{cases}1 & 0\leqslant x\leqslant 25\\ 1/[1+((x-25)/5)^2] & 25<x\leqslant 100\end{cases} \tag{7.2}$$

上述定义表明，一个模糊集 $\underset{\sim}{A}$ 完全由其隶属函数$\mu_{\underset{\sim}{A}}(x)$来刻画，$\mu_{\underset{\sim}{A}}(x)$的值接近于 1，表示 x 隶属于$\underset{\sim}{A}$ 的程度很高，$\mu_{\underset{\sim}{A}}(x)$的值接近于 O，表示 x 属于$\underset{\sim}{A}$ 的程度很低；当$\mu_{\underset{\sim}{A}}(x)$的值域为$\{0,1\}$二值时，$\mu_{\underset{\sim}{A}}(x)$化为普通集合的特征函数$\mu_{\underset{\sim}{A}}(x)$，$\underset{\sim}{A}$ 演化成一个普通集合 A，我们可以认为模糊集合是普通集合的一般化。

例如：设有论域 $A=\{1,2,3,4,5\}$，用模糊集 $\underset{\sim}{A}=\{0,0.1,0.3,0.7,1\}$表示模糊概念“大数”，此时可表示为 $\underset{\sim}{A}=\mu_A(x_1)/x_1+\cdots+\mu_A(x_n)/x_n \text{or}\{\mu_A(x_i)/x_i\}$。

7.1.2 模糊聚类

1. 聚类与模糊划分

聚类是按照一定的要求和规律对事物进行区分和分类的过程，在这一过程中没有任何关于分类的先验知识，没有教师指导，仅靠事物间的相似性作为类属划分规则，因此属于无监督分类的范畴聚类分析则是指用数学的方法研究和处理给定对象的分类。无监督的分类又称为聚类分析(Cluster Analysis)，传统的聚类分析是一种硬划分，它把每个待辨识的对象严格地划分到某类中，具有“非此即彼”的性质，因此这种类别划分的界限是分明的。而实际上大多数对象并没有严格的属性，它们在性态和类属方面存在着中介性，具有“亦此亦彼”的性质，因此适合进行软划分。

例如：经典集合对温度的定义为，假定温度 $T<15$ ℃为“冷”，15 ℃$\leqslant T<25$ ℃为“舒适”，$T\geqslant 25$ ℃为“热”，如图 7.1 所示。而模糊集合对温度的定义下三种状态具有交错关系，以隶属度衡量，如图 7.2 所示。

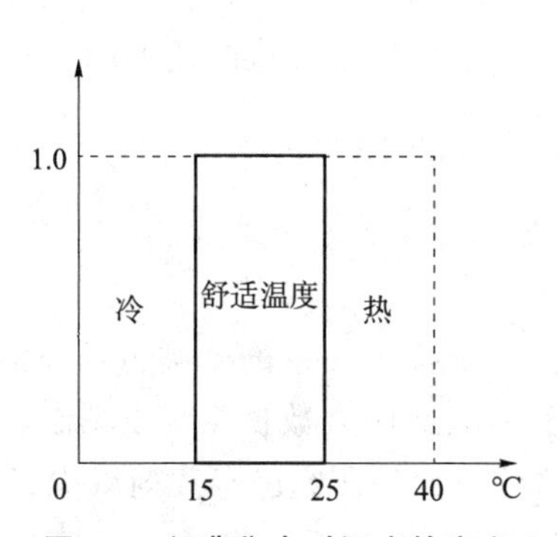

图 7.1 经典集合对温度的定义

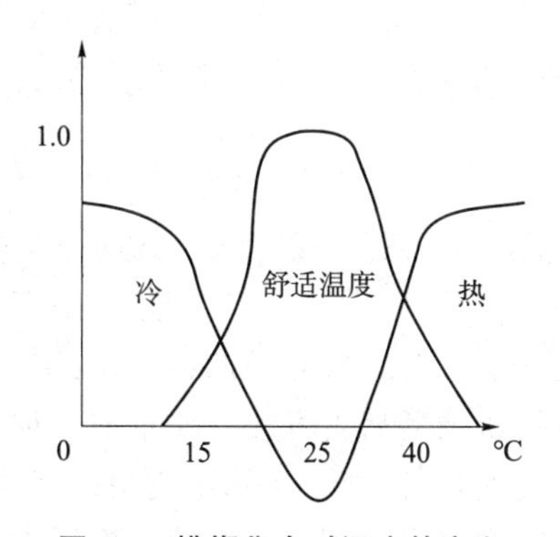

图 7.2 模糊集合对温度的定义

模糊集理论的提出为这种软划分提供了有力的分析工具，人们开始用模糊的方法来处理聚类问题，并称之为模糊聚类分析。由于模糊聚类得到的样本属于各个类别的不确定程度，表达了样本类属的中介性即建立了样本对于类别的不确定性描述，更能客观地反映现实世界，从而成为聚类分析研究的主流。从数学角度来刻画聚类分析问题，可以得到如下的数学模型。假设 $X=\{x_1,x_2,\cdots,x_n\}$ 是待聚类分析的对象全体(称为论域)，X 中的每个对象(称为样本)$x_k(k=1,2,\cdots,n)$常用有限个参数值来刻画，每个参数值刻画 x 的某个特征。于是对象x_k就伴随着一个向量$\boldsymbol{P}(x_k)=(x_1,x_2,\cdots,x_n)$，其 $x_{kj}(j=1,2,\cdots,s)$是 x 在第 j 个特征上的赋值，$\boldsymbol{P}(x_k)$称为 x 的特征向量或模式矢量。聚类分析就是分析论域 X 中的 n 个样本所对应的模式矢量间的相似性，按照各样本间的亲疏关系把 $x_1,x_2,\cdots,x_n$ 划分为多个不相交的子集 $X_1,X_2,\cdots,X_c$，并要求满足下列条件：$X_1\cup X_2\cup\cdots\cup X_c=X,X_i\cap X_j=\varnothing,1\leqslant i\neq j\leqslant c$。

样本 $x_k(1\leqslant k\leqslant n)$对子集(类)$X_i(1\leqslant i\leqslant c)$的隶属关系可用隶属函数表示为

$$\mu_{X_i}(x_k)=\mu_{ik}=\begin{cases}1, & x_k\in X_i\\ 0, & x_k\notin X_i\end{cases} \tag{7.3}$$

其中隶属函数必须满足条件：$\mu_{ik}\in E_h$。也就是说，要求每一个样本能且只能隶属于某一类，同时要求每一个子集(类)都是非空的。因此，通常称这样的聚类分析为硬划分(Hard Partition)。

$$E_h=\left\{\mu_{ik}\left|\mu_{ik}\in\{0,1\};\sum_{i=1}^{c}\mu_{ik}=1,\forall k;0<\sum_{i=1}^{c}\mu_{ik}<n,\forall i\right.\right\} \tag{7.4}$$

在模糊划分(Fuzzy Partition)中，样本集 X 被划分为 c 个模糊子集$\underset{\sim}{X}_1,\underset{\sim}{X}_2,\cdots,\underset{\sim}{X}_c$，而且样本的隶属函数从$\{0,1\}$只扩展到区间$[0,1]$，满足条件

$$E_f=\left\{\mu_{ik}\left|\mu_{ik}\in[0,1];\sum_{i=1}^{c}\mu_{ik}=1,\forall k;0<\sum_{i=1}^{c}\mu_{ik}<n,\forall i\right.\right\} \tag{7.5}$$

显然，由式(7.5)可得$\bigcup\limits_{i=1}^{c}\sup p(X_i)=X$，这里 sup p 表示取模糊集合的支撑集。

对于模糊划分，如果放宽概率约束条件 $\sum\limits_{i=1}^{c}\mu_{ik}=1,\forall k$，则模糊划分演变为可能性划分。对于可能性划分而言，每个样本对各个划分子集的隶属度构成的矢量 $\mu_k=[\mu_{1k},\mu_{2k},\cdots,\mu_{ik},\cdots,\mu_{ck}]$，它在 C 维实空间中单位是在超立方体单位内取值，即

$$E_p=\{\mu_i\in R^c\,|\,\mu_{ik}\in[0,1],\forall i,k\} \tag{7.6}$$

而模糊划分 E_f 的取值范围为 C 维实空间中过 C 个单位基矢量的超平面，即

$$E_f=\left\{\mu_i\in E_p\left|\sum_{i=1}^{c}\mu_{ik}=1,\forall k\right.\right\} \tag{7.7}$$

如此，硬划分 E_h 只能在单位超 C 立方体的 C 个单位基矢量上取值

$$E_h=\{\mu_i\in E_f\,|\,\mu_{ik}\in\{0,1\}\} \tag{7.8}$$

聚类分析方法大致分为四种类型：谱系聚类法、基于等价关系的聚类方法、图论聚类法和基于目标函数的聚类方法。对于前三种方法由于不能适应大数据量情况，难以满足实时性要求较高场合，因此在实际中应用不广泛，现在这些方面的研究已经逐渐减少了。实际中受到普遍欢迎的是基于目标函数的聚类方法，该方法把聚类分析归结成一个带约束的非线性规划问题，通过优化求解获得问题而借助经典数学的非规划理论求解，并易于计算机实

现。因此，随着计算机的应用和发展，基于目标函数的模糊聚类算法成为新的研究热点。在许多情况下，数据分类的数目 C 是已知的。然而，在其他情况下，有一个以上的子结构分类值 C 却是合理的，在这种情况下，就有必要对手头数据进行分析，以确定似乎是最合理的数据分类数目 C 值。这个问题就称为聚类的有效性。如果所用的数据已被标明，则存在两个唯一的关于聚类有效性的绝对度量，即 C 是给定的。对于未标明的数据，则不存在关于聚类有效性的绝对度量。尽管这些差异的重要性是未知的，但是有一点是清楚的，即标称的特征对所感兴趣的现象是灵敏的，而对那些与现在的应用无关的变化是不灵敏的。

2. 基于模糊集的聚类分析

根据模糊矩阵的 λ 截矩阵定义(参见 7.1.4 节)可知，当 λ 由 1 变成 0 时，R_λ 的分类由细变粗，逐步归并一类，下面列举模糊聚类分析的基本步骤。

(1) 数据标准化

假设论域上有数据 $X=\{x_1,x_2,\cdots,x_n\}$，共 n 个待分类的对象，每个对象有 m 个属性，

原始数据矩阵为 $\begin{pmatrix} x_{11} & x_{12} & \cdots & x_{1m} \\ x_{21} & x_{22} & \cdots & x_{2m} \\ \vdots & \vdots & & \vdots \\ x_{n1} & x_{n2} & \cdots & x_{nm} \end{pmatrix}$。

进行平移标准差变化为 $x'_{ij}=\dfrac{x_{ij}-\hat{x}_j}{S_j}\quad \begin{pmatrix} i=1,2,\cdots,n \\ j=1,2,\cdots,m \end{pmatrix}$

式中，$\hat{x}_j=\dfrac{1}{n}\sum\limits_{i=1}^{n}x_{ij}$，$S_j=\sqrt{\dfrac{\sum\limits_{i=1}^{n}(x_{ij}-\hat{x}_j)}{(n-1)}}$

(2) 建立模糊相似矩阵

利用相似系数法，得到夹角余弦 $r_{ij}=\dfrac{\sum\limits_{k=1}^{m}x_{il}x_{ki}}{\sqrt{\sum\limits_{k=1}^{m}x_{lk}^2}\sqrt{\sum\limits_{k=1}^{m}x_{kj}^2}}$。

或者利用距离法，得到汉明距离 $d(x_i,x_j)=\sum\limits_{k=1}^{m}|x_{ik}-x_{kj}|$

或得到欧式距离 $d(x_i,x_j)=\sqrt{\sum\limits_{k=1}^{m}(x_{ik}-x_{kj})^2}$。

(3) 把相似矩阵作为模糊关系进行聚类。可以画出动态聚类图，得到所需要的聚类。

例如：$\boldsymbol{R}=\begin{pmatrix} 1.0 & 0.4 & 0.8 & 0.5 & 0.5 \\ 0.4 & 1 & 0.4 & 0.4 & 0.4 \\ 0.8 & 0.4 & 1.0 & 0.5 & 0.5 \\ 0.5 & 0.4 & 0.5 & 1.0 & 0.6 \\ 0.5 & 0.4 & 0.5 & 0.6 & 1.0 \end{pmatrix}$，$\lambda=0.8$ 时，$\boldsymbol{R}_{0.8}=\begin{pmatrix} 1 & 0 & 1 & 0 & 0 \\ 0 & 1 & 0 & 0 & 0 \\ 1 & 0 & 1 & 0 & 0 \\ 0 & 0 & 0 & 1 & 0 \\ 0 & 0 & 0 & 0 & 1 \end{pmatrix}$

分为 4 类：$\{u_1,u_3\}$，$\{u_2\}$，$\{u_4\}$，$\{u_5\}$，根据其他 λ 下得到相应的分类。

假如计算得到分类为

$$\lambda=1, F=\{u_1\},\{u_2\},\{u_3\},\{u_4\},\{u_5\}$$
$$\lambda=0.8, F=\{u_1,u_3\},\{u_2\},\{u_4\},\{u_5\}$$
$$\lambda=0.6, F=\{u_1,u_3\},\{u_2\},\{u_4,u_5\}$$
$$\lambda=0.5, F=\{u_1,u_3,u_4,u_5\},\{u_2\}$$
$$\lambda=0.4, F=\{u_1,u_2,u_3,u_4,u_5\}$$

7.1.3 模糊逻辑

与经典集合论相对应的逻辑是二值逻辑，即所谓的数值逻辑。二值逻辑在描述客观事物的特性时只有两种情况，要么是真要么是假，两者必居其一与模糊集合理论相对应的逻辑是连续值逻辑，即模糊逻辑，它是二值逻辑的推广。值逻辑中取值只能有两个(0 和 1)，而在模糊逻辑中可取[0,1]区间的任何值前面已经说明，模糊概念是通过隶属度函数来描述的，而隶属度实质上就是一种逻辑真值。经典集合论对应于二值逻辑，其运算规则称为布尔代数。模糊集合对应于模糊逻辑，而模糊逻辑的运算规则对应于模糊代数，即有如下运算性质。

设 U 是论域，A、B、C 为 U 上的三个经典集合，则其并、交和补三种运算有如下性质：

(1) 幂等律：$A\cup A=A, A\cap A=A$。

(2) 交换律：$A\cup B=B\cup A, A\cap B=B\cap A$。

(3) 结合律：$(A\cup B)\cup C=A\cup(B\cup C), (A\cap B)\cap C=A\cap(B\cap C)$。

(4) 吸收律：$(A\cup B)\cup B=B, (A\cap B)\cap B=B$。

(5) 分配律：$A\cap(B\cup C)=(A\cap B)\cup(A\cap C), A\cup(B\cap C)=(A\cup B)\cap(A\cup C)$。

(6) 复原律：$(A')'=A$。

(7) 两极律：$A\cup U=U, A\cap U=A, A\cup\varnothing=A, A\cap\varnothing=\varnothing$。

(8) De Morgan 对偶律：$(A\cup B)'=A'\cap B', (A\cap B)'=A'\cup B'$。

(9) 排中律(互补律)：$A\cup A'=U, A\cap A'=\varnothing$。

7.1.4 模糊推理

1. 基本模糊集运算

(1) 包含运算

$$B\subseteq A\Leftrightarrow\forall x\in U, \mu_A(x)\leqslant\mu_B(x) \tag{7.9}$$

(2) 与运算

$$A\cap B\Leftrightarrow\mu_{A\cap B}(x)=\min[\mu_A(x),\mu_B(x)] \tag{7.10}$$

(3) 或运算

$$A\cup B\Leftrightarrow\mu_{A\cup B}(x)=\max[\mu_A(x),\mu_B(x)] \tag{7.11}$$

(4) 非运算

$$\bar{B}\Leftrightarrow\mu_B(x)=1-\mu_B(x) \tag{7.12}$$

2. λ 水平截集与核

定义模糊集的核为 $\mathrm{Ker}(A)=\{x\mid x\in U,\mu_A(x)=1\}$。设 $A\in\delta(U), \lambda\in[0,1]$，且 $A_\lambda=\{x\mid x\in U,\mu_A(x)\geqslant\lambda\}$，则称 A_λ 为 A 的水平截集，λ 称为阈值或置信水平。显然，若 $\lambda_1, \lambda_2\in[0,1]$，且 $\lambda_1<\lambda_2$，则有 $A_{\lambda_1}\supseteq A_{\lambda_2}$。

3. 直积与模糊关系

设有两个集合 U 和 V,其笛卡儿乘积为集合直积:$U\times V=\{(u,v)\mid u\in U,v\in V\}$。直积上的一个模糊集就是从 U 到 V 的一个模糊关系,记为:$U\xrightarrow{R}V$。

4. 布尔矩阵和合成矩阵

设矩阵 $\boldsymbol{A}=(a_{ij})_{m\times n}$,对任意 $\lambda\in[0,1]$,布尔矩阵(λ—截矩阵)表示为

$$A^{\lambda}=(a_{ij}^{(\lambda)})_{m\times n},a_{ij}^{(\lambda)}=\begin{cases}1, & a_{ij}<\lambda\\0, & a_{ij}\geqslant\lambda\end{cases}\tag{7.13}$$

设矩阵 $\boldsymbol{A}$、$\boldsymbol{B}$ 分别为 $\boldsymbol{A}=(\boldsymbol{a}_{ik})_{m\times s}$,$\boldsymbol{B}=(\boldsymbol{b}_{kj})_{s\times n}$,则模糊矩阵 $\boldsymbol{A}\circ\boldsymbol{B}=(c_{ij})_{m\times n}$ 为 $\boldsymbol{A}$ 与 $\boldsymbol{B}$ 的合成,其中 $c_{ij}=\vee\{(a_{ik}\wedge b_{kj})\mid 1\leqslant k\leqslant s\}$。$\vee$ 为集合中元素一一做或运算。

【例 7.1】 矩阵 $\boldsymbol{A}=\begin{pmatrix}0.1 & 0.3\\0.4 & 0.7\end{pmatrix}$,合成矩阵如下:

$$A^2=A^{\circ}A=\begin{pmatrix}0.1 & 0.3\\0.4 & 0.7\end{pmatrix}\circ\begin{pmatrix}0.1 & 0.3\\0.4 & 0.7\end{pmatrix}=\begin{pmatrix}0.3 & 0.3\\0.4 & 0.7\end{pmatrix}$$

则 $c_{11}=\vee(0.1\wedge 0.1,0.3\wedge 0.4)=\vee(0.1,0.3)=0.1\vee 0.3=0.3$。

【例 7.2】 某次国际会议上,3 位老师 $X=(A,B,C)$ 掌握英日俄法 4 门外语 $Y=(m,n,p,q)$ 程度为 $\boldsymbol{R}$ 矩阵,3 位老师将在 3 种不同场合大会 f、小组 g 和个人 h 下交流,场合记为 $Z=(f,g,h)$,4 门外语在 3 种场合下的交流程度记为 $\boldsymbol{S}$。

$$\boldsymbol{S}=(Y_f\quad Y_g\quad Y_h)=\begin{pmatrix}0.95 & 0.95 & 0.92\\0.10 & 0.05 & 0.01\\0.20 & 0.15 & 0.10\\0.85 & 0.79 & 0.68\end{pmatrix},\boldsymbol{R}=\begin{pmatrix}Y_A\\Y_B\\Y_C\end{pmatrix}=\begin{pmatrix}0.85 & 0.70 & 0.75 & 0\\0.90 & 0 & 0 & 0.80\\0.70 & 0 & 0.65 & 0.80\end{pmatrix}$$

则三人在不同场合下的交流程度为

$$\boldsymbol{T}=\boldsymbol{R}\circ\boldsymbol{S}=\begin{pmatrix}0.85 & 0.85 & 0.85\\0.90 & 0.90 & 0.90\\0.80 & 0.79 & 0.90\end{pmatrix}\begin{matrix}A\\B\\C\end{matrix}$$

$$\qquad f\qquad g\qquad h$$

7.2 粗糙集理论

粗糙集(Rough Set)理论为数据,特别是带噪声、不精确或不完全数据的分类问题提供了一套严密的数学工具。粗糙集理论把知识看作关于论域的划分,从而认为知识是有粒度的,而知识的不精确性是由知识的粒度太大引起的。粗糙集理论是处理不确定和不完全信息问题的强有力工具,它的核心思想是不需要任何先验信息,充分利用已知信息,在保持信息系统分类能力不变的前提下,通过知识约简从大量数据中发现关于某个问题的基本知识或规则。

由于粗糙集理论能够分析隐藏在数据中的事实而不需要关于数据的任何附加信息,故它在决策分析、专家系统、数据挖掘、模式识别等领域都有非常广泛的应用。粗糙集概念在

某种程度上与其他为处理含糊和不精确性问题而研制的数学工具有相似之处，特别是和D-S证据理论相似。两者之间的主要区别在于：D-S 理论利用信任函数和拟真度函数作为主要工具；而粗糙集理论利用下近似集和上近似集。另一种关系存在于模糊集理论和粗糙集理论之间，和模糊集合需要指定成员隶属度不同，粗糙集的成员是客观计算的，只和已知数据有关，从而避免了主观因素的影响。这两种理论之间不是互相冲突而是互相补充的。目前，粗糙集理论已成为人工智能领域一个新的学术热点，引起了各国学者的关注。

7.2.1 基本概念

1. 知识与知识系统

假设研究对象构成的集合记为 U，它是一个非空有限集，称为论域 U；任何子集 $X \subseteq U$，称为 U 中的一个概念或范畴。通常认为空集也是一个概念。一个划分定义为：U 中的任何概念族称为关于 U 的抽象知识，简称知识：

$$X = X_1, X_2, \cdots, X_n X_i \subseteq U, X \neq \varphi, X_i \cap X_j = \varphi, i \neq j, i, j = 1, 2, \cdots, n; \cup X_i := U$$

U 上的一簇划分称为关于 U 的一个知识系统。R 是 U 上的一个等价关系，由它产生的等价类记为 $[x]_R = \{xRy, y \in U\}$，这些等价类构成的集合 $\frac{U}{R} = \{[x]_R \mid x \in U\}$ 是关于 U 的一个划分。一个知识系统就是一个关系系统 $K = (U, Q)$，其中 U 为非空有限集合，称为论域，Q 是 U 上的一簇等价关系。

等价关系具有自反，对称和传递的特性。

自反性：$(x, x) \in R \; R(x, x) = 1$。

对称性：$(x, y) \in R \Rightarrow (y, x) \in R \; R(x, y) = R(y, x)$。

传递性：$(x, y), (y, z) \in R \Rightarrow (x, z) \in R$。

若 $P \in Q$，且 $P \neq Q$，则 P 中所有等价关系的交集也是一个等价关系，称为 P 上的不可分辨关系，记为 $\mathrm{ind}(P)$，且有 $[x]_{\mathrm{ind}(P)} = \cap [x]_Q$。对于 $K = (U, Q)$ 和 $K = (U, P)$ 两个知识库，当 $\mathrm{ind}(P) \subseteq \mathrm{ind}(Q)$ 时，则称知识 Q（知识库 K）比知识 P（知识库 K'）更精细。

等价关系例：一款玩具积木 P 具有 3 种属性（颜色、形状、体积），记作 $R = (R_1, R_2, R_3)$ 下表描述了玩具积木集合 X：

表 7.1 玩具积木属性关系表

$X \backslash R$	R_1颜色	R_2形状	R_3体积
X_1	红	圆形	小
X_2	蓝	方形	大
X_3	红	三角形	小
X_4	蓝	三角形	小
X_5	黄	圆形	小
X_6	黄	方形	小
X_7	红	三角形	大
X_8	黄	三角形	大

取不同属性的组合，可以得到不同的等价关系为

$$\text{ind}(R_1)=\{\{X_1,X_3,X_7\},\{X_2,X_4\},\{X_5,X_6,X_8\}\}$$

$$\text{ind}(R_1,R_2)=\{\{X_1\},\{X_2\},\{X_3,X_7\},\{X_4\},\{X_5\},\{X_6\},\{X_8\}\}$$

2. 粗糙集与不精确范畴

令 $X\subseteq U$，R 为 U 上的一个等价关系，当 X 能表达成某些 R 基本集的并时，称 X 为 R 上可定义子集，也称 R 为精确集，否则称 X 为 R 可定义的，也称 R 粗糙集。

在讨论粗糙集时，元素的成员关系或者集合之间的包含和等价关系，都不同于初等集合中的概念，它们都是基于不可分辨关系的。一个元素是否属于某一集合，要根据对该元素的了解程度而定，和该元素所对应的不可分辨关系有关，不能仅仅依据该元素的属性值来简单判定。

给定知识库 $K=(U,Q)$ 对于每个子集 $X\subseteq U$ 和一个等价关系 $R\in\text{ind}(Q)$，定义：

(1) $\underline{R}(X)=\{x\mid[x]_R\in X,x\in U\}$ 称为在知识系统 $\frac{U}{R}$ 下集合 X 的下近似；

(2) $\bar{R}(X)=\{x\mid[x]_R\cap X,x\in U\}$ 称为在知识系统 $\frac{U}{R}$ 下集合 X 的上近似；

(3) $\text{BN}_R(X)=\bar{R}(X)-\underline{R}(X)$ 称为在知识系统 $\frac{U}{R}$ 下集合 X 的边界区域；

(4) $\text{POS}_R(X)=\underline{R}(X)$ 称为在知识系统 $\frac{U}{R}$ 下集合 X 的正域；

(5) $\text{NEG}_R(X)=U-\bar{R}(X)$ 称为在知识系统 $\frac{U}{R}$ 下集合 X 的负域。

边界区域 $BN_R(X)$ 是根据知识 R、U 中既不能肯定归入集合 X，又不能肯定归入集合 X 的元素构成的集合；正域 $\text{POS}_R(X)$ 是根据知识 R、U 中所有一定能肯定归入集合 X 的元素构成的集合；负域 $\text{NEG}_R(X)$ 是根据知识 R、U 中所有不能确定一定归入集合 X 的元素构成的集合。边界区域 $\text{BN}_R(X)$ 是某种意义上论域的不确定域。

(6) 粗糙度：下近似、上近似及边界区等概念称为可分辨区，刻画了一个边界含糊(vague)集合的逼近特性。粗糙程度按右边公式计算。

$$\alpha_R(X)=\frac{|R_*(X)|}{|R^*(X)|} \tag{7.14}$$

式(7.14)中 $|\cdot|$ 表示集合的基数或势，对有限集合表示集合中所包含的元素个数。如果 $\alpha_R(X)=1$，则称集合 X 相对于 R 是清晰的，否则就是粗糙的。

(7) 粗糙隶属度(Rough Membership Function)：含糊集合没有清晰的边界，即根据论域中现有知识无法判定某些元素是否属于该集合。在 RS 中，不确定(uncertainty)这个概念是针对元素隶属于集合的程度而言。粗糙隶属函数可以表示为

$$\beta_R(X)=\frac{|X\cap R(X)|}{|R(X)|} \tag{7.15}$$

利用粗糙隶属函数可以用来定义集合 X 的逼近和边界区，如下表示：

$$R_*(X)=\{x\in U:\beta_R(X)=1\} \tag{7.16}$$

$$R^*(X)=\{x\in U:\beta_R(X)>0\} \tag{7.17}$$

$$\text{BND}(X)=\{x\in U:1>\beta_R(X)>0\} \tag{7.18}$$

3. 知识约简与知识依赖

知识约简是粗糙集理论的核心内容之一。众所周知,知识库中的知识(属性)并不是同等重要的,甚至其中某些知识是冗余的。所谓知识约简,就是在保持知识库分类能力不变的条件下,删除其中不相关或不重要的知识。

令 R 为一簇等价关系,$r \in R$,如果 $\mathrm{ind}(R)=\mathrm{ind}(R-r)$,则称 r 为 R 中不必要的;否则称 r 为 R 中必要的。如果对于每一个 $r \in R$ 都为 R 中必要的,则称 R 为独立的;否则称 R 为依赖的。设 $Q \subseteq P$,如果 Q 是独立的,则 $\mathrm{ind}(R)=\mathrm{ind}(P)$,则称 Q 为 P 的一个约简。显然,P 可以有多个约简。P 中所有必要关系组成的集合称为 P 的核,记做 $\mathrm{core}(P)$。

R、Q 均为 U 上的等价关系簇,他们确定的知识系统分别为 $\frac{U}{R}=\{[x]_R \mid x \in U\}$ 和 $\frac{U}{R}=\{[y]_Q \mid y \in U\}$ 若任意 $[x]_R \mid x \in \frac{U}{R}$,有 $\bar{Q}([x]_R)=Q([x]_R)=[x]_R$,则称知 R 完全依赖于知识 Q 即当研究对象具有 Q 的某些特征时,这个研究对象一定具有 R 的某些特征,说明 R 与 Q 间是确定性关系;否则,称知识 R 部分依赖于知识 Q 即研究对象的 Q 某些特征不能完全确定其 R 特征,说明 R 与 Q 之间的不确定性关系。因此,定义知识 R、知识 Q 的依赖程度为

$$\gamma_Q(R)=\frac{\mathrm{card}(\mathrm{POS}_Q(R))}{\mathrm{card}(U)} \tag{7.19}$$

式中,card(•)表示集合基数,在此用集合所含元素的个数表示。

显然,$0 \leqslant \gamma_Q(R) \leqslant 1$ 当 $\gamma_Q(R)=1$ 时,知识 R 完全依赖于知识 Q;当 $\gamma_Q(R)$ 近 1 时,说明知识 R 对知识 Q 依赖程度高。$\gamma_Q(R)$ 的大小从总体上反映了知识 R 对知识 Q 的依赖程度。

4. 知识表达系统

知识表达在智能数据处理中占有十分重要的地位。形式上,四元组 $S=(U,R,V,f)$ 是一个知识表达系统,其中 U:对象的非空有限集合,称为论域;R:属性的非空有限集合;$V=\bigcup_{r \in R} V_r$,V_r,是属性 r 的值域;$f:U \times A \to V$ 是一个信息函数,它为对象的每个属性赋予一个信息值,即 $\forall r \in R, x \in U, f(x,a) \in V_r$。

决策表是一类特殊而重要的知识表达系统。设 $S=(U,R,V,f)$ 是一个知识表达系统,$R=C \cup D$,$C \cap D=\varnothing$,C 称为条件属性集,D 称为决策属性集。具有条件属性和决策属性的知识表达系统称为决策表。令 X_i 和 Y_i,分别代表 $\frac{U}{C}$ 和 $\frac{U}{D}$ 中的等价类,$\mathrm{des}(X_i)$ 表示对等价类 X_i,的描述,即等价类 X_i,对于各条件属性值的特定取值;$\mathrm{des}(Y_i)$ 表示对等价类 Y_i,的描述,即等价类 Y_i 对于各决策属性值的特定取值。

决策规则定义如下:$\mathrm{des}(X_i) \to \mathrm{des}(Y_i)$,$Y_i \cap X_i=\varnothing$。在决策表中,不同的属性可能具有不同的重要性。为了找出某些属性(或属性集)的重要性,需要是从表中去掉一些属性,再来考虑没有该属性后分类会怎样变化。若条件属性集合中有无条件属性 C:对决策属性集合依赖度改变不大,则可认为条件属性 C,的重要程度不高。基于这个观点,条件属性 C 关于决策属性 D 的重要程度定义为

$$\sigma_D(c_i)=\gamma_C(D)-\gamma_{C-c_i}(D) \tag{7.20}$$

$\sigma_D(c_i)$ 越大,属性 c_i 的重要性越高。

知识表达系统例1：令论域$U=\{1,2,3,4,5\}$，属性集合$R=\{A_1,A_2,A_3,A_4,A_5\}$，值域$V=V_{A1}\cup V_{A2}\cup V_{A3}\cup V_{A4}=\{0,1,2\}$，将对象属性映射到它的值域$f$为如表7.2所示。

表7.2 知识表达系统映射表

U	A_1	A_2	A_3	A_4
1	0	0	1	0
2	1	0	2	1
3	1	1	1	0
4	0	2	1	1
5	1	2	1	0

7.2.2 粗糙集理论在多源信息融合中的应用

1. 用粗糙集理论进行属性信息融合的基本步骤

(1) 将采集到的样本信息按条件属性和结论属性编制一张信息表，即建立关系数据模型。

(2) 对将要处理的数据中的连续属性值进行离散化，对不同区间的数据在不影响其可分辨的基础上进行分类，并用相应符号表示。

(3) 利用属性约简及核等概念去掉冗余的条件属性及重复信息，得出简化信息表，即条件约简。

(4) 对约简后的数据按不同属性分类，并求出核值表。

(5) 根据核值表和原来的样本列出可能性决策表。

(6) 进行知识推理。汇总对应的最小规则，得出最快融合算法。

相对于概率方法、模糊理论、证据理论，粗糙集由于是基于数据推理，不需要先验信息，具有处理不完整数据、冗余信息压缩和数据关联的能力。

2. 粗糙集应用举例——数据挖掘

粗糙集对不精确概念的描述是通过上、下近似这两个精确概念来表示 。假定所研究的每一个对象都涉及一些信息(数据、知识)，如果对象由相同的信息描述，那么它们就是相似的或不可区分的。

案例：已知有含6个流感病例的表，目标是得到是否得流感的获取规则。流感病症状关系如表7.3所示。

表7.3 流感病症状关系表

病例	头疼	肌肉疼	体温	流感
p_1	否	是	高	是
p_2	是	否	高	是
p_3	是	是	很高	是
p_4	否	是	正常	否
p_5	是	否	高	否
p_6	否	是	很高	是

步骤 1:寻找不可分辨关系

"头疼":{p2,p3,p5},{p1,p4,p6}。

"肌肉痛":{p1,p3,p4,p6},{p2,p5}。

"体温":{p1,p2,p5},{p3,p6},{p4}。

"头疼+肌肉痛":{p1,p2,p5},{p3,p6},{p3}。

"头疼+体温":{p1},{p2,p5},{p3},{p4},{p6}。

"肌肉痛+体温":{p1},{p2,p5},{p3,p6},{p4}。

"头疼+肌肉痛+体温":{p1},{p2,p5},{p3},{p4},{p6}。

步骤 2:针对各个属性下的初等集合寻找下近似和上近似

以"头疼+肌肉痛+体温"为例,设集合 X 为患流感的人的集合,I 为 3 个属性构成的一个等效关系:{p1},{p2,p5},{p3},{p4},{p6}。

则有:$X=\{P_1,P_2,P_3,P_6\}$ $I=\{\{p1\},\{p2,p5\},\{p3\},\{p4\},\{p6\}\}$。

集合 X 的下近似为:$I_*(X)=\mathrm{POS}(X)=\{p1,p3,p6\}$。

集合 X 的上近似为:$I^*(X)=\{p1,p2,p3,p5,p6\}$。

集合 X 的负区为:$\mathrm{NEG}(X)=\{p4\}$。

集合 X 的边界区为:$\mathrm{BND}(X)=\{p2,p5\}$。

步骤 3:获取规则

分析可得出属性"头疼+肌肉痛+体温"的规则:

下近似得到:

RULE1:IF (头疼=否)and(肌肉痛=是) and (体温=高)
THEN 患有流感

RULE2:IF (头疼=是)and(肌肉痛=是) and (体温=很高)
THEN 患有流感

RULE3:IF (头疼=否)and(肌肉痛=是) and (体温=很高)
THEN 患有流感

负区得到的:

RULE4:IF (头疼=否)and(肌肉痛=是) and (体温=正常)
THEN 没患流感

边界区得到的:

RULE5:IF (头疼=是)and(肌肉痛=否) and (体温=高)
THEN 可能

7.3 神经网络

随着神经科学、认知科学的发展,我们逐渐知道人类的智能行为都和大脑活动有关。人类大脑是一个可以产生意识、思想和情感的器官。受到人脑神经系统的启发,早期的神经科学家构造了一种模仿人脑神经系统的数学模型,称为人工神经网络,简称神经网络。人工神经网络(Artificial Neural Network,ANN)是指一系列受生物学和神经学启发的数学模型。

这些模型主要是通过对人脑的神经元网络进行抽象，构建人工神经元，并按照一定拓扑结构来建立人工神经元之间的连接，来模拟生物神经网络。在人工智能领域，人工神经网络也常常简称为神经网络（Neural Network，NN）或神经模型（Neural Model）。

7.3.1　人工神经元模型

人工神经元（Artificial Neuron），简称神经元（Neuron），是构成神经网络的基本单元，其主要是模拟生物神经元的结构和特性，接受一组输入信号并产出输出。生物学家在 20 世纪初就发现了生物神经元的结构。一个生物神经元通常具有多个树突和一条轴突。树突用来接受信息，轴突用来发送信息。当神经元所获得的输入信号的积累超过某个阈值时，它就处于兴奋状态，产生电脉冲。轴突尾端有许多末梢可以给其他个神经元的树突产生连接（突触），并将电脉冲信号传递给其他神经元。

1943 年，心理学家 McCulloch 和数学家 Pitts 根据生物神经元的结构，提出了一种非常简单的神经元模型，MP 神经元[McCulloch and Pitts，1943]。现代神经网络中的神经元和 M－P 神经元的结构并无太多变化。不同的是，MP 神经元中的激活函数 f 为 0 或 1 的阶跃函数，而现代神经元中的激活函数通常要求是连续可导的函数。假设一个神经元接受 d 个输入 $x_1, x_2, \cdots, x_d$，令向量 $\boldsymbol{x}=[x_1, x_2, \cdots, x_d]$表示这组输入，并用净输入（Net Input）$z \in \mathbb{R}$ 表示一个神经元所获得的输入信号 x 的加权和为

$$z=\sum_{i=1}^{d} w_i x_i + b \tag{7.21}$$

$$=\boldsymbol{w}^{\mathrm{T}} x + b \tag{7.22}$$

式中，$\boldsymbol{w}=(w_1, w_2, \cdots, w_d) \in \mathbb{R}^d$ 是 d 维的权重向量，$b \in \mathbb{R}$ 是偏置。

净输入 z 在经过一个非线性函数 $f(\cdot)$后，得到神经元的活性值（Activation）为

$$a=f(z) \tag{7.23}$$

式中，非线性函数 $f(\cdot)$称为激活函数（Activation Function）。

图 7.3 给出了一个典型的神经元结构示例。

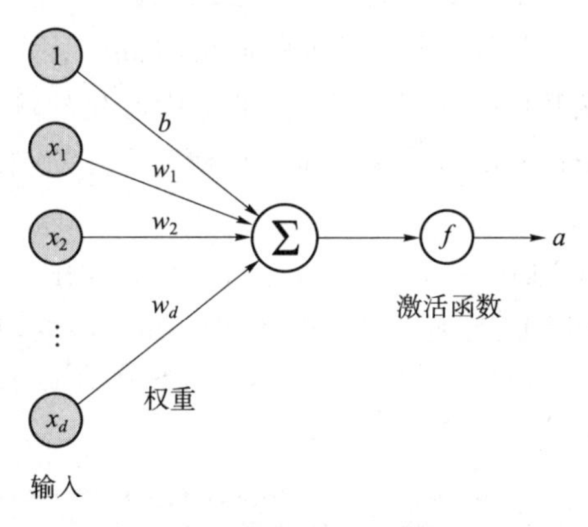

图 7.3　典型的神经元结构

7.3.2 神经网络的激活函数

为了增强网络表示能力和学习能力，激活函数需要具备以下几点性质：①连续并可导（允许少数点上不可导）的非线性函数。可导的激活函数可以直接利用数值优化的方法来学习网络参数。②激活函数及其导函数要尽可能的简单，有利于提高计算效率。③激活函数的导函数值域需要在一个合适的区间内，不能太大也不能太小，否则会影响训练效率和稳定性。下面介绍几种在神经网络中常用的激活函数。

1. Sigmoid 型激活函数

Sigmoid 型函数是指一类 S 型曲线函数，为两端饱和函数。常用的 Sigmoid 型函数有 Logistic 函数和 Tanh 函数。Logistic 函数定义为

$$\sigma(x)=\frac{1}{1+\exp(-x)} \tag{7.24}$$

Logistic 函数可以看成是一个“挤压”函数，把一个实数域的输入“挤压”到区间(0, 1)，当输入值在 0 附近时，Sigmoid 型函数近似为线性函数；当输入值靠近两端时，对输入进行抑制。输入越小，越接近于 0；输入越大，越接近于 1。这样的特点也和生物神经元类似，对一些输入会产生兴奋(输出为 1)，对另一些输入产生抑制(输出为 0)。和感知器使用的阶跃激活函数相比，Logistic 函数是连续可导的，其数学性质更好。

因为 Logistic 函数的性质，使得装备了 Logistic 激活函数的神经元具有以下两点性质：其输出直接可以看作是概率分布，使得神经网络可以更好地和统计学习模型进行结合；其可以看作是一个软性门(Soft Gate)，用来控制其它神经元输出信息的数量。Tanh 函数也是一种 Sigmoid 型函数，其定义为

$$\tanh(x)=\frac{\exp(x)-\exp(-x)}{\exp(x)+\exp(-x)} \tag{7.25}$$

Tanh 函数可以看作是放大并平移的 Logistic 函数，其值域是区间(−1, 1)。

$$\tanh(x)=2\sigma(2x)-1 \tag{7.26}$$

图 7.4 给出了 Logistic 函数和 Tanh 函数的形状，Tanh 函数的输出是零中心化的(Zero−Centered)，而 Logistic 函数的输出恒大于 0。非零中心化的输出会使得其后一层的神经元的输入发生偏置偏移(Bias Shift)，并进一步使得梯度下降的收敛速度变慢。

2. 修正线性单元

修正线性单元(Rectified Linear Unit，ReLU)，也称 rectifier 函数，是目前深层神经网络中经常使用的激活函数。ReLU 实际上是一个斜坡(ramp)函数，其定义为

$$\mathrm{ReLU}(x)=\begin{cases}x & x\geqslant 0\\ 0 & x<0\end{cases} \tag{7.27}$$

$$=\max(0,x) \tag{7.28}$$

优点：采用 ReLU 的神经元只需要进行加、乘和比较的操作，计算上更加高效，ReLU 函数被认为有生物上的解释性，比如单侧抑制、宽兴奋边界(即兴奋程度也可以非常高)。在生物神经网络中，同时处于兴奋状态的神经元非常稀疏。人脑中在同一时刻只有 1%～ 4%的神经元处于活跃状态。Sigmoid 型激活函数会导致一个非稀疏的神经网络，而 ReLU 却具

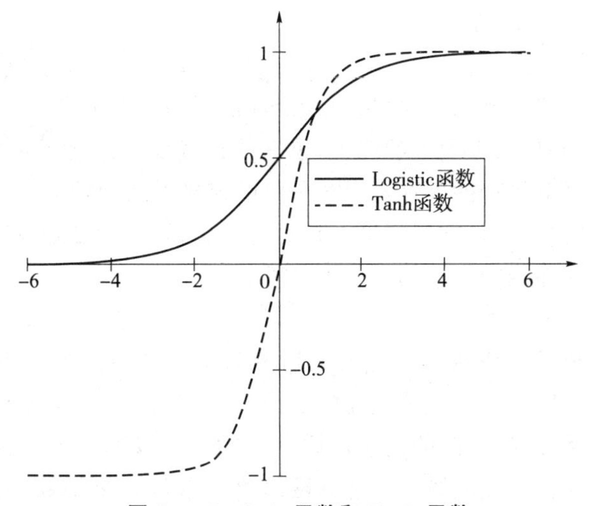

图 7.4　Logistic 函数和 Tanh 函数

有很好的稀疏性，大约 50% 的神经元会处于激活状态。在优化方面，相比 Sigmoid 型函数的两端饱和，ReLU 函数为左饱和函数，且在 $x>0$ 时导数为 1，在一定程度上缓解了神经网络的梯度消失问题，加速梯度下降的收敛速度。

缺点：ReLU 函数的输出是非零中心化的，给后一层的神经网络引入偏置偏移，会影响梯度下降的效率。此外，ReLU 神经元在训练时比较容易"死亡"。在训练时，如果参数在一次不恰当的更新后，第一个隐藏层中的某个 ReLU 神经元在所有的训练数据上都不能被激活，那么这个神经元自身参数的梯度永远都会是 0，在以后的训练过程中永远不能被激活。这种现象称为死亡 ReLU 问题（Dying ReLU Problem），并且也有可能会发生在其他隐藏层。

在实际使用中，为了避免上述情况，有几种 ReLU 的变种也会被广泛使用。比如 Leaky ReLU、ELU 以及 Softplus 函数，图 7.5 给出了 ReLU、Leaky ReLU、ELU 及 Softplus 函数的示例。

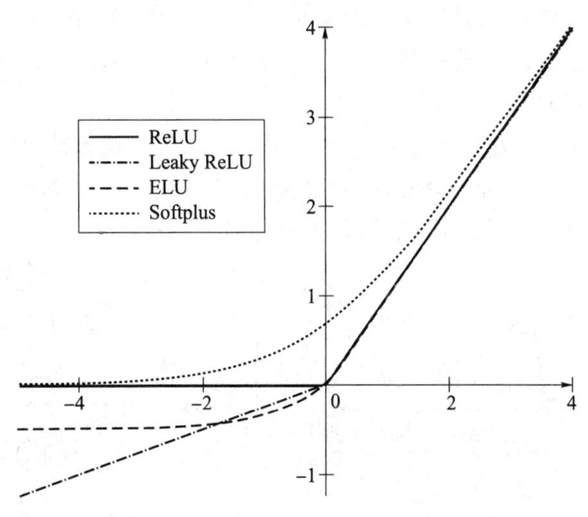

图 7.5　ReLU、Leaky ReLU、ELU 及 Softplus 函数

7.3.3 神经网络的结构

一个生物神经细胞的功能比较简单，而人工神经元只是生物神经细胞的理想化和简单实现，功能更加简单。要想模拟人脑的能力，单一的神经元是远远不够的，需要通过很多神经元一起协作来完成复杂的功能。这样通过一定的连接方式或信息传递方式进行协作的神经元可以看作是一个网络，就是神经网络。到目前为止，研究者已经发明了各种各样的神经网络结构。目前常用的神经网络结构有以下三种。

1. 前馈网络

前馈网络中各个神经元按接受信息的先后分为不同的组。每一组可以看作一个神经层。每一层中的神经元接受前一层神经元的输出，并输出到下一层神经元。整个网络中的信息是朝一个方向传播，没有反向的信息传播，可以用一个有向无环路图表示。前馈网络包括全连接前馈网络和卷积神经网络等。前馈网络可以看作一个函数，通过简单非线性函数的多次复合，实现输入空间到输出空间的复杂映射。这种网络结构简单，易于实现。

2. 反馈网络

反馈网络中神经元不但可以接收其他神经元的信号，也可以接收自己的反馈信号。和前馈网络相比，反馈网络中的神经元具有记忆功能，在不同的时刻具有不同的状态。反馈神经网络中的信息传播可以是单向或双向传递，因此可用一个有向循环图或无向图来表示。反馈网络包括循环神经网络，Hopfield 网络、玻尔兹曼机等。反馈网络可以看作一个程序，具有更强的计算和记忆能力。为了增强记忆网络的记忆容量，可以引入外部记忆单元和读写机制，用来保存一些网络的中间状态，称为记忆增强网络（Memory Augmented Neural Network），比如神经图灵机和记忆网络等。

3. 图网络

前馈网络和反馈网络的输入都可以表示为向量或向量序列。但实际应用中很多数据是图结构的数据，比如知识图谱、社交网络、分子（molecular ）网络等。前馈网络和反馈网络很难处理图结构的数据。图网络是定义在图结构数据上的神经网络。图中每个节点都一个或一组神经元构成。节点之间的连接可以是有向的，也可以是无向的。每个节点可以收到来自相邻节点或自身的信息。

图网络是前馈网络和记忆网络的泛化，包含很多不同的实现方式，比如图卷积网络（Graph Convolutional Network，GCN）、消息传递网络（Message Passing Neural Network，MPNN）等。

图 7.6 给出了前馈网络、反馈网络和图网络的网络结构示例。

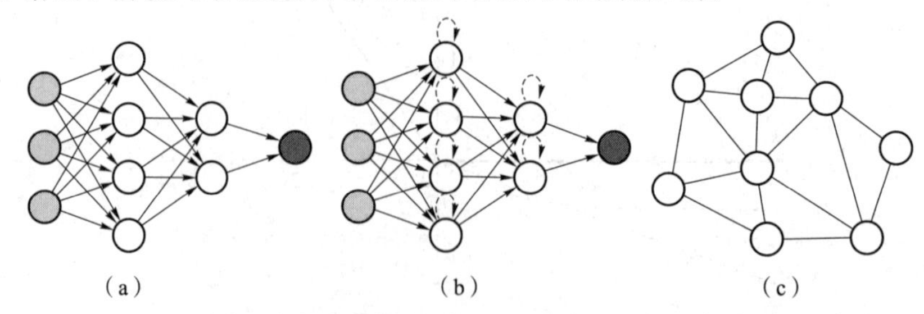

图 7.6　三种不同的网络模型

(a)前馈网络；(b)反馈网络；(c)图网络

7.3.4 神经网络的学习方法

1980 年前后,反向传播算法有效地解决了多层神经网络的学习问题,并成为最为流行的神经网络学习算法。反向传播算法是迄今最为成功的神经网络学习算法,不仅用于多层前馈神经网络,还用于其他类型神经网络的训练。假设采用随机梯度下降进行神经网络参数学习,给定一个样本(x,y),将其输入到神经网络模型中,得到网络输出为$\hat{y}$。假设损失函数为$L(y,\hat{y})$,要进行参数学习就需要计算损失函数关于每个参数的导数。

对第l层中的参数$W^{(l)}$和$b^{(l)}$计算偏导数。因为$\frac{\partial L(y,\hat{y})}{\partial W^{(l)}}$的计算涉及矩阵微分,十分烦琐,因此我们先计算偏导数$\frac{\partial L(y,\hat{y})}{\partial W_{ij}^{(l)}}$。根据链式法则

$$\frac{\partial L(y,\hat{y})}{\partial W_{ij}{}^{(l)}}=\left(\frac{\partial z^{(l)}}{\partial W_{ij}{}^{(l)}}\right)^{\mathrm{T}}\frac{\partial L(y,\hat{y})}{\partial z^{(l)}} \tag{7.29}$$

$$\frac{\partial L(y,\hat{y})}{\partial b^{(l)}}=\left(\frac{\partial z^{(l)}}{\partial b^{(l)}}\right)^{\mathrm{T}}\frac{\partial L(y,\hat{y})}{\partial z^{(l)}} \tag{7.30}$$

式(7.29)和式(7.30)中的第二项是都为目标函数关于第l层的神经元$z^{(l)}$的偏导数,称为误差项,因此可以共用。计算三个偏导数,分别为$\frac{\partial z^{(l)}}{\partial W_{ij}{}^{(l)}}$,$\frac{\partial z^{(l)}}{\partial b^{(l)}}$和$\frac{\partial L(y,\hat{y})}{\partial z^{(l)}}$,具体如下。

(1) 计算偏导数$\frac{\partial \boldsymbol{z}^{(l)}}{\partial \boldsymbol{W}_{ij}{}^{(l)}}$,因为$\boldsymbol{z}^{(l)}=\boldsymbol{W}^{(l)}a^{(l-1)}+b^{(l)}$,则偏导数

$$\frac{\partial \boldsymbol{z}^{(l)}}{\partial \boldsymbol{W}_{ij}^{(l)}}=\frac{\partial(\boldsymbol{W}^{(l)}a^{(l-1)}+b^{(l)})}{\partial \boldsymbol{W}_{ij}^{(l)}}=\begin{pmatrix}\frac{\partial(\boldsymbol{W}_{1:}^{(l)}a^{(l-1)}+b^{(l)})}{\partial \boldsymbol{W}_{ij}^{(l)}}\\ \vdots \\ \frac{\partial(\boldsymbol{W}_{i:}^{(l)}a^{(l-1)}+b^{(l)})}{\partial \boldsymbol{W}_{ij}^{(l)}}\\ \vdots \\ \frac{\partial(\boldsymbol{W}_{m^{(l)}:}{}^{(l)}a^{(l-1)}+b^{(l)})}{\partial \boldsymbol{W}_{ij}^{(l)}}\end{pmatrix}=\begin{pmatrix}0\\ \vdots \\ a_j^{(l-1)}\\ \vdots \\ 0\end{pmatrix}\triangleq I_i(a_j^{(l-1)}) \tag{7.31}$$

式中,$\boldsymbol{W}_{i:}^{(l)}$为权重矩阵$\boldsymbol{W}^{(l)}$的第$i$行。

(2) 计算偏导数$\frac{\partial z^{(l)}}{\partial b^{(l)}}$,因为$z^{(l)}=W^{(l)}a^{(l-1)}+b^{(l)}$,则偏导数

$$\frac{\partial z^{(l)}}{\partial b^{(l)}}=I_{m^{(l)}} \tag{7.32}$$

(3) 计算误差项$\frac{\partial L(y,\hat{y})}{\partial z^{(l)}}$,用$\delta^{(l)}=\frac{\partial L(y,\hat{y})}{\partial z^{(l)}}\in\mathbb{R}^{m^{(l)}}$来定义第1层神经元的误差项,误差项$\delta^{(l)}$来表示第$l$层神经元对最终损失的影响,也反映了最终损失对第层神经元的敏感程度。误差项也间接反映了不同神经元对网络能力的贡献程度,从而比较好地解决了“贡献度分配问题”。

根据链式法则，第 l 层的误差项为

$$\delta^{(l)} \triangleq \frac{\partial L(y,\hat{y})}{\partial z^{(l)}} = \frac{\partial a^{(l)}}{\partial z^{(l)}} \cdot \frac{\partial z^{(l+1)}}{\partial a^{(l)}} \cdot \frac{\partial L(y,\hat{y})}{\partial z^{(l+1)}} = \frac{\partial f_l(z^{(l)})}{\partial z^{(l)}} \cdot (W^{(l+1)})^{\mathrm{T}} \cdot \delta^{(l+1)} \tag{7.33}$$

式中，$a^{(l)}=f_l(z^{(l)})$，$f_l(\mathrm{g})$为按位计算的函数。

反向传播算法的含义是：第 l 层的一个神经元的误差项(或敏感性)是所有与该神经元相连的第 $l+1$ 层的神经元的误差项的权重和。然后，再乘上该神经元激活函数的梯度。通过计算可知三个偏导数$\frac{\partial z^{(l)}}{\partial W_{ij}^{(l)}}$，$\frac{\partial z^{(l)}}{\partial b^{(l)}}$和$\frac{\partial L(y,\hat{y})}{\partial z^{(l)}}$，式(7.29)可以写为

$$\frac{\partial L(y,\hat{y})}{\partial W_{ij}{}^{(l)}} = I_i\ (a_j{}^{(l-1)})^{\mathrm{T}}\delta^{(l)} = \delta_i^{(l)} a_j^{(l-1)} \tag{7.34}$$

进一步，$L(y,\hat{y})$关于第 l 层权重 $\boldsymbol{W}^{(l)}$ 的梯度为$\frac{\partial L(y,\hat{y})}{\partial \boldsymbol{W}_{ij}{}^{(l)}} = \delta^{(l)} a_j^{(l-1)\mathrm{T}}$ (7.35)

同理可得，$L(y,\hat{y})$关于 l 层偏置 $b^{(l)}$ 的梯度为$\frac{\partial L(y,\hat{y})}{\partial b^{(l)}} = \delta^{(l)}$ (7.36)

在计算出每一层的误差项之后，我们就可以得到每一层参数的梯度。因此，基于误差反向传播算法(backpropagation，BP)的前馈神经网络训练过程可以分为以下三步：

(1) 前馈计算每一层的净输入 $z^{(l)}$ 和激活值 $a^{(l)}$，直到最后一层；

(2) 反向传播计算每一层的误差项 $\delta^{(l)}$；

(3) 计算每一层参数的偏导数，并更新参数。

7.3.5 基于神经网络的传感器检测数据融合

由于红外光在介质中的传播速度受到温度等环境因素影响，为获得较准确的测量结果需要对红外测距系统的测量数据进行处理。为确定某一红外测距传感器系统的数据处理算法，利用该测距系统进行如下实验：在不同温度下将目标放置不同的距离分别进行测距，每一温度下对同一目标连续测量 5 次，测量的实验数据如表 7.4 所示。请利用神经网络完成该系统的数据处理。

表 7.4 红外测距系统的测量数据

理论值	750									
环境温度	20					45				
测量值	756.575	770.997	765.326	762.908	762.734	778.058	768.418	767.072	753.322	754.777
理论值	850									
环境温度	20					45				
测量值	869.189	837.808	864.641	850.121	871.750	886.931	896.766	855.983	844.269	878.671
理论值	950									
环境温度	20					45				
测量值	975.678	936.677	953.530	936.952	972.731	969.696	966.840	967.399	991.950	960.165

注：为说明问题上述数据扩大了温度对结果的影响。

网络结构设计如下：

(1) 由于输入向量有 2 个元素、输出向量有 1 个元素，所以网络输入层的神经元有 2 个，输出层神经元数目为 1。

(2) 神经网络是误差后身传播神经网络，其隐含层结构的层数与各层的节点数直接影响网络性能的优劣。若隐层数较多，网络所表达的映射就越复杂，不仅增大计算量，而且易导致数据失真；若各隐含层的节点数较多，会使其学习时间过长，误差也不一定最小，若节点数较少，会导致网络容错性较差，局部极小就多。因此，隐含层是网络结构设计的重要问题。

(3) 隐含层数设计：

隐含层的层数应大于 1 层，可由式(7.37)试算：

$$N \leqslant \text{ceil}\left(\frac{J(K-1)-(I-1)}{2}\right) \tag{7.37}$$

式中，N 为隐层层数；J 为输出层神经元个数；I 为输入层神经元个数；K 为标准样本个数。本例取 1 层隐层。

(4) 隐含层神经元个数设计

隐含层节点个数设计相对于隐含层数的设计比较复杂，一般有基于最小二乘设计法、基于黄金分割设计法等。本例取：$M=2n+1$，其中 n 为输入层神经元的个数。

(5) 作用函数设计

隐层作用函数取正切 S 型传递函数 tansig 函数，即

$$f(x)=\frac{1-\mathrm{e}^{-2x}}{1+\mathrm{e}^{-2x}}, \quad -\infty<x<\infty \tag{7.38}$$

输出层作用函数取对数 S 型传递函数 logsig 函数，即

$$f(x)=\frac{1}{1+\mathrm{e}^{-x}}, \quad -\infty<x<\infty \tag{7.39}$$

(6) 学习算法设计

traingdm 是带动量的梯度下降法、trainlm 是指 L－M 优化算法、trainscg 是指量化共轭梯度法等，本例选择 trainlm 学习算法。

(7) 输入/输出向量设计

根据已知条件，可将目标距离的理论值作为对测量温度和测量值的一个映射(二元函数)。由此，可以确定网络的输入为二维向量，且该网络为单输出神经网络。

(8) 训练样本和测试样本设计

题给数据共 30 组，可在同类(共六类)数据组中各挑选一个样本，从而得到六个测试样本，构成测试样本集。剩余 24 组数据可作为训练样本集。

(9) 输入层到隐含层的连接权值

$$\text{net.IW}\{1,1\}=\begin{pmatrix}-0.43261 & 40.1188 & 35.9519 & -11.1545 & 6.7316 \\ -0.064564 & -5.8201 & -2.0847 & -6.1602 & -1.3919\end{pmatrix}^{\mathrm{T}} \tag{7.40}$$

(10) 隐含层的神经元阈值

$$\text{net.b}\{1\}=(13.6766 \quad -36.3567 \quad -3.8506 \quad -7.0659 \quad 7.745)^{\mathrm{T}} \tag{7.41}$$

(11) 隐含层到输出层的连接权值：

$$\text{net.LW}\{2,1\}=(10.8115 \quad 12.9675 \quad 13.6101 \quad 12.9105 \quad -0.75872) \tag{7.42}$$

(12) 输出层的神经元阈值

$$\text{net.b}\{2\}=(2.215\ 2) \tag{7.43}$$

经以上神经网络处理后的融合结果如表 7.5 所示。

表 7.5 红外测距系统的处理数据

测试样本	样本 1	样本 2	样本 3	样本 4	样本 5	样本 6
测量温度	20	45	20	45	20	45
测量距离	770.997 1	767.072 4	846.640 8	855.983 4	975.678 0	960.164 9
实际距离	750	750	850	850	950	950
预测距离	750.000 1	750.000 0	850.000 0	850.000 0	950.000 0	949.999 4
误差	−0.000 1	0.000 0	0.000 0	0.000 0	0.000 0	0.000 6

习题

1. 简述模糊集合理论与粗糙集合理论的联系与区别。

2. 设 A 是论域 U 上的一个模糊子集，A_λ 为其水平截集，$\lambda\in[0,1]$，根据分解定理有 $A=\bigcup\limits_{\lambda\in[0,1]}\lambda A_\lambda$，其中 λA_λ 表示 X 上的一个模糊子集，称 λ 与 A_λ 的“乘积”的隶属度函数规定为：$\mu_{\lambda A_\lambda}(x)=\begin{cases}\lambda & x\in A_\lambda\\ 0 & x\notin A_\lambda\end{cases}$。

试画图分别表示 $\mu_\lambda(x)$，$\mu_{A_\lambda}(x)$ 与 $\mu_{\lambda A_\lambda}(x)$。

3. 设论域 X 为所要研究的军用飞机类型，有如下定义：

$X=\{a10,b52,f117,c5,c130,fbc1,f14,f15,f16,f111,kc130\}$

设 A 为轰炸机集合，B 为战斗机集合，它们分别为

$A=0.2/f16+0.4/fbc1+0.5/a10+0.5/f14+0.6/f15+0.8/f11$

$+1.0/b11+1.0/b52$

$B=0.1/f117+0.3/f111+0.5/fbc1+0.8/f15+0.9/f14+1.0/f16$

试求下列组合运算：

(1)$A\cap B$ (2)$A\cup B$ (3)A^C(4)B^C (5)$\overline{A\cap B}$ (6)$\overline{A\cup B}$ (7)$\overline{A^C\cap B}$

4. 表 7.6 是 A 市居民某计算机的购买意向表，其中年龄小于 28 取值为 0，28 到 50 取值为 1，大于 50 取值为 2。其他属性同理。

表 7.6 购买计算机意向决策表

	C(条件属性)				C(决策属性)
$\tilde{X}$	年龄 C_1	学历 C_2	收入 D_3	信用 C_4	购买计算机(y)
e_1	＜28(0)	≥本科(1)	低(0)	高(1)	不买(0)
e_2	＜28(0)	＜本科(0)	低(0)	低(0)	不买(0)
e_3	＜28(0)	≥本科(1)	高(1)	低(0)	买(0)

续表

	C(条件属性)				C(决策属性)
$\widetilde{X}$	年龄 C_1	学历 C_2	收入 D_3	信用 C_4	购买计算机(y)
e_4	<28(0)	<本科(0)	高(1)	高(1)	买(0)
e_5	28～50(1)	<本科(0)	低(0)	高(1)	买(0)
e_6	28～50(1)	≥本科(1)	高(1)	高(1)	买(0)
e_7	28～50(1)	<本科(0)	高(1)	低(0)	买(0)
e_8	>50(2)	≥本科(1)	低(0)	高(1)	买(0)
e_9	>50(2)	<本科(0)	低(0)	低(0)	不买(0)
e_{10}	>50(2)	≥本科(1)	高(1)	低(0)	不买(0)

请利用粗糙集理论对该表进行约简和规则化简，并获取最终规则。

本章参考文献

[1] 韩崇昭，朱洪艳，段战胜.多源信息融合[M].3 版.北京：清华大学出版社，2022.

[2] 李永明.模糊系统分析[M].北京：科学出版社，2005.

[3] 刘新柱.概率与模糊信息论及其应用[M].北京：国防工业出版社，2003.

[4] 何友.信息融合理论及应用[M].北京：国防工业出版社.

[5] Kwang H L, Lee K M. Fuzzy Hyper-Graph and Fuzzy Partition [J]. IEEE Transactions on Systems, Man and Cybernetics, 1995, 25(1): 196-201.

[6] Matheron G.Random Sets and Integral Geometry[M].New York: Wiley, 1975.

[7] Molchanov I S.Limit Theorems for Union of Random Closed Sets[M].Heidelberg: Springer Berlin, 1993.

[8] Peng T, Wang P, Kandel A.Knowledge acquisition by random sets[J].International Journal of Systems, 1997, 11: 113-147.

[9] Sanchez L.A random sets-Eased method for identifying fuzzy models[J].Fuzzy Sets and Systems, 1998, 98(3): 343-454.

第 8 章 多传感信息融合的应用

8.1 多传感信息融合的应用概述

现代社会，传感器是人们生活和生产必不可少的部分，它是监测周围环境的良好工具，将人类眼中的世界具现化，为科技的进步创造了良好的条件。传感器的资源很丰富，不同的传感器对于事物的感知结果也各不相同，如何充分地利用充足的传感器资源成为一个重要的研究课题，其中信息融合成为一种简单有效的方法。信息融合技术就是将多传感器信息进行合成，形成一种对外部环境或被测对象某一特征的表达方式。信息融合技术发展至今，已经较为成熟，具有很多优点，并被广泛应用，本章将简要介绍几个当前多传感信息融合技术的应用场景。

8.2 多传感检测融合应用示例

8.2.1 多传感检测融合示例要求

设有三个观测量相互独立的分布式并行融合检测结构，求解最优融合准则和各个传感器最优判决门限。并给出融合系统贝叶斯风险随先验概率P_0变化曲线。已知三个观测量服从高斯分布为

$$p_i(z_i|H_1)=\frac{1}{\sqrt{2\pi}\sigma_i}\exp\left\{-\frac{(z_i-V_i)^2}{2\sigma_i^2}\right\},i=1,2,3 \tag{8.1}$$

$$p_i(z_i|H_0)=\frac{1}{\sqrt{2\pi}\sigma_i}\exp\left\{-\frac{z_i^2}{2\sigma_i^2}\right\},\quad i=1,2,3 \tag{8.2}$$

式中，V_1、V_2、V_3分别为 2.2、2.5、2.8；σ_1、σ_2、σ_3分别为 1、1.5、1.2；$C_{00}=C_{11}=0$，$C_{01}=C_{10}=1$。

8.2.2　多传感检测融合示例设计思路

1. 整体思路

最优融合准则选择贝叶斯融合检测准则，为求解各个传感器的最优判决门限，需要用迭代的算法，在P_0确定的情况下，不断计算传感器的最优门限，直到收敛，达到预期值。此外要画出融合系统贝叶斯风险随先验概率P_0的变化曲线，需要根据不同的P_0值，计算出融合系统贝叶斯风险值，该值是在经过多次迭代后的门限值的条件下计算出来的融合系统贝叶斯风险。

2. 具体步骤

(1) 初始化代价函数、各传感器初始门限值和概率密度函数，根据门限和概率密度函数计算出每一个传感器检测正确的概率、虚警概率P_f、漏检概率P_m。

(2) 根据各个传感器的检测概率和虚假检测的概率，计算融合中心判决的概率$P(u_0|u)$和贝叶斯风险R_B，计算公式为

$$P(u/H_1)=\prod_{(k)}P(u_i=1/H_1)\prod_{(N-k)}P(u_i=0/H_1) \tag{8.3}$$

$$P(u/H_0)=\prod_{(k)}P(u_i=1/H_0)\prod_{(N-k)}P(u_i=0/H_0) \tag{8.4}$$

$$P(u_0=1|u)=\begin{cases}1, & C_FP(u|H_0)-C_DP(u|H_1)<0\\0, & C_FP(u|H_0)-C_DP(u|H_1)\geqslant 0\end{cases} \tag{8.5}$$

$$R_B=C+\sum_{u=\{u_1,\cdots,u_N\}}P(u_0=1|u)[C_FP^{(0)}(u|H_0)-C_DP^{(0)}(u|H_1)] \tag{8.6}$$

(3) 将(2)中计算出的贝叶斯风险值与上一次计算的结果相比较，若差值超过设定值，则继续后面的步骤进行迭代；若满足要求，则退出迭代循环。

(4)当进行继续迭代时，计算各自传感器的贡献率，公式如下：

$$A(\tilde{u}_i)=P(u_0=1|\tilde{u}_i,u_i=1)-P(u_0=1|\tilde{u}_i,u_i=0) \tag{8.7}$$

(5) 计算各自传感器新的门限，并将新的门限带入步骤(2)，再次计算融合系统贝叶斯风险值，与上一次的值相比较。新的门限计算公式如下：

$$\begin{aligned}P(\tilde{u}_i|H_{0|1})&=P[(u_1,\cdots,u_{i-1},u_{i+1},\cdots,u_N)|H_{0|1}]\\&=\prod_{n=1}^{i-1}P(u_n|H_{0|1})\times\prod_{n=i+1}^{N}P(u_n|H_{0|1})\end{aligned} \tag{8.8}$$

以及新的门限T，具体公式如下：

$$T_i^{(k)}=\frac{C_F\sum_{\tilde{u}_i}A(\tilde{u}_i)P(\tilde{u}_i|H_0)}{C_D\sum_{\tilde{u}_i}A(\tilde{u}_i)P(\tilde{u}_i|H_1)}\quad i=1,\cdots,N \tag{8.9}$$

8.2.3　多传感融合示例数据与结果分析

1. 三传感器贝叶斯融合检测系统

(1) 融合系统贝叶斯风险随先验概率P_0变化曲线图如图8.1所示。

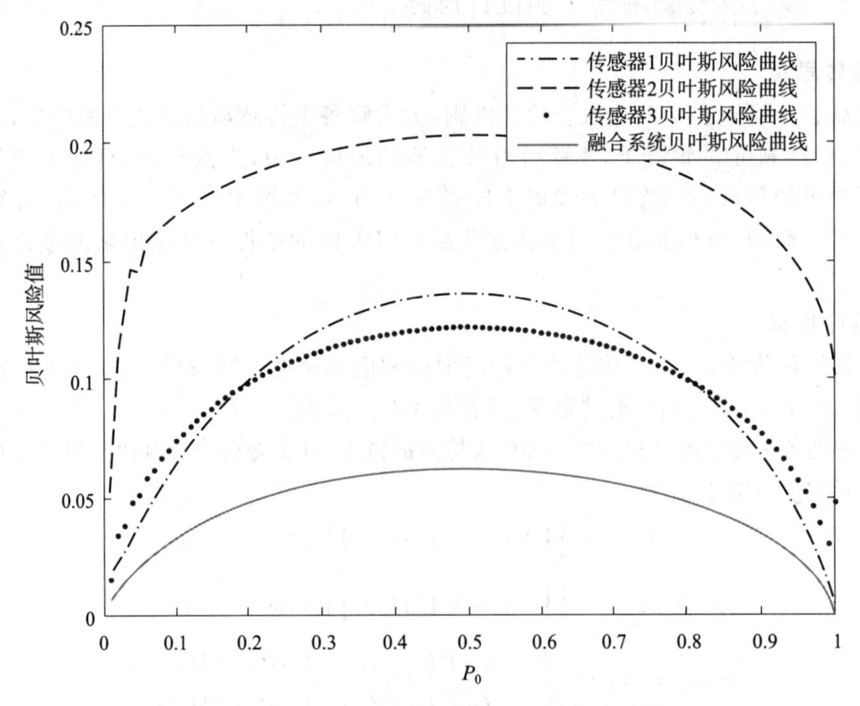

图 8.1　贝叶斯风险随先验概率 P_0 变化曲线图

（2）最佳门限值随先验概率P_0变化曲线如图 8.2 所示。

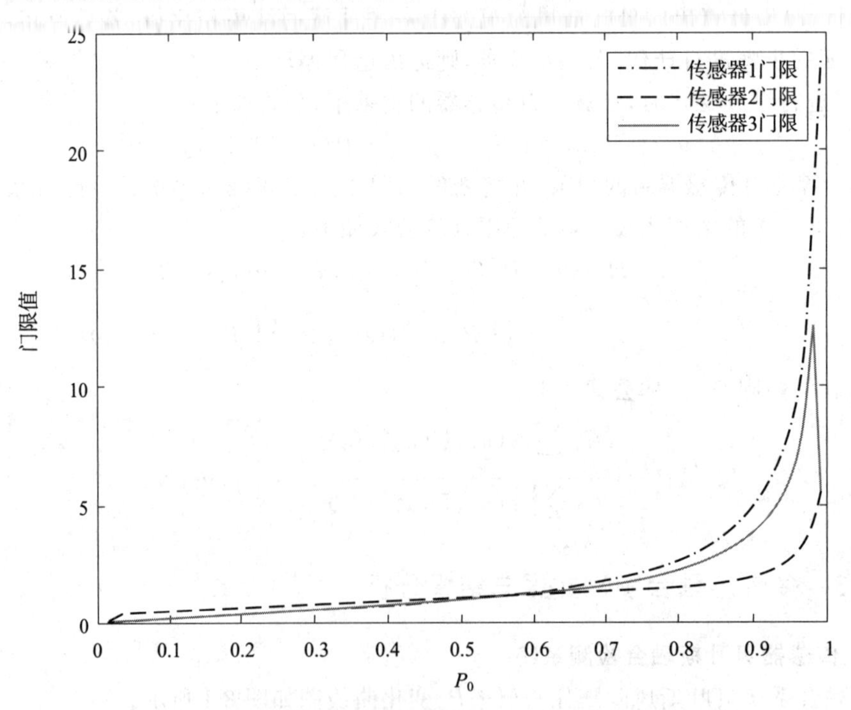

图 8.2　最佳门限值随先验概率 P_0 变化曲线图

(3) 检测概率随虚警概率变化曲线P_d-P_f图如图8.3所示。

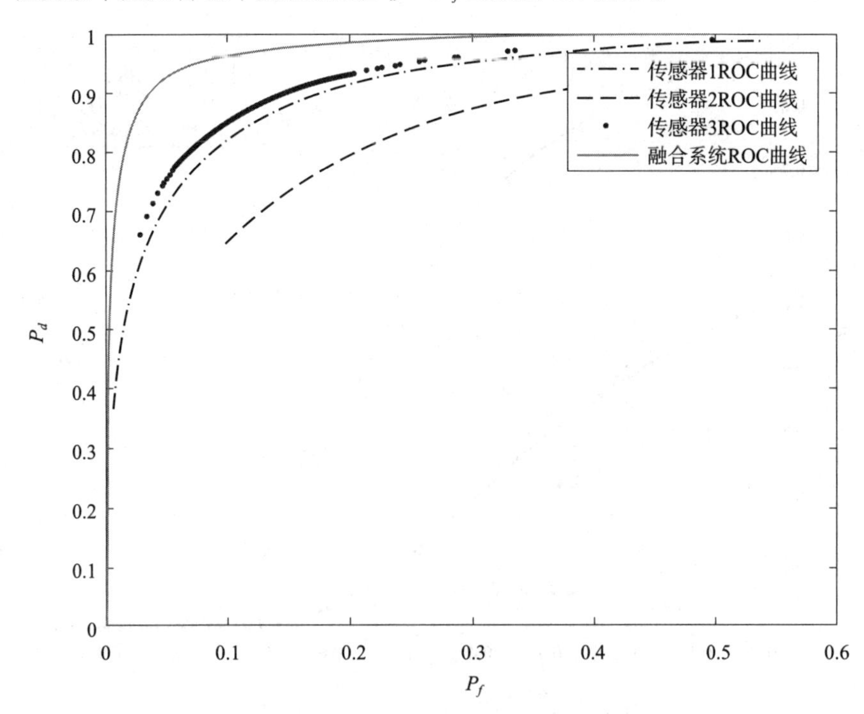

图8.3　检测概率随虚警概率变化曲线 P_d-P_f 图

(4) 结果分析

融合系统贝叶斯风险随先验概率P_0变化曲线整体呈现倒U型，且最高点未超过0.1，可以看出当先验概率P_0靠近0或1时，平均总代价是较小的。由检测概率随虚警概率变化曲线可以看出，曲线较为贴近左上角，与横轴围成的面积接近1，在不同虚警概率下有较高的正确检测概率，说明该算法的性能较为出色。与三传感器融合系统进行对比可以发现，贝叶斯风险的平均水平超过0.1，代价高于三传感器的贝叶斯融合算法。P_d-P_f曲线相比三传感器要偏离左上角，在相同虚警概率P_f下，单传感器的检测概率P_d要低于三传感器贝叶斯融合系统，性能相比较低。

2. "与"融合，"或"融合，k/N 表决融合算法对比

(1) P_f随P_0变化曲线和P_d随P_0变化曲线，如图8.4和图8.5所示。

结果分析如下：

实验中用到了三个传感器，其中"与"融合判决准则是三个传感器都判决为1时判决为1；"或"融合准则是三个传感器有一个判决为1时判决为1；"k/N准则"在本次实验中，取$k=2$，$N=3$，即有两个传感器判决为1时最终判决为1。由上述两个图像可以看出，"与"融合准则可以大大降低虚警概率，但同时检测概率在三种算法中也是最低的(实线曲线)；"或"融合准则的检测概率是最高的，但同时虚警概率也最高（虚线曲线）；"k/N准则"则是介于两者之间，能在保持高检测率的同时降低虚警概率。

对三条曲线进行分析，可认为在这里"与"融合检测准则是最优的，检测概率虽然最低但与其他两种算法很接近，同时它对于虚警概率的降低效果明显。这种结果的出现可能是由于传感器数目过少所导致的，当传感器较多时的结论还有待进一步验证。

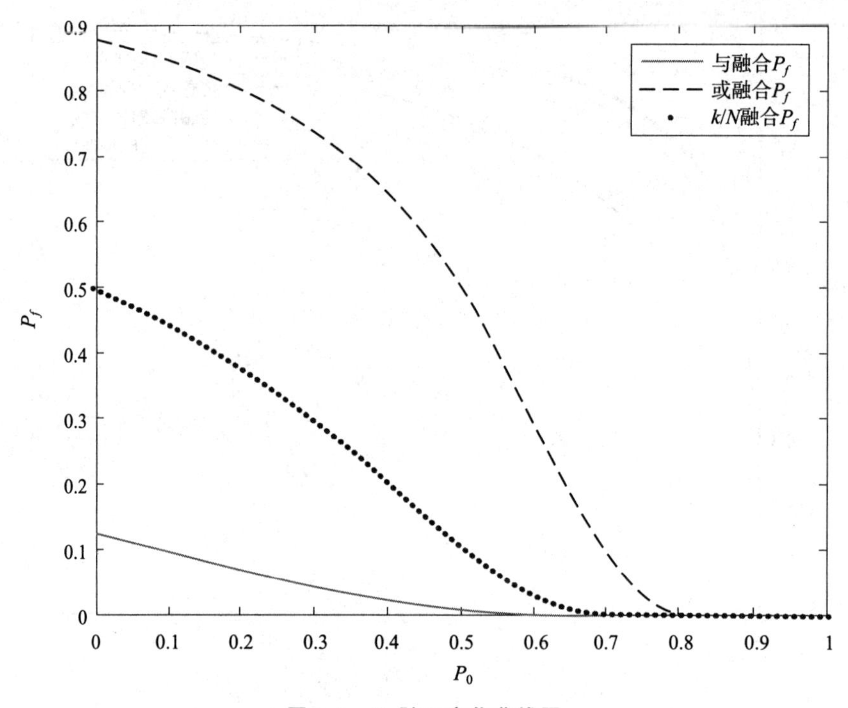

图 8.4　P_f 随P_0变化曲线图

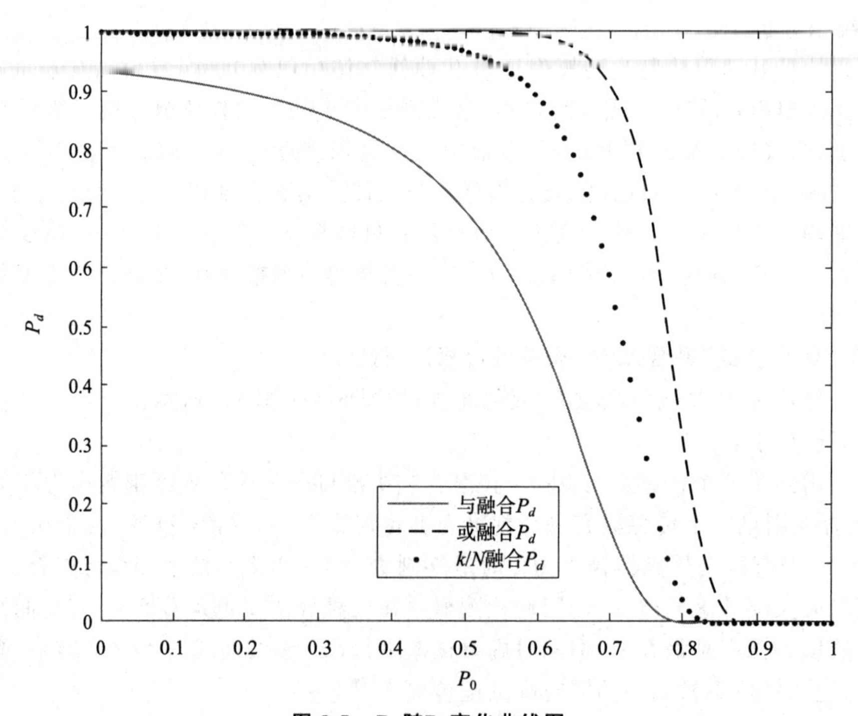

图 8.5　P_d 随P_0变化曲线图

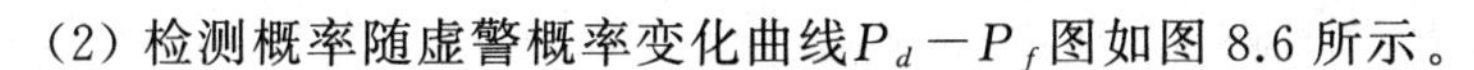

(2) 检测概率随虚警概率变化曲线$P_d - P_f$图如图 8.6 所示。

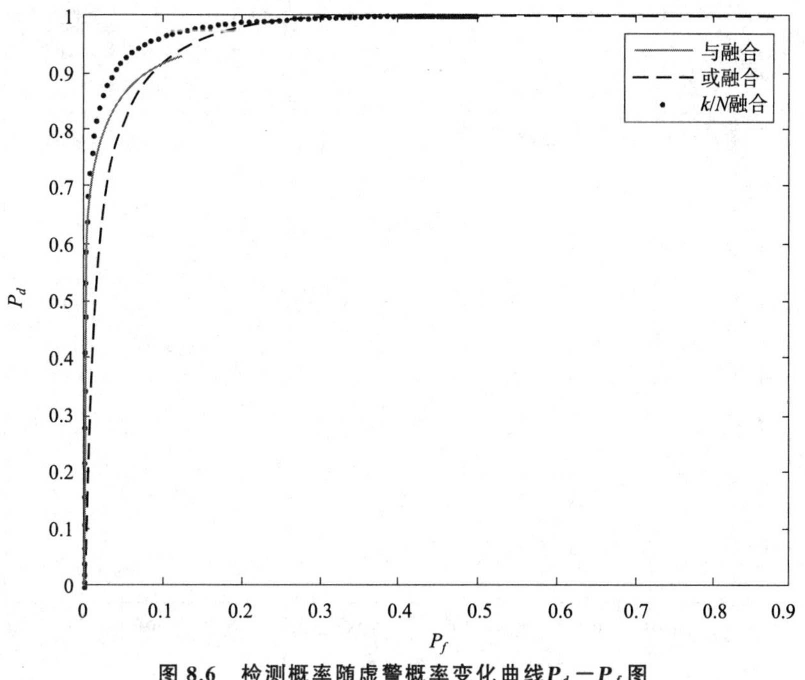

图 8.6　检测概率随虚警概率变化曲线$P_d - P_f$图

结果分析如下：

由$P_d - P_f$曲线可以看出“k/N 准则”的曲线效果最好，与横轴所围面积最接近 1，性能最优。

3. “k/N 表决融合准则”与贝叶斯融合准则对比

k/N 表决融合准则$P_d - P_f$图如图 8.7 所示。

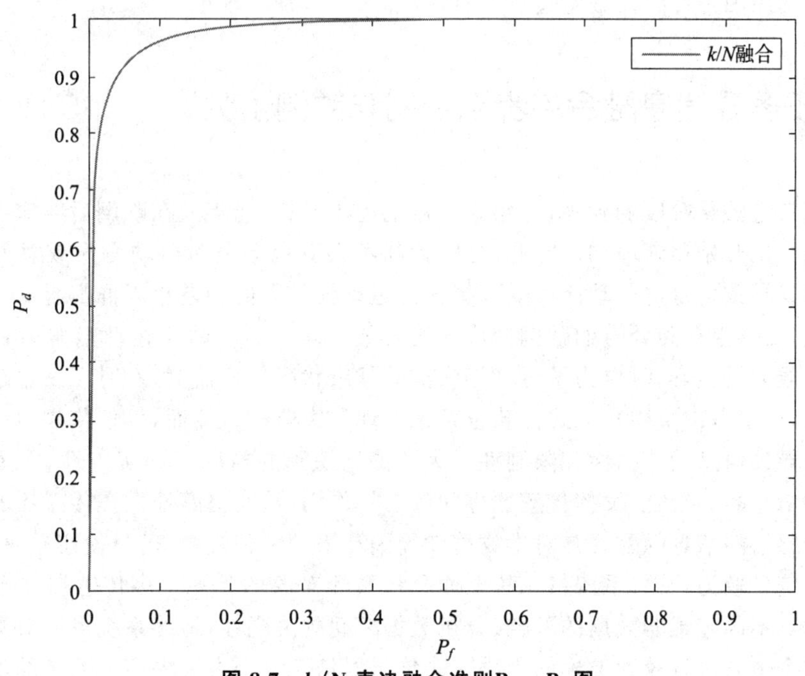

图 8.7　k/N 表决融合准则$P_d - P_f$图

贝叶斯融合准则$P_d - P_f$图如图8.8所示。

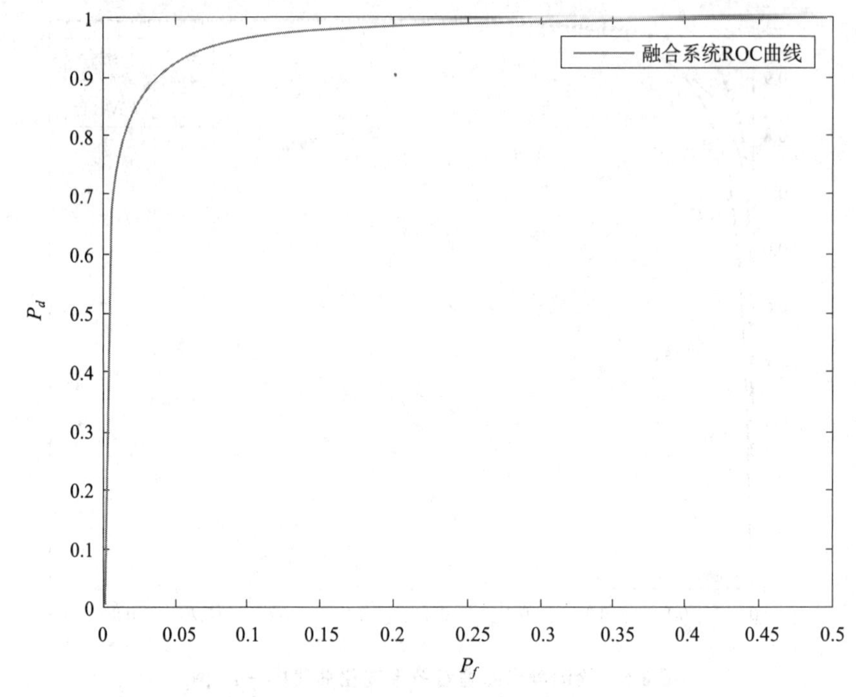

图8.8　贝叶斯融合准则$P_d - P_f$图

结果分析：

由以上两图可以看到"k/N表决融合准则"与贝叶斯融合准则的$P_d - P_f$曲线相差不大。但是按照经验与理论分析，贝叶斯融合准则的性能应该好于"k/N准则"，可以认为出现此种情况的原因是传感器数量过少，使两种算法的区别度较小。

8.3　基于多源信息融合的步态识别与跌倒预测

随着人口老龄化阶段的到来，老年人口占比逐年增长，老年人在跌倒后对家人乃至社会所带来的损失也开始逐渐增加。除此之外，青壮年人群也会因为运动受伤或意外事故等不可预知的因素导致自身的行动能力受到损伤。运动损伤人群和老年人群都容易在日常生活中发生跌倒，而发生在独处时的跌倒造成的伤害最严重。为了防止运动障碍患者疾病的恶化和跌倒事故的发生，同时也为了对老年人群的健康状况进行监测，及时在发生跌倒后实施有效的救助，可以考虑采用穿戴式传感设备来实现健康监护。然而，仅仅依靠单一传感器的数据可能会导致信息的片面性和限制性。为了提高识别的精确度和实用性，需要利用多个异构传感器信息间的融合，发挥传感器之间的互补作用，从而更好地发挥传感器的性能。

多个传感器间信息的融合是对生物感知周围环境的一种模拟，若只使用单一的传感器，由于得到的信息较为片面，系统将无法全面分析被测对象的状态。多传感器在系统中的运用可以通过对不同传感器数据的融合，分析数据之间的关联性，最终系统可以对被测对象的状态做出一个全方位且较为准确的判决。多传感器信息融合大大提高了系统的可靠性和实用性,传感器之间进行优势互补可以保证被测信息的可信度,提高信息的利用率。因此,多传感器融合技术在多个领域都有着广泛的应用,为多个学科交叉的研究提供了有力的技术支撑。多传感器信息融合技术已经渐渐成为新时代的信息采集处理方式。

8.3.1 步态识别与跌倒预测平台搭建

传感信息采集平台主要由姿态信号采集设备和足底压力采集设备组成,可以同时采集人体的姿势信号和足底压力信号。

为了采集更多的人体运动信息,使用惯性传感器和足底压力传感器组成穿戴式传感器组网。IMU 可以获取与人体日常步态相关的运动学信息,其包含了加速度计、陀螺仪以及磁力计,可以把人体的运动信息量化为加速度、角速度和角度的变化;而足底压力数据可直接地反映人体的步态类型。例如只需要对足底压力数据进行分析(有无压力)就可以直接把站立和坐立区分开来,但仅使用惯性传感器来区别这两类动作就较为困难。因此,将这两类异构的传感信息进行数据融合,可以比仅仅依靠单一传感器获得更为丰富、可靠的运动信息。

由于运动行为的复杂度较高,只通过单一惯性传感器可能无法采集到足够的人体运动信息。例如坐下、站立等无步态周期的动作在对比的时候,如果只有单个惯性传感器置于大腿或小腿上,采集到的数据不能完整表达这类动作的运动信息。坐下使大腿上运动信号变化的更多,若只把惯性传感器放置于小腿上,误判可能性加较大。因此,对每条腿分别在大腿、小腿和脚背处配置一个惯性传感器是较为科学的解决方案,这样可以把人体下肢所有动作的运动空间变化量全部记录下来。同时,人体下肢的日常活动除了两条腿的运动学信息外,还有脚底与地面的动力学信息。所以要想在最大限度上识别人体下肢的运动意图,实现准确的步态分析和跌倒预测,应该要全面采集人体下肢的运动学信息和动力学信息。

在步态识别和跌倒预测领域,惯性传感器中的加速度传感器是研究者们最常使用的人体运动识别类传感器,而且它的功耗极低,适用于长时间的步态检测与跌倒预测。关于数据传输,各类传感器是通过控制器局域网络(Controller Area Network,CAN)总线作为通信协议发送至上位机的。与 I2C、SPI 等同步通信方式不同,CAN 通信时是异步通信,无法在同一个时间段传输数据与接收数据。在同一时刻,只能存在一个节点传输数据,其余节点只能接收数据。CAN 总线的优点是实时性较好且成本较低。无论是对康复患者的步态进行识别,或是对康复患者和老人的跌倒行为进行预测,都要求一定的实时性,同时为了降低人体行为识别系统的成本,故使用基于 CAN 总线的穿戴式传感器组网来采集人体运动信息。

CAN 总线的物理层只有两根线,分别是 CAN_H 和 CAN_L,利用差分信号实现数据的传输。本系统的 CAN 总线结构图如图 8.9、图 8.10 所示。

基于 LSTM 的跌倒预测模型网络结构如图 8.11 所示。它主要包含三个部分:①输入层:输入数据为来自加速度传感器和足底压力传感器的数据,利用时间窗函数选取合适的数据作为运动信息矩阵。②非线性层:在输入层之后,在非线性层通过 ReLU 激活函数来对数据进行非线性操作,让神经网络模型挖掘运动信息矩阵的隐含特征。③LSTM 层:为充分利用运动信息,设计了三层 LSTM 模型。④Softmax 分类器:该层对 LSTM 网络的输出进行分类识别,通过概率形式的输出数据判断人体是否跌倒。

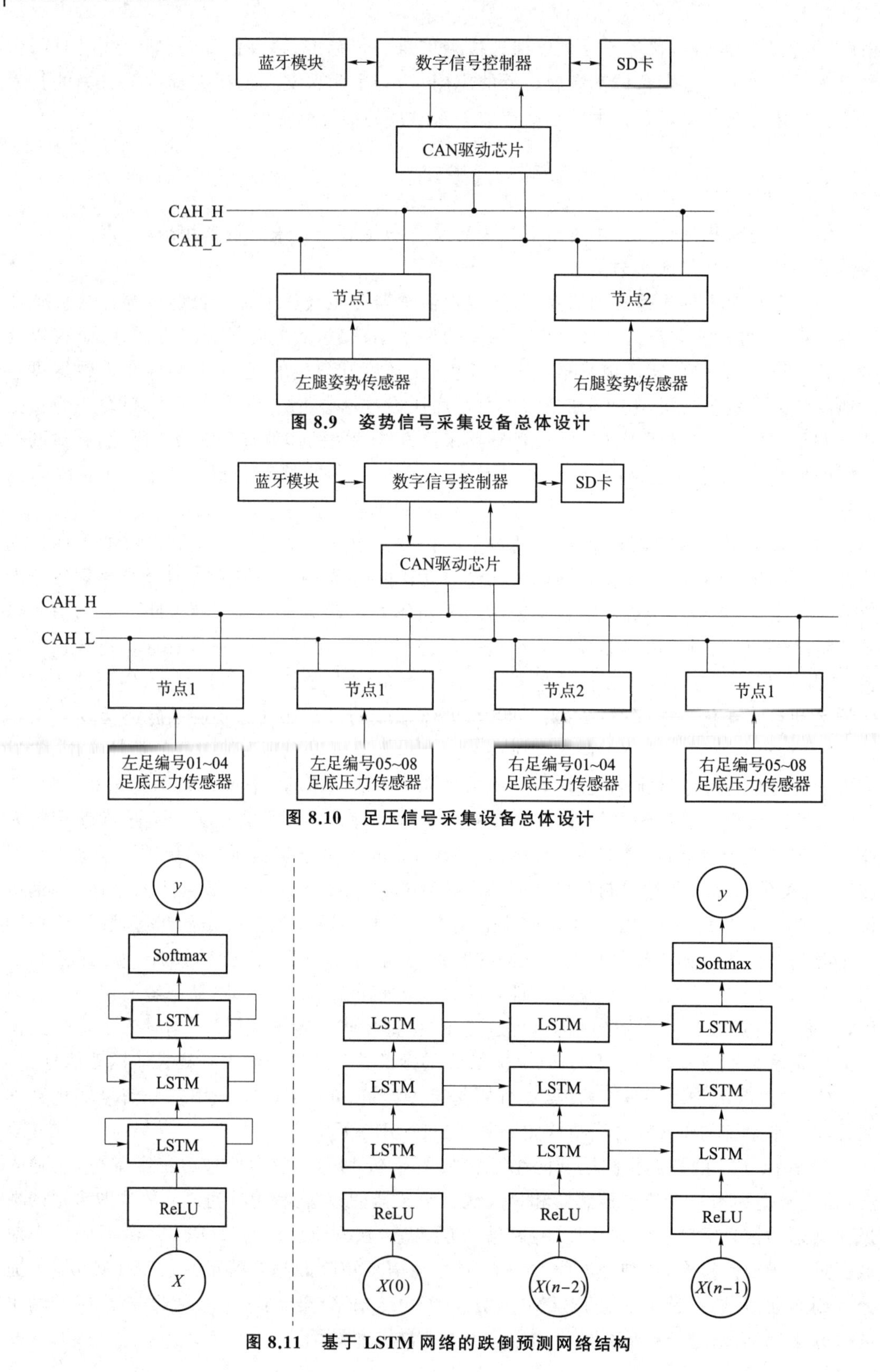

图 8.9　姿势信号采集设备总体设计

图 8.10　足压信号采集设备总体设计

图 8.11　基于 LSTM 网络的跌倒预测网络结构

8.3.2 基于决策融合的BP-DS信息融合

多源信息融合方法是指对多个异构传感器采集到的数据进行分析，通过智能决策方法将多类传感器信息进行融合，以提高识别系统的可靠性和鲁棒性。相比单一传感器信息，通过多传感器信息融合方法来进行步态识别和跌倒预测，有以下两点好处：一是信息的多样化使得传感信息的可信度有所提高；二是异构传感器采集不同量纲的传感信息可以增强系统的抗干扰能力。

按照对数据的操作方式不同，信息融合方法包括数据层、决策层以及特征层的融合。数据层融合是直接对原始数据预处理后进行融合，特征层融合是对数据进行特征提取后再融合，决策层融合是对各类数据分开处理后输出的结果进行融合。表8.1对这三种信息融合方式的优缺点进行说明。

表8.1 不同信息融合方式的优缺点

融合方式	优点	缺点
数据层融合	信息最全面	数据量大，耗时长，实时性差
特征层融合	通过对数据的滤波、降噪等操作可以提高数据的质量，减少需要处理的数据量	原始数据被压缩，会丢失一部分原始信息
决策层融合	抗干扰能力强，实时性高	信息缺失度最高

在多源信息融合方法中，主要实现方法为方差加权平均法、卡尔曼滤波、人工神经网络、主成分分析、Bayes推断、Dempster-Shafer证据推断等算法。使用这些方法可以进行数据层、特征层以及决策层等不同层次的融合。

对上述数据融合方法进行比较，如表8.2所示。

表8.2 数据融合算法比较

融合方式	输入信息	不确定性	适合范围
加权平均法	原始数据	无	数据层
卡尔曼滤波 扩展卡尔曼滤波	概率分布	噪声干扰	数据层
神经网络	神经元输入	学习误差	皆可
主成分分析	特征向量(线性)	无	特征层
核成分分析	特征向量(非线性)	无	特征层
D-S证据推理	命题	置信度	决策层

在多数文献中，研究者们都是在数据层和特征层上对多类传感器的数据进行融合，这样的融合效果并不是很好。本节在决策层实现数据的融合，利用D-S证据推理模型，对两类异构传感器分别识别出来的动作分配权值来进行传感器融合。其中，D-S证据推理中的BPA函数，可利用神经网络来进行优化。神经网络处理信息的速度很快且具有高并行性，能有效处理传感数据融合方案中数据过多的问题。BP-DS信息融合算法的基本思路是把

穿戴式传感器采集到的每一条信息都定义为一个证据，利用 BP 神经网络的解算能力，计算得到每个目标类别在相应证据下的 BPA 函数，最后利用 D-S 证据理论融合 BPA 函数，输出最终的分类结果。具体方法如下：

设样本中有 Q 个传感器采集的数据，经过数据处理后得到 q 个特征向量，可用于识别 n 个目标。因此，BP 神经网络中有 q 个输入层和 n 输出层。依据特征向量和目标类别之间的关系，建立学习样本，通过离线学习，实现从 q 个特征向量到 n 个目标（命题）的信任度 CF $\in[0,1]$之间的一种非线映射。

穿戴式传感器的每个测量值都可以作为一个证据，每个目标都是该证据的一个命题，所以每个证据都含有 n 个命题。每条证据通过神经网络的计算后，得到 n 个 [0,1]范围里的数值作为这条证据下信任度 CF，将这 n 个信任度与 0.5 相比较，与 0.5 越接近，表示证据对目标的判断能力越差，即不知道程度的数值就越大。因此，先对这 n 个数使用高斯函数 $e^{-((x-0.5)/\sigma)^2}$ 进行转换，选择所有数值中的最大值为不知道程度。最终对 n +1 个数值进行归一化操作，可以得到 n 个命题的 BPA 函数。

对于第$(k-1)$条证据，即第$(k-1)$次计算，融合后的 BPA 函数如下：

$$m_{ik},i=1,2,\cdots,n \tag{8.10}$$

不知道程度为 $\theta(k)$，由于每个命题之间无交集，则 $m_i(k-1)m_{ik}(i\neq 1)$分配给了代表冲突信息的空集。新融合后的 BPA 函数为

$$m_i(k)=\frac{m_i(k-1)m_{ik}+m_i(k-1)\theta_k+\theta(k-1)m_{ik}}{1-k_k} \tag{8.11}$$

$$\theta_k=1-\sum_{i=1}^{l=n}m_{ik},k_k=\sum_{i\neq l}m_i(k-1)m_{ik} \tag{8.12}$$

当新的计算产生时，持续使用式(8.11)和式(8.12)对证据进行融合。系统做出最终决策的条件是其中一个对象的信任函数率先达到预设的门限(如 0.98)。融合算法流程如图 8.16 所示。

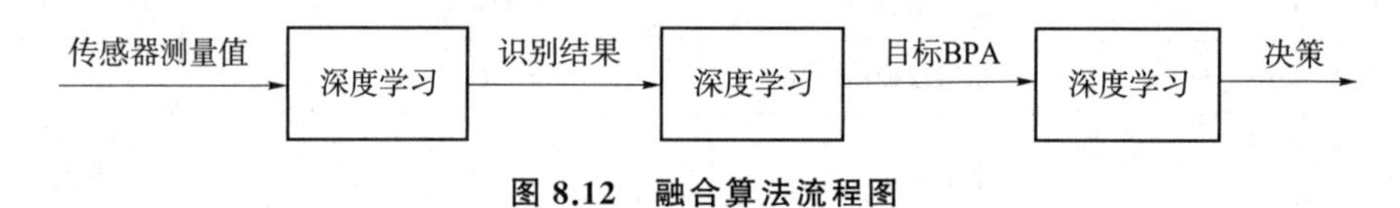

图 8.12　融合算法流程图

8.3.3　基于多源信息融合的步态识别与跌倒预测实验结果

1. 数据采集

步态识别所需要的数据集由惯性传感器所采集到的姿态信号和称重时传感器所采集到的足底压力信号组成。足压采集设备为每只脚准备各 8 个压力传感器，一共有 16 个压力信号，惯性传感器每条腿各 3 个，分别绑在大腿、小腿和脚背上，采样频率为 50 Hz。一共采集了 8 种正常的步态行为，分别是静止站立、坐下/站起、蹲下/站起、平地行走、原地转身、原地跳跃、下楼梯和上楼梯，实验动作信息如表 8.3 所示。每个步态数据采集的时间均为 30 s，分析时用时间窗函数截取周期明显的数据进行分析。

表 8.3　正常步态动作信息

序号	行为类型	具体动作	实验次数	持续时间
1	正常行为	站立静止不动	1	30 s
2	正常行为	步行(4 km/h)	1	30 s
3	正常行为	原地跳跃	1	30 s
4	正常行为	站立至转身	6	5 s
5	正常行为	坐下/站起	6	5 s
6	正常行为	蹲下/站起	6	5 s
7	正常行为	步行上楼梯	3	10 s
8	正常行为	步行下楼梯	3	10 s

跌倒预测实验一共采集了 6 种跌倒行为的运动信息，分别为向前跌倒，向后跌倒，向左跌倒，向右跌倒、沿墙滑落至地面和站立状态垂直方向晕厥跌倒，具体动作信息如表 8.4 所示，持续时间为一次动作所消耗的时间。

表 8.4　实验动作信息

序号	行为类型	具体动作	实验次数	持续时间
1	跌倒行为	向前跌倒至地面	10	5 s
2	跌倒行为	向前跌倒至地面	10	5 s
3	跌倒行为	向前跌倒至地面	10	5 s
4	跌倒行为	向前跌倒至地面	10	5 s
5	跌倒行为	向前跌倒至地面	10	5 s
6	跌倒行为	向前跌倒至地面	10	5 s

2. 实验结果

本节选取几个具有代表性的融合算法开展研究，如扩展卡尔曼滤波、核主成分分析和 D-S 证据推理以及基于决策融合 BP-DS 信息融合算法。开展步态识别下的多源信息融合实验，选取 DSAD 数据集进行信息融合，该数据集包含 3 类异构的传感器数据，其融合前的准确率为 93%。开展跌倒预测算法下的多源信息融合实验，选取 SisFall 数据集来开展验证实验，其包含了 2 类异构的传感器，融合前的准确率为 92.64%。

在进行多源信息融合后，识别的准确率都有所提升。在扩展卡尔曼滤波、核主成分分析与 D-S 证据理论中，核主成分分析的准确率是最高的，但核主成分分析(KPCA)存在巨大的缺陷：首先，核主成分分析的特征没有实际的物理意义，其对主成分分析可理解为对原有特征的线性叠加；其次，核主成分分析使用核函数投射到高维空间会导致计算复杂，大幅增加计算量；最后，核主成分分析是在特征层对数据进行融合，而利用深度学习模型进行步态识别和跌倒预测就是为了减少设计与计算特征值带来的烦琐。

步态识别加入融合算法后的性能指标如表 8.5 所示。

表 8.5　步态识别加入融合算法后的性能指标

评价方法	扩展卡尔曼滤波	核主成分分析	D-S 证据推理	BP-DS
准确率	0.949	0.972	0.953	0.981
精确率	0.936	0.973	0.942	0.959
召回率	0.943	0.968	0.947	0.978
F_1综合指标	0.947	0.9	0.952	0.975
延时/ms	3.5	15.5	2.4	6.7

跌倒预测加入融合算法后的性能指标如表 8.6 所示。

表 8.6　跌倒预测加入融合算法后的性能指标

评价方法	扩展卡尔曼滤波	核主成分分析	D-S 证据推理	BP-DS
准确率	0.933	0.959	0.942	0.972
精确率	0.928	0.945	0.925	0.961
召回率	0.931	0.956	0.940	0.969
F_1综合指标	0.929	0.951	0.932	0.970
延时/ms	6.2	22.5	4.5	13.7

8.4　基于多传感信息融合的路径规划与自动导航

8.4.1　基于多传感信息融合的路径规划

智能车辆路径规划的目标是寻求一条从起始点到目标点的路径，使得自主车沿规划出的路径运动时不会与环境中的障碍物碰撞。路径规划大致分为以下两种类型。

1. 基于环境模型的路径规划方法

基于环境模型的路径规划能处理完全已知的环境，即障碍物位置和形状均为预先给定的。避撞问题被实际规划出来，但对于环境发生变化，出现了未知障碍物时，自主车将束手无策，甚至发生碰擅，这种方法无法在线处理未知环境信息。基于环境模型的路径规划方法有以下几种形式。

（1）栅格法：栅格法将规划空间分解成一系列的具有二值信息的网络单元，工作空间分解成单元后则使用启发式算法在单元中搜索安全路径。搜索过程多采用四叉树和八叉树表示工作空间。

（2）可视图法：在 C-空间（Configuration Space）中，运动物体缩小为一点，障碍物边界相应地向外扩展为 C-空间障碍。在二维情况下，扩展的障碍物边界可用多个多边形表示用直线将物体运动的起点 S 和所有 C-空间障碍物的定点以及目标点 G 连接，并保证这此段不与 C-空间障碍物相交，就形成了一张图，称之为可视图（Visibility Graph）。由于任意两线段的顶点都是可见的，显然从起始点 S 沿着这些线段到达目标点的所有路径均是运动物体的无碰路径，对图搜索就可以找到最短无碰撞安全运动路径。

(3) 拓扑法:拓扑法是将规划空间分割成具有拓扑特征的子空间,并建立拓扑网络,在拓扑网络上寻找起始点到目标点的拓扑路径,最终由拓扑路径求出几何路径。其缺点是建立拓扑网络的过程相当复杂,特别在增加障碍物时如何有效地修正已经存在的拓扑网络及如何提高速度是有待解决的问题。

2. 基于传感器信息的路径规划方法

通常实际环境和计算机虚拟环境存在差别,并且差别随自主车在实际环境中的运行不断积累。因此基于传感器信息的路径规划应注意以下一些未知因素:克服环境条件或形状无法预测的因素,路径规划必须与传感器信息直接联系起来;处理控制和结构的不确定性路径规划必须和控制框架紧密相连;在诸多不确定因素中完成任务,必须具备鲁棒性,可以考虑多个自主车协同工作。

基于传感器信息的移动自主车路径规划有以下几种方法。

(1) 人工势场法:人工势场法实际是对自主车运行环境的一种抽象描述。势场中包含斥力极和引力极。不希望自主车进入的区域和障碍物定义为斥力极,子目标及建议自主车进入的区域定义为引力极。引力极和斥力极的周围由一定的算法产生相应的势,自主车在势场中具有一定的抽象势能,其负梯度方向为自主车所受抽象力的方向,由这种抽象力使得自主车绕过障碍物,朝目标前进。势场法主要用于局部动态避撞。

(2) 确定栅格法:所谓确定栅格(Certainty Grid)法最初由 Moraveche 和 Elfes 提出,用以建立基于超声波传感器距离信息的静态环境模型。它将自主车空间分解为一系列的栅格单元,每一网格单元都有相应的概率值。J.Borenstein 采用 grids 表示环境,用势场法决策出 VFF 算法。通过对 VFF 算法的研究,发现势场法存在几点缺陷:①存在陷阱区域;②在靠近障碍物时不能发现路径;③在障碍物前振荡;④在狭窄通道中摆动。针对势场法的缺陷,J.Borenstein 设计了一种称为 VFH(矢量场矩形法)的方法,仍采用 grids 表示环境,但没能解决网格法存在的环境分辨率与环境信息存储量大的矛盾。

(3) 模糊逻辑算法:采用模糊逻辑算法进行局部避碰规划,是基于传感器的实时测量信息,通过查表得到规划出的信息,计算量不大,容易做到边规划边跟踪,能满足实时性的要求。该方法最大的特点是参考人的驾驶经验,克服势场法易产生的局部极小问题,对处理未知环境下的规划问题显示出了很大的优越性。模糊逻辑算法对于解决用通常的定量的方法来说是很复杂的问题,其在外界仅能提供定性的、近似的、不确定的信息数据时非常有效。

8.4.2 基于多传感信息融合的自动导航

实现自主导航的关键在于准确地捕捉车辆周围的环境信息。由于到目前为止,使用任何单传感器都无法保证在任何时刻提供完全可靠的信息,因此人们采用多传感信息融合的方法,将多个传感器采集的信息进行合成,从而形成对环境特征的综合描述,为车辆控制器提供必要的环境信息。

如图 8.13 所示为集多传感数据融合、视觉信息处理、环境建模、导航、避障等功能于一体的典型智能车辆系统结构框图。图中多传感数据融合中心包括三个子模块,即车道信息融合中心、目标信息融合中心和导航信息融合中心。

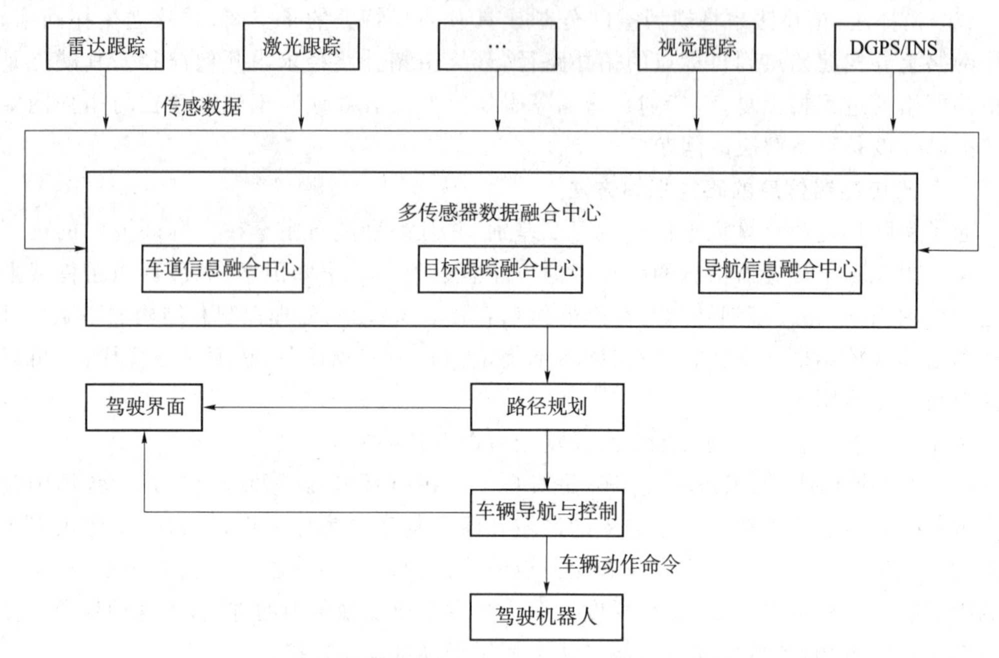

图 8.13　一种典型的多传感融合智能车辆系统结构框图

1. 车道信息融合中心

识别车道是车辆自主驾驶与导航的基础。由于车道最明显的标志为条形车道标识，它能通过视觉技术得到很好的检测，因此目前大多数的车道跟踪系统的研究仍然集中在视觉技术上。基于视觉的车道检测技术经历了两代。第一代基于视觉的车道检测系统是基于边界的，且假定车道为一直线；第二代识别系统则试图通过使用车道形状的整体模型，结合原始图像的灰度阵列，对车道进行识别，比较成熟的系统包括：自动道路弯曲与指向估计（Automated Road Curvature and Direction Estimation，ARCADE）系统，快速自适应侧向定位处理器（Rapid Adapting Lateral Position Handler，RALPH）系统以及图像形状可能性（Likelihood of Image Shape，LOIS）识别系统。其中目前尤以 LOIS 方法最为流行。该方法采用了全局模板匹配技术，建立道路形状的参数族和一个似然函数，并通过全局优化得到最适合道路形状的道路参数。该方法有较强的鲁棒性，能适应环境的变化，且在道路出现部分裂纹时也能较好地检测出道路边界。

虽然 LOIS 系统能适应大多数的环境变化，然而当车道上出现明显且有结构的边界，比如车辆的轮廓时，该系统的识别将有可能偏移真实的车道标志。因此人们考虑融合雷达数据，为车道感知系统提供车辆前的碍信息，以避免对用于估计车道形状参数的梯度数据产生影响。附加雷达知识的联合可能性（Combined Likelihood Adding Radar Knowledge，CLARK）识别系统，使用雷达作为车辆的初始检测，定义图像的研究区域，从而获得前方喷得的信息，然后建立联合似然函数，寻找车道形状的最优估计。

CLARK 系统包括以下几个部分。

（1）采用变形障碍模板来决定前方车辆/障碍的位置和走向

利用雷达传感器能得到前方车辆的距离信息。当车辆在正前方时，雷达的性能好，然而当车辆并不在正前方时（这是由于前方的道路向左或向右弯曲），雷达的性能就会下降。为此，系统利用视觉图像中的灰度梯度和颜色，以可靠地检测障碍。

首先对雷达传感器的输出进行 Kalman 滤波,以消除雷达输出的脉冲误差,它基于以下两个方程:

$$\begin{cases} r(t+1)=[1,\Delta t]\begin{pmatrix} r(t) \\ \hat{r}(t) \end{pmatrix}+\omega(t) \\ d(t)=r(t)+v(t) \end{cases} \tag{8.13}$$

CLARK 将 $r(t)$的 Kalman 滤波估计$\hat{r}(t)$看作 t 时刻车辆/障碍的距离,使用 $r(t)$和$\hat{r}(t)$的差值对该帧的矩形障碍模板进行变形。然后,令(T_b,T_l,T_w)表示矩形障碍模板的三个可变参数,分别对应于图像平面中它的下、左边界和宽度。CLARK 系统假定

$$P\{T_b,T_l,T_w|[y_r(t),y_c(t)]\}\propto\exp\left\{-\left[\frac{(x_r(t)-y_r(t))^2}{\sigma_r^2(t)}+\frac{(x_c(t)-y_c(t))^2}{\sigma_c^2(t)}\right]\right\}\times \frac{\arctan[5(T_w-T_{\min})]-\arctan[5(T_w-T_{\max})]}{\arctan[2.5(T_w-T_{\min})]-\arctan[2.5(T_w-T_{\max})]} \tag{8.14}$$

其中,$[x_r(t),x_c(t)]$表示变形模板图像平面的中心,$[y_r(t),y_c(t)]$表示图像平面中由雷达传感器检测到并经过 Kalman 滤波的障碍物的位置,$\sigma_r^2(t)$为$\hat{x}(t)-d(t)$偏差的运行估计,σ_c^2等于车道宽度(3.2 m)在图像平面上的投影值,其中考虑了地平面与图像平面变换时的投影缩减的影响。式(8.14)中的 arctan 将障碍模板的宽度限制在 $T_{\min}$(车道的一半)和 $T_{\max}$(整条车道)之间。

其次,使用被观察的视觉图像的灰度梯度信息和颜色信息。对于每一个假设变形障碍模板,令 S_1和 S_2分别表示模板内、外的像素集,S_1和S_2中的元素是三维的,分别对应着被观察图像的红、蓝、绿三个通道。令 M_1、M_2和 $\sum_1$、$\sum_2$ 分别表示S_1和S_2的均值和协方差(通过样本平均而得到),ω 表示S_1和S_2中的像素投影到单维空间中的线性映射,m_1、m_2和σ_1、σ_2分别表示M_1、M_2和 $\sum_1$、$\sum_2$ 所对应的投影。当投影算子 ω 恰好等于$(\sum_1+\sum_2)^{-1}(M_1-M_2)$时,投影平面的规范化方差距离$(m_1-m_2)^2/(\sigma_1^2+\sigma_2^2)$获得最大,这样的 ω 为 Fisher 判别式,相应的规范化方差距离称为S_1和 S_2之间的 Fisher 距离。匹配函数建议将变形模板放在图像灰度梯度最大,方向垂直于模板边界的地方,且此时的 Fisher 距离最大。

(2) 用联合障碍-车道函数,使所获信息与 LOIS 车道检测算法相结合

一旦检测到障碍物,则它的位置信息将与 LOIS 车道检测算法结合,其目的具有两个方面:一是能决定障碍与车道的位置关系;二是提高 LOIS 系统的精度。

第一个目的是显然的。LOIS 对左右车道的偏离、方向和曲率进行了估计,这样,就能对图像平面中任何选定距离的左右车道进行精确定位。因此,当我们给定障碍的距离等信息时,假定 LOIS 的输出正确,则障碍与车道的关系就很明显了。第二个目的,即使用障碍信息提高 LOIS 系统的精度也是显然的。假定障碍检测结果正确,则通过前向模板技术,能提高 LOIS 系统的精度。然而,这需要假定车道的形状和障碍的位置等估计都是精确的。如果任何一个出现错误,则结果就不可靠。系统采用了一个更好的方法,即通过一个联合似然函数将障碍和车道信息结合起来。

2. 目标跟踪融合中心

在智能车辆领域，对周围车辆的检测和跟踪开始大多通过机器视觉技术来实现。在视觉领域，车辆检测可通过以下几种方法实现。

(1) 顿差法：通过把两幅相邻相减，以滤除图像中的静止车辆，而仅保留运动物体该算法的优点是对环境的光线变化不敏感，缺点是无法检测静止车辆，而且由于系统的图像采样频率固定，其检测效果受车辆运动速度的影响，太慢或太快的车速都可能导致检测错误。背景差法计算当前输入帧与背景图像之差，以检测前景物体。

(2) 背景差法：可检测静止车辆，但其缺点是背景更新中的误差累积以及对环境光线的变化和阴影较为敏感。边缘检测法对环境光线变化的稳健性高于背景差法。车体的不同部件、颜色等提供了较多的边缘信息。即使是与路面色彩相近的车辆，也由于其比地面反射更多的光线而能用边缘检测的方法进行检测。

(3) 运动边缘的检测：可通过计算图像在空间和时间上的差分获得，空间上的差分可用各种已有的边缘检测算法得到，而时间上的差分则可通过计算连续帧之间帧差的方法近似获得。运动边缘也可以通过分别计算当前帧和背景图像，然后求其差值的方式得到。但是，当图像中车辆边缘不清楚，特别是当色彩较暗的车辆位于阴影中时，边缘检测的方法容易漏检车辆。

基于视觉的运动目标跟踪方法大体上有以下几种方法。

(1) 对比度跟踪包括边缘跟踪、形心跟踪、矩心(重心、质心)跟踪、峰值点跟踪。对比度跟踪系统利用目标与背景景物在对比度上的差别来识别和提取目标信号，实现对目标的自动跟踪。它对目标图像变化(尺寸、姿态变化)的适应性强，解算比较简单，容易实现对高速运动目标的跟踪；但它的识别能力较差，一般只适合跟踪简单背景中的目标。

(2) 图像相关跟踪，包括积相关法、减相关法、归一化函数相关法。图像相关跟踪系统是把一个预先存储的目标图像样板作为识别和测定目标位置的依据，用目标样板与电视图像的各个子区域图像进行比较(算出相关函数值)，找出和目标样板最相似的一个子图像位置就认为是当前目标的位置。该方法具有很好的识别能力，可以跟踪复杂背景中的目标；但它对目标姿态变化的适应能力差，运算量比较大。

(3) 基于变形模板的跟踪：基于变形模板的跟踪能发现跟踪过程中被跟踪对象发生形变的问题。

(4) 基于3D模型的跟踪：基于三维模型的目标定位方法需要生成一个车辆的三维线框模型，在给定的姿态下，将其投影到图像平面上，并与图像数据匹配。通过优化过程得到目标物体的真实姿态。由于引入了目标物体的三维先验知识，所以从本质上来讲，比基于二维的方法更具鲁棒性和准确性，但是相应的研究难度也更大。目前国际上的研究组大多采用基于二维的方法，采用基于三维模型方法的研究比较少。

虽然利用机器视觉技术能实现对运动目标的识别和跟踪，能够较精确地测定已车前方道路、车辆以及障碍物的位置，获得较大的信息量，但是图像传感器的测量精度受环境和测量范围影响较大，随着测量范围的增加，其测量精度逐渐降低；能见度降低时(如大雾、黑夜、雨天等)，测量范围和精度也会大大降低；且利用机器视觉要对各帧图像进行匹配，耗费大量的计算时间，这是系统实现实时性的一大障碍。另外，雷达、激光等测距传感器，能准确地提供车辆前方目标车辆的距离数据，因此，智能车辆的研究者们对两者的融合产生了浓厚的兴趣，其中又以毫米波雷达和机器视觉的融合最受到人们的关注。

美国加州大学车辆动力学与控制实验室(Vehicle Dynamic and Control Lab,VDCL),采用毫米波雷达和图像传感器对道路上的多台车辆进行检测和跟踪。雷达和图像传感器采用相同的量测(r,φ)和状态向量$(x,\dot{x},\ddot{x},y,\dot{y},\ddot{y},)$,目标跟踪采用 IMMPDAF 算法。融合跟踪框架如图 8.14 所示。

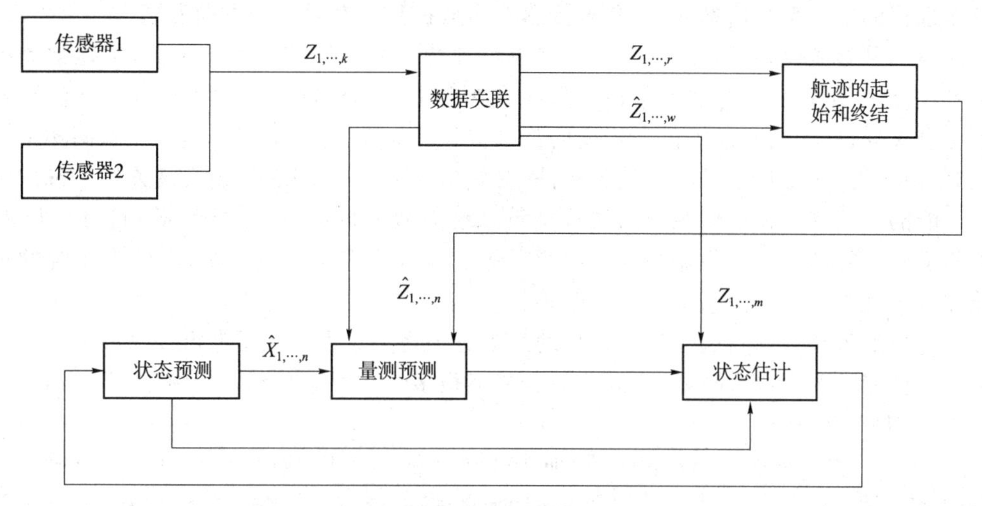

图 8.14 VDCL 融合跟踪框图

从图 8.14 中看到,传感器 1、2 共发送了 k 个量测$Z_{1,\cdots,k}$目前共有 n 条确认航迹$X_{1,\cdots,n}$。在 k 个雷达量测中,通过 PDAF,有 m 个与 n 个预测量测$Z_{1,\cdots,n}$关联。在保留的一组非关联变量中,其中 r 有个量测与航迹无关(杂波或新目标),ω 个航迹未能找到其相关的量测(漏检量测或目标已离开)。使用航迹起始和终结规则,这些 r 和ω 个量测能被用于增加或删除航迹。这样,对于已经与航迹关联的 m 个量测,通过使用状态估计对其在 $t+T$ 时刻的状态进行估计。而那些没有与量测关联的 $n-m$ 个航迹由预测向量给出,其状态协方差也相应增加。该 $n-m$ 个航迹继续被估计直到被删除。为了简单起见,框图中没有显示多模型,但 IMM 规则嵌套在"状态预测""量测预测"和"状态估计"之中。

目前在对雷达和图像传感器的数据融合跟踪的研究中,通常只利用图像传感器提供的位置信息,对单纯基于雷达量测的滤波进行校正,较少考虑如何充分利用姿态角来改善车辆跟踪性能。在导弹的跟踪制导领域,利用成像传感器得到的目标姿态信息改善机动目标跟踪性能被广泛使用。Kendrick 等以雷达作为主传感器,利用姿态信息估计目标的机动方向,修正主滤波器的加速度误差;丁赤飚等人提出了采用数据融合技术,充分利用雷达和成像传感器的观测信息,实现精确导。同样,车辆的运动也具有很强的机动性,而图像传感器所获得的目标姿态观测,对目标机动十分敏感,且观测精确,所以利用图像传感器的姿态角来估计目标的机动方向,或利用姿态观测去估计目标的加速度,对改善障碍目标的机动跟踪性能,无疑是可行而有效的。

3. 导航信息融合中心

随着研究的不断深入,信息融合理论已经从最初的对多传感器的集成与融合,处理来自多个不同或相同传感器的信号,获得对象的全局长期融合数据,发展到今天从多信息源的角度出发,为信息工程的研究提供新的理论基础与研究思路。

为了准确可靠地对运动载体进行预定或既定航迹的导引，导航系统必须为整个系统提供足够和可靠的位置、速度和姿态信息。在过去的几十年中，导航系统从单一传感器类型系统发展到了组合导航系统，将多种类型的传感器进行优化配置，性能互补，使得系统的精度和可靠性都有了很大的提高。导航信息的处理方法也由围绕着单个特定传感器所获得的数据集而进行的单一系统信息处理，向多传感器多数据集信息融合的方向发展。

任何一种导航设备或系统都是为了完成某种特定的导航需要而产生的，它通常既有优点也有缺点，不可避免地存在着某种局限性。就自主车辆导航而言，尽管 GPS 定位导航系统能够全天候、连续实时地提供高精度的三维位置和速度信息，但当车辆行驶在高楼林立的市区时，由于 GPS 卫星信号经常受到遮挡，有些情况下通过 GPS 系统实现连续准确的定位是不可能的。而基于惯性传感器的航位推算系统有较好的高频、较差的低频特性，与 GPS 有着相反的互补特性。如果能综合利用两者的优点构成组合定位系统，则整个系统的精度性能和可靠性都比单一的系统有大的改善。

组合导航系统目前已成为导航系统的发展方向之一。由于使用者可以对组合导航提出各种综合性能的要求或特殊要求，因此组合方案很多。在智能车辆导航领域，目前运用最多的是 GPS/INS 组合导航系统。

将 INS 的主要部件 IMU（含陀螺、加速度计及必要的辅助电路）与 GPS 接收机的主要部分构成硬件一体化组合系统。如图 8.15 所示，将 GPS 观测数据与经过力学编排得到的 INS 数据进行同步后送往组合 Kalman 滤波器。组合滤波器给出一组状态变量（如位置、速度、姿态角、陀螺漂移、加速度计零偏、钟差等）的最优估值。将这些参数误差的估值反馈回 INS，并重新校正 INS。

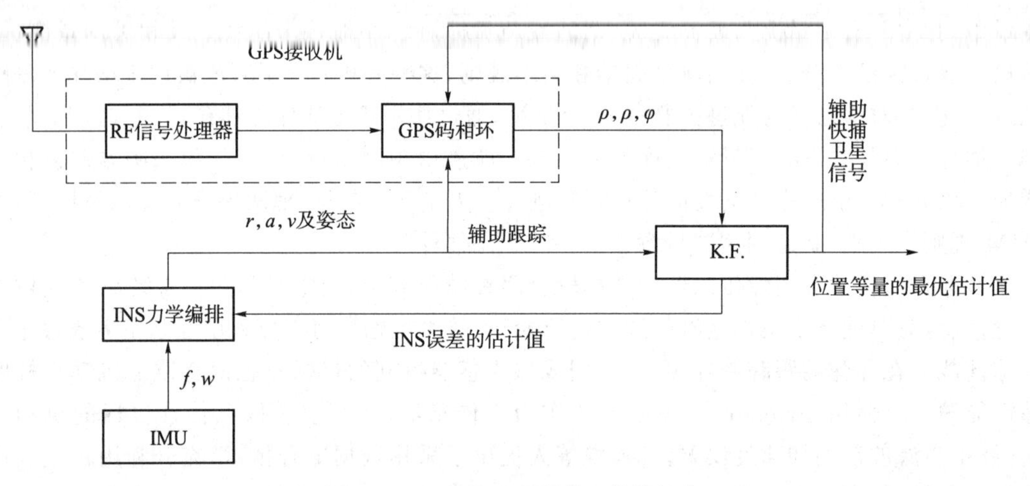

图 8.15　GPS 与 INS 硬件一体化组合

安装在载体上的 GPS 接收机和惯性系统 INS，各自独立观测并通过专用接口将观测数据输入中心计算机，在计算机上对两套数据先进行空间同步，再利用 Kalman 滤波器进行组合处理，并按相应的理论及算法提取所需要的信息，通过这种途径也实现了 INS 与 GPS 的组合，这是目前研究最多的一种组合方式。

目前应用于 GPS 与 INS 组合的滤波方法主要有两种，即分布式滤波与全组合滤波。全组合滤波器按照标准 Kalman 滤波，同时处理来自各个子系统的观测数据。

滤波方程可按如下方式描述。

(1) 一步提前预报：给定 $K-1$ 时刻的状态估计 $\hat{x}_{k-1|k-1}$ 和估计误差的协方差阵 $\boldsymbol{P}_{k-1|k-1}$，则有一步提前预报方程

$$\begin{cases}\hat{\boldsymbol{x}}_{k|k-1}=\boldsymbol{\Phi}_{k-1}\hat{x}_{k-1|k-1}\\ \boldsymbol{P}_{k|k-1}=\boldsymbol{\Phi}_{k-1}\boldsymbol{P}_{k-1|k-1}\boldsymbol{\Phi}_{k-1}^{\mathrm{T}}+\boldsymbol{Q}_{k-1}\end{cases} \tag{8.15}$$

(2) 观测修正：在 k 时刻获得新的量测 $z_k^{(i)}, i=1,2,\cdots,N$，则状态估计更新为

$$\begin{cases}\hat{\boldsymbol{x}}_{k|k}=\hat{\boldsymbol{x}}_{k|k-1}+\sum\limits_{i=1}^{N}\boldsymbol{K}_k^{(i)}[\boldsymbol{z}_k^{(i)}-\boldsymbol{H}_k^{(i)}\hat{\boldsymbol{x}}_{k|k-1}]\\ \boldsymbol{K}_k^{(i)}=\boldsymbol{P}_{k|k-1}(\boldsymbol{H}_k^{(i)})^{\mathrm{T}}[\boldsymbol{H}_k^{(i)}\boldsymbol{P}_{k|k-1}(\boldsymbol{H}_k^{(i)})^{\mathrm{T}}+(\boldsymbol{R}_k^{(i)})]^{-1}\\ \boldsymbol{P}_{k|k}=[\boldsymbol{I}-\boldsymbol{K}_k\boldsymbol{H}_k]\boldsymbol{P}_{k|k-1}\end{cases} \tag{8.16}$$

式中，$\boldsymbol{H}_k\triangleq[(\boldsymbol{H}_k^{(1)})^{\mathrm{T}},\cdots,(\boldsymbol{H}_k^{(N)})^{\mathrm{T}}]^{\mathrm{T}}$，$\boldsymbol{K}_k\triangleq[\boldsymbol{K}_k^{(1)},\cdots,\boldsymbol{K}_k^{(N)}]$。

分布式滤波分两步来处理来自多个子系统的数据。首先，每个子系统处理各自的观测数据，进行局部最优估计，即局部滤波。对于第 i 个局部子系统，按信息滤波器，其状态向量的估计值及估计误差的协方差阵为

$$\begin{cases}\hat{\boldsymbol{x}}_{k|k}^{(i)}=\hat{\boldsymbol{x}}_{k|k-1}^{(i)}+\boldsymbol{K}_k^{(i)}[\boldsymbol{z}_k^{(i)}-\boldsymbol{H}_k^{(i)}\hat{\boldsymbol{x}}_{k|k-1}^{(i)}]\\ (\boldsymbol{P}_{k|k}^{(i)})^{-1}=(\boldsymbol{P}_{k|k-1}^{(i)})^{-1}+(\boldsymbol{H}_k^{(i)})^{\mathrm{T}}(\boldsymbol{R}_k^{(i)})^{-1}\boldsymbol{H}_k^{(i)},i=1,2,\cdots,N\\ \boldsymbol{K}_k^{(i)}=\boldsymbol{P}_{k|k}^{(i)}(\boldsymbol{H}_k^{(i)})^{\mathrm{T}}(\boldsymbol{R}_k^{(i)})^{-1}\end{cases} \tag{8.17}$$

再把局部滤波器的输出都并行输入到主滤波器，按多传感信息融合算法来计算各滤波器相互之间引起的协方差阵

$$\boldsymbol{P}_{k|k}^{(i,j)}=\boldsymbol{P}_{k|k}^{(i)}(\boldsymbol{P}_{k|k-1}^{(i)})^{-1}(\boldsymbol{\Phi}_{k-1}\boldsymbol{P}_{k-1|k-1}^{(i,j)}\boldsymbol{\Phi}_{k-1}^{\mathrm{T}}+\boldsymbol{Q}_{k-1})(\boldsymbol{P}_{k|k-1}^{(j)})^{-1}\boldsymbol{P}_{k|k}^{(j)},\quad i,j=1,2,\cdots,N \tag{8.18}$$

然后获得主滤波器状态向量的最优估计和估计误差的协方差阵为

$$\begin{cases}\hat{\boldsymbol{x}}_{k|k}=(\boldsymbol{E}^{\mathrm{T}}\boldsymbol{C}_{k|k}^{-1}\boldsymbol{E})^{-1}\boldsymbol{E}^{\mathrm{T}}\boldsymbol{C}_{k|k}^{-1}\hat{\boldsymbol{X}}_{k|k}\\ \boldsymbol{P}_{k|k}=(\boldsymbol{E}^{\mathrm{T}}\boldsymbol{C}_{k|k}^{-1}\boldsymbol{E})^{-1}\end{cases} \tag{8.19}$$

式中，$\hat{\boldsymbol{X}}_{k|k}=[(\hat{\boldsymbol{x}}_{k|k}^{(1)})^{\mathrm{T}},\cdots,(\hat{\boldsymbol{x}}_{k|k}^{(N)})^{\mathrm{T}}]^{\mathrm{T}}$，$\boldsymbol{E}=[\boldsymbol{I},\cdots,\boldsymbol{I}]^{\mathrm{T}}$，$\boldsymbol{I}$ 是单位阵；而且

$$\boldsymbol{C}_{k|k}=\begin{pmatrix}\boldsymbol{P}_{k|k}^{(1,1)} & \cdots & \boldsymbol{P}_{k|k}^{(1,N)}\\ \vdots & \ddots & \vdots\\ \boldsymbol{P}_{k|k}^{(N,1)} & \cdots & \boldsymbol{P}_{k|k}^{(N,N)}\end{pmatrix} \tag{8.20}$$

在 GPS/INS 组合的实际应用中，一般以 INS 提供参考轨迹(包括位置、速度及姿态等导航参数)，而用 GPS 系统提供量测修正信息。两者的组合可以按照上述两种滤波方法实现，或做必要的修正以简化滤波过程。

此外，随着导航技术、卫星通信、半导体集成技术的不断发展，新一代的组合导航系统将拥有越来越多的可完成各种功能的导航传感器模块以及通信网络组件(Communication Network，CNW)、电子地图(Digital Aviation Chart Database，DACD)、地理信息系统(Geography Information System，GIS)，智能数据(Intelligent Database，IDB)等。同时，随着卫星通信技术的发展和智能车辆的普及，任何一辆自主车都将是整个系统导航与指挥网中的一个节点，因而车载导航系统除了要求提出车辆精确的位置、速度和姿态信息外，还应具有一定的网络通信能力及地理信息辅助与导航决策辅助能力。因此，CNW、DACD、GIS 及 IDB 将是未来组合导航系统中不可缺少的部分。

8.5 基于多源信息融合与机器学习的室内定位技术

定位技术在现代社会中扮演着越来越重要的角色。目前,定位服务已经被广泛应用于军事、物联网、医疗救援、商业等领域。但对于室内的移动终端来说,由于受到墙壁的阻隔,接收到的 GNSS(Global Navigation Satellite System)信号非常弱,无法满足定位的需要。并且在障碍物众多的环境中,信号也存在较大的波动与噪声,因此即使接收到信号也无法实现在室内的精准定位。为了满足移动终端设备对室内定位的要求,GNSS 以外的无线通信信号成了目前室内定位研究的重点。

由于单一信息源在室内定位领域都有各自的局限性、同时也存在着定位精度上的技术瓶颈,因此近年来出现了基于多源信息的室内定位方法。多源融合技术是将多种来源的数据以一定的规则综合为一种数据的算法。由于融合后的结果能够利用多种数据在时空上的相关性和信息上的互补性,在一定程度上可以使得融合后的数据对场景有一个更全面和清晰的认识,从而有利于人类和机器的识别机器学习技术具有很好的自适应、学习、健壮性和容错性等优点。利用机器学习技术可以代替传统复杂的运算方式,将室内定位技术更加接近人们的思维活动。因此利用各类机器学习算法解决室内定位中存在的多技术融合问题具有重大的研究意义。

8.5.1 多源信息融合室内定位测量平台搭建

本章采用 LTE 信号、Bluetooth(蓝牙)信号、WiFi 信号以及智能收集拍摄的图像,通过将四种数据进行融合,来完成室内定位任务。

1. 硬件平台描述

本章的实验是基于搭载了 Android 9.0 的 Redmi 7 以及搭载了 Windows 10 操作系统的计算机进行的室内定位研究。该手机搭载了蓝牙 5.1 以及双频 WiFi 5 技术,用于多源信息的采集。搭载了 Windows 10 的计算机用于多源信息的预处理,并完成室内定位算法的开发工作,计算机的系统内存为 16 GB,显卡为 GTX 1050Ti 4G。

2. 软件平台描述

本章所采用了 4 种信息量 LTE 信号、Bluetooth 信号、WiFi 信号以及手机图像信号均采用手机软件进行采集。

3. 实验环境

实验环境考虑到实际的网络环境,基站采用周围小区的 4G 基站,五个蓝牙发射机分布在环境的五个角落,由于大楼内布满各种固定路由器,在本实验中共能收到 49 个 AP 发送的 WiFi 信号,在示意图中仅标注了一个 AP 来表示所有的 AP。对于每个参考位置,分别用手机采集基站信号 RSSI、蓝牙信号 RSSI、WiFi 信号 RSSI 以及彩色图像,对这四种数据处理后进行学习训练,由此判断人员的位置。离线训练共采集 116 个点,参考点垂直间距为 0.6 m。每个参考点离线训练和在线测试的样本数量为 40、10。

8.5.2 基于拉普拉斯金字塔与像素级融合的多源定位算法

本算法所介绍的系统包括包含有室外基站 LTE,WiFi 接入点(AP),蓝牙(Bluetooth),

智能收集以及需要被估计的人员位置。本算法采用粗定位和精定位联合定位的方式来实现基于拉普拉斯金字塔与像素级融合多源定位系统。在离线阶段，粗定位中采用多向量拼接加 SVM 分类器进行区域定位。精定位中采用拉普拉斯分解图像与 WiFi 图像像素级融合加卷积神经网络 CNN 回归进行精确定位。在线阶段，将实测的 LTE 基站信号和 Bluetooth 蓝牙信号输入区域定位模型中，得到粗定位区域定位结果，并选择与之对应的位置回归模型，输入 WiFi 接收信号强度与拍摄图像得到精定位结果，即预测的精确位置。基于拉普拉斯金字塔与像素融合的多元定位系统模型如图 8.16 所示。

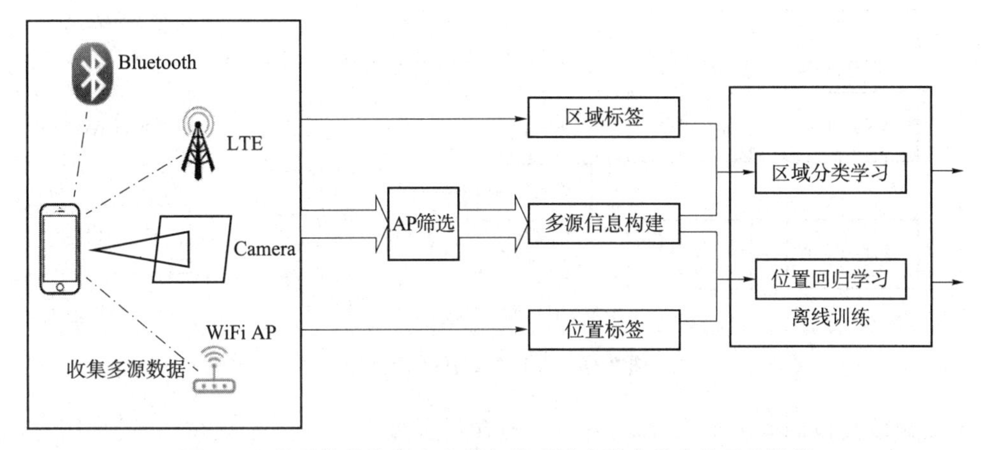

图 8.16　基于拉普拉斯金字塔与像素融合的多元定位系统模型

基于拉普拉斯金字塔与像素融合的多元定位算法框图如图 8.17 所示。

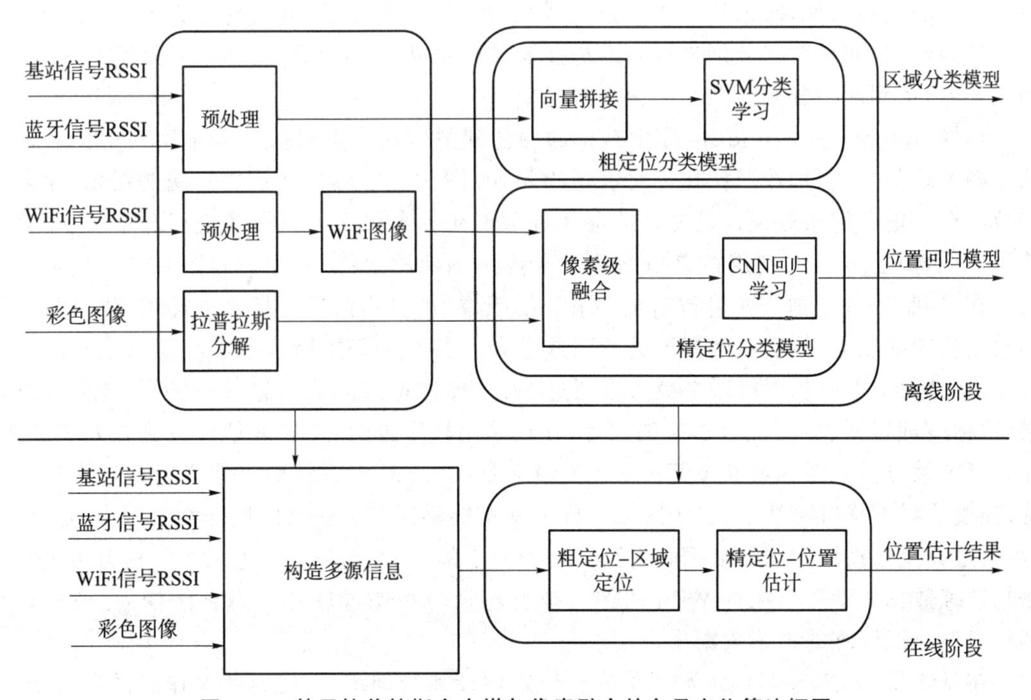

图 8.17　基于拉普拉斯金字塔与像素融合的多元定位算法框图

算法离线阶段示意图如图 8.18 所示。

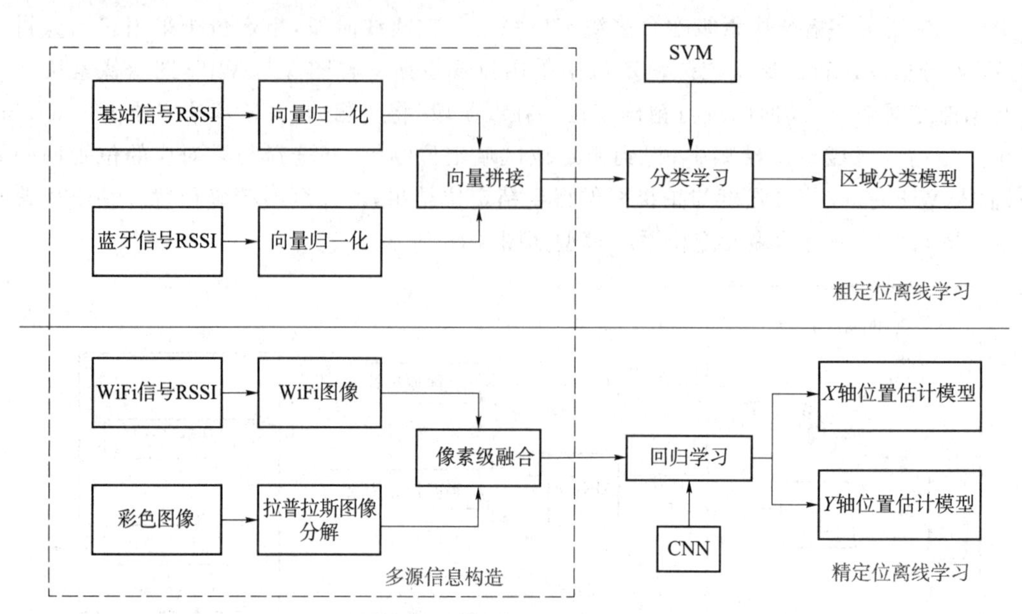

图 8.18　算法离线阶段示意图

根据离线阶段训练示意图可知:它主要包含了多源信息构造、粗定位离线学习和精定位离线学习三个部分。

在离线阶段,首先利用移动设备采集基站信号 RSSI、蓝牙信号 RSSI、WiFi 信号 RSSI 以及拍摄的彩色图像,对采集的数据进行预处理,同时将 WiFi 指纹转化为图像,针对粗定位和精定位,将四种数据分别进行向量拼接及像素级融合,同时利用 SVM 分类学习、CNN 回归学习,得到区域分类模型和位置回归模型。

选择 python 中 matplotlib 库中默认的颜色映射方法作为接收信号强度映射为灰度的热土颜色映射方法,构造图像在不同位置的 WiFi 图像。针对移动智能终端的图像,采用拉普拉斯金字塔分解来处理。拉普拉斯金字塔用于在多个尺度上对图像进行分析,利用高斯算子对图像的平滑,再利用拉普拉斯算子来检测图像的边缘,从而达到图像特征提取的目的。在得到 WiFi 图像与拉普拉斯金字塔分解图像后,对图像进行最邻近插值,将两种图像缩放到相同纬度上,最后对两张图进行图像融合。虽然拉普拉斯金字塔在提取信息时会损失一部分特征,但是像素级融合就可以通过 WiFi 图像增加总的信息量,保证图像的训练效果,这种纹理特征也有利于 CNN 的训练,并且采用轻量级的 CNN 就能够达到较好的效果。在进行区域分类离线学习时该算法采用支持向量机 SVM 对训练数据集进行区域定位的训练,经过非线性降维算法后,三个区域的样本基本能够区分。在该区域分类模型中引入核函数,通过核函数把原空间的数据映射到一个新的空间上,在新的空间上采用线性分类模型方法从训练数据中学习。在将 WiFi 图像与拉普拉斯分解图像转化为融合图像后,就可以得到精定位离线训练的训练数据集。

在算法采用 CNN 对训练数据集进行位置估计离线训练,将融合图像作为样本数据,将 X 轴坐标与 Y 轴坐标分别作为样本标签,输入到网络中,得到两个 CNN 回归模型。算法在线阶段示意图如图 8.19 所示。

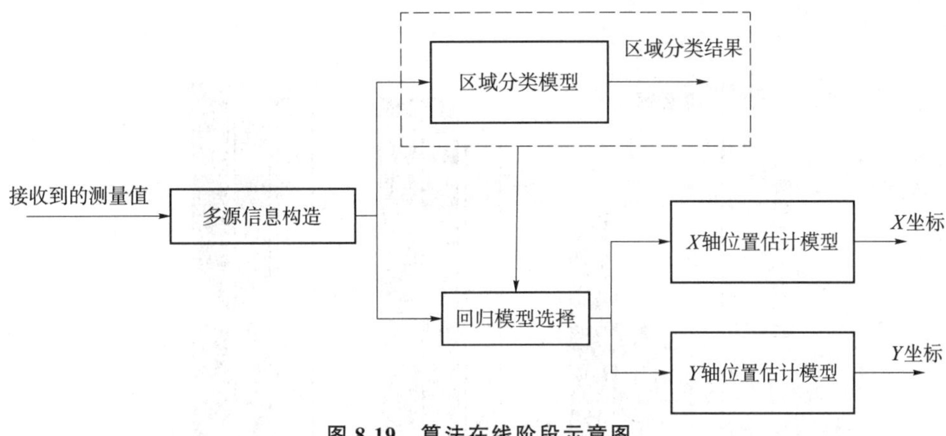

图 8.19 算法在线阶段示意图

当移动终端接收到测量值后，进行多源信息构造生成粗定位融合特征和精定位融合图像。将粗定位信息送入离线阶段训练到的区域分类模型，得到区域分类的结果。同时获得的区域，选择离线阶段训练的对应区域的位置回归模型，将融合图像分别输入 X 轴和 Y 轴的位置估计模型，从而得到待测人员的估计位置。

实验在粗定位算法中分别采用了不同的训练数据和区域分类算法进行对比，在精定位算法中同样采用了不同的训练样本进行对比。通过实验对比，本章算法在室内定位上的性能比其他定位方案具有更高的性能。

1. 粗定位算法性能

如图 8.20 所示，在样本数量足够时，单 Bluetooth 和本节融合方式都可以用于室内定位。但是样本数量较少为 2 320 时，本节算法分类准确率明显优于 Bluetooth 信号和 LTE 信号的 66.67%和 75%。这可以说明本节算法在训练样本较少时，同样保证了室内定位的性能，具有非常大的优势。如图 8.21 所示，SVM 在粗定位区域分类上的性能在总体上比 KNN 和 RFC 更好。当样本数 $N=4\ 640$ 时，单 LTE 信号、单 Bluetooth 信号和本节算法介绍的融合信号在 SVM 上的准确率分别为 68%、88%和 92%。综上所述，本节算法能得到最好的分类性能。

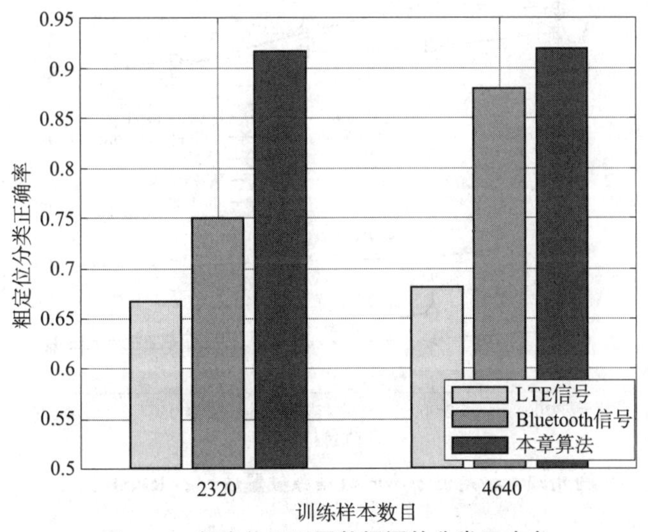

图 8.20 粗定位下不同数据源的分类正确率

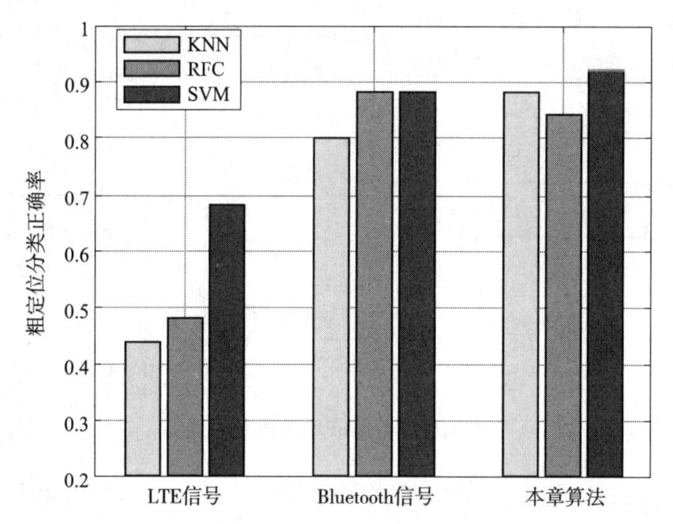

图 8.21　粗定位下不同分类算法的分类正确率

2. 精定位算法性能描述

图 8.22～图 8.24 所示为本章算法精定位下不同数据源位置估计的均方根误差 RMSE 和绝对平均误差 MAE 对比。其中 Bluetooth 信号以及粗定位的融合信号采用 SVM 的分类算法并通过标签与坐标的对应关系计算其 RMSE 和 MAE，WiFi 信号、相机图像以及本章算法采用 CNN 的回归算法，得到结果如下：不管训练样本数目多少，Bluetooth 与粗定位融合信号的均方根误差均高于 3，位置估计误差均大于 1.2 m，因此这两种样本无法作为精定位的训练集。而在另外三种样本中，当训练样本 $N=4\ 640$ 时，这三种方法的 RMSE 分别为 1.24、0.48、0.43，因此本章算法提出的融合方式在精定位中性能最佳。同时，在样本数量 $N=2\ 320$ 时，本章算法 RMSE 在达到 0.59 的情况下，位置估计误差仍然达到了 0.48 m，展现出了小样本下的定位性能。

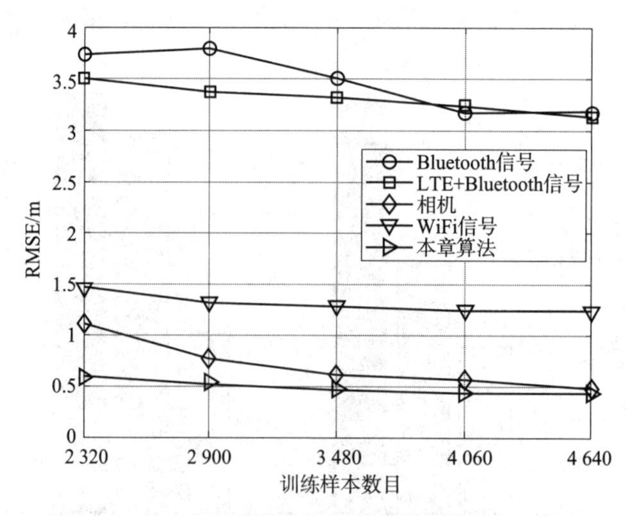

图 8.22　精定位下不同数据源位置估计的 RMSE 比较

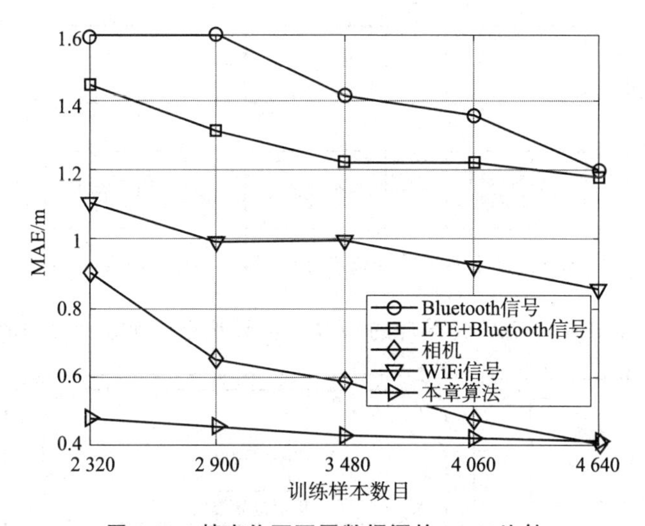

图 8.23 精定位下不同数据源的 MAE 比较

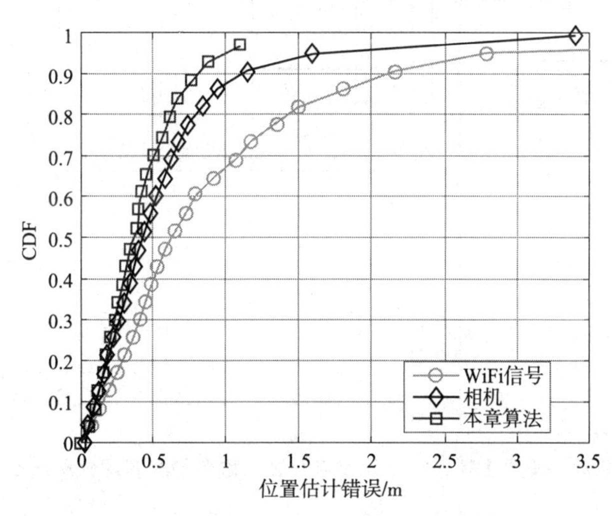

图 8.24 精定位下训练样本数目 $N=3\ 480$ 时不同数据源的 CDF 比较

8.5.3 基于多项式特征升维与特征级融合的多源定位算法

该算法同样采用了粗定位与精定位联合定位的方式完成基于多项式升维与特征级融合的多源室内定位系统。在离线阶段，利用基站信号和蓝牙信号强度 RSSI，添加多项式特征对其进行升维，并进行特征拼接，然后利用集成学习 Adaboost 进行分类学习，得到区域分类模型，完成粗定位训练。将 WiFi 信号 RSSI 和手机摄像头拍摄的图像分别代入全连接神经网络和卷积神经网络得到两组数据的特征向量，将特征向量进行特征级融合，利用全连接神经网络进行回归学习，得到基于位置的回归模型，完成精定位训练。在线阶段，首先利用区域定位模型得到粗定位结果，然后选择对应的位置回归模型，得到精定位结果。基于多项式升维与特征级融合的定位系统模型如图 8.25 所示。

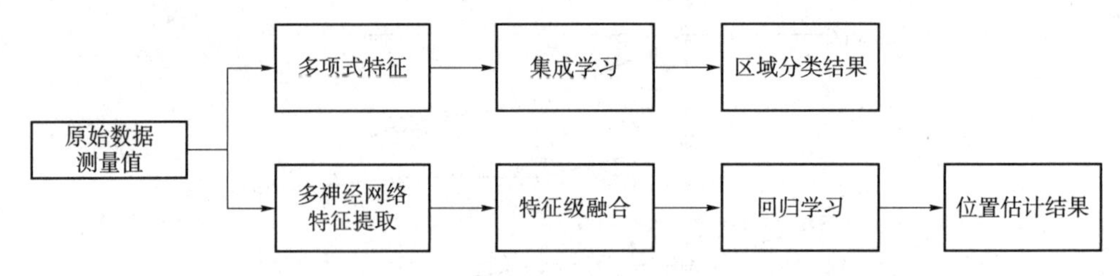

图 8.25　基于多项式升维与特征级融合的定位系统模型

基于多项式特征升维与特征级融合的多源定位算法框架如图 8.26 所示。

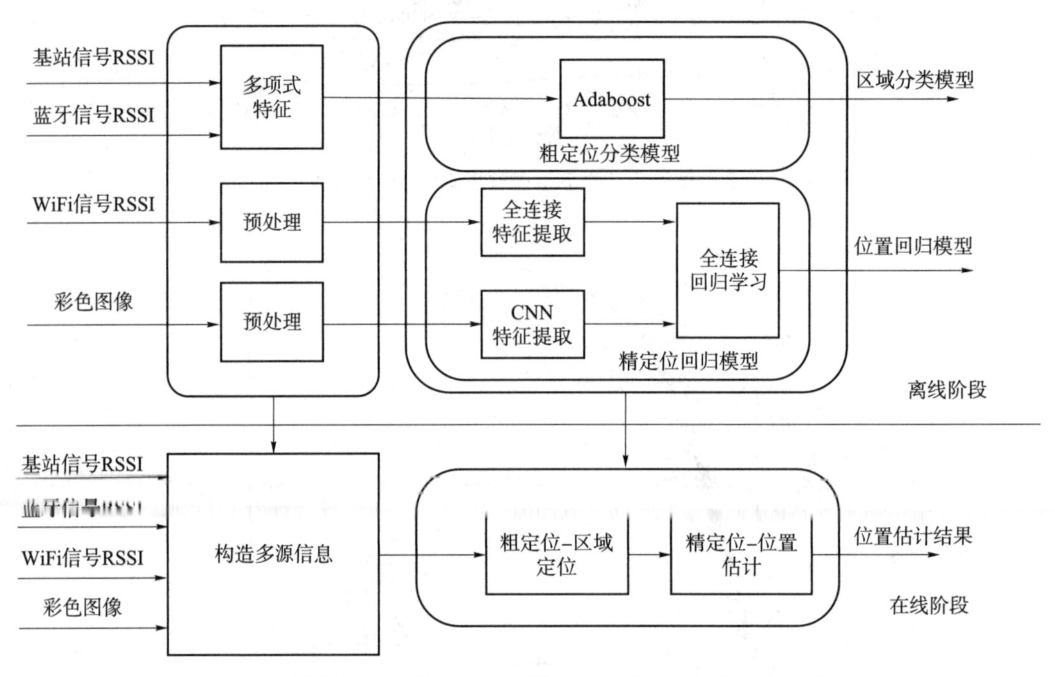

图 8.26　基于多项式特征升维与特征级融合的多源定位算法框架

离线阶段训练示意图如图 8.27 所示。

根据示意图可知，算法离线阶段主要包括基于多项式特征与 Adaboost 的粗定位和基于特征级融合与多神经网络的精定位两个部分。

在粗定位的离线阶段使用基于多项式特征的 Adaboost 算法。对离线阶段采集到的基站信号向量和蓝牙信号向量做多项式特征，对两个新的向量进行拼接，将特征融合向量中的特征值为 1 的向量去除，并将其归一化，即可得到本节采用的多项式特征。在将 LTE 与蓝牙接收信号强度测量值转化为拼接向量之后，可得到粗定位离线训练的训练数据集，将此数据集作为集成学习 Adaboost 的训练集。Adaboost 算法的原理就是训练多个基分类器，通过 boosting 的方式将这些基分类器进行组合，增强这些分类器识别的能力，从而提高整体分类的效果。在本节中我们采用决策树作为 Adaboost 的基分类器。Adaboost 采用迭代法，在每一迭代中只会训练一个基分类器，但一个基分类器训练完成后，Adaboost 会根据概论训练的误差调整下一次迭代时分类器的权重。

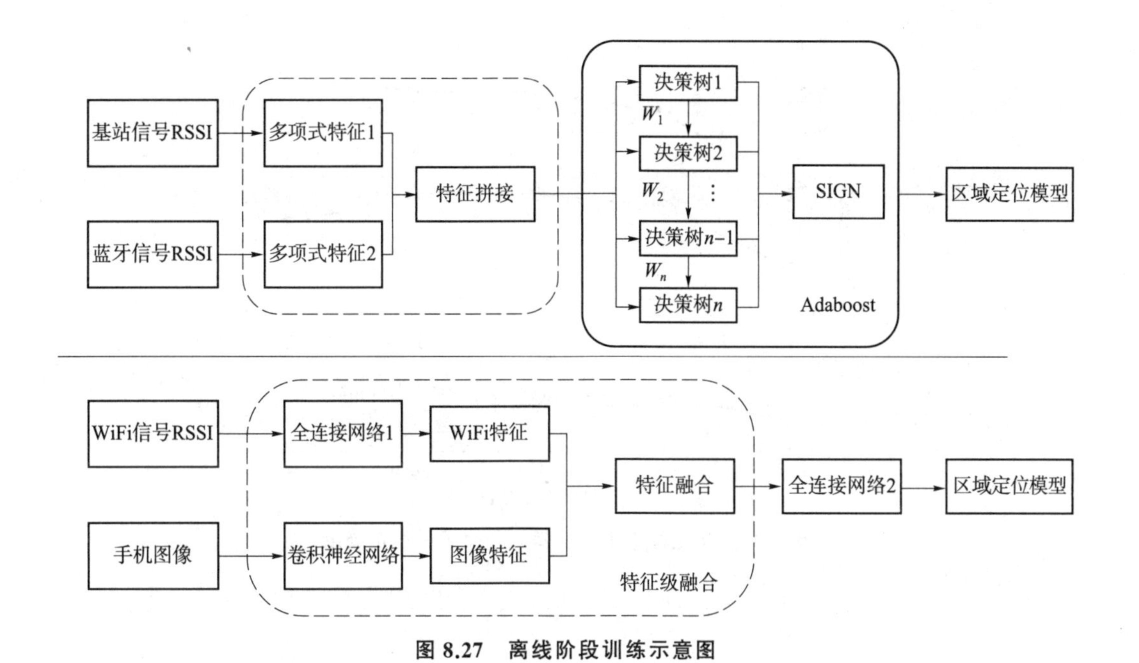

图 8.27 离线阶段训练示意图

在精定位的离线阶段包含了特征级融合和位置回归学习两个部分。在特征级融合中，对于 WiFi 信号，采用全连接网络进行特征提取，得到 WiFi 特征向量；对于手机图像，采用卷积神经网络进行特征值提取，得到图像特征向量，将两个特征融合并通过一个全连接网络进行回归学习，最后得到位置估计模型。由于回归时只能得到一个参数，因此需要将样本数据集对 X 轴和 Y 轴分别进行回归，得到 X 轴位置估计模型和 Y 轴位置估计模型。

在神经网络的特征级融合中，本算法采用 add 的方法。当训练好区域分类模型和位置估计模型后，对算法及模型进行在线测试。具体步骤如下：

(1) 手机不同位置上的待测指纹与图像信息；

(2) 提取待测数据中基站信号与蓝牙信号的多项式特征，并进行合并；

(3) 将合并后的向量输入到训练好的区域分类模型内，进行区域的判断；

(4) 根据判断结果，选择离线阶段训练对应区域的位置故居模型；

(5) 将 WiFi 指纹与手机图像输入到位置估计模型内，得到位置估计的结果。

实验环境与基于拉普拉斯金字塔与像素级融合的多源定位算法实验环境相同。算法性能解析如下：

1. 粗定位算法性能比较

采用多项式系数为 5、Adaboost 基分类器数目为 100 的方式进行比较。由图 8.28 可知本节算法无论在样本数量多少时都比单一的分类方式性能优越，并且样本数量为 2 320 时，本章算法分类准确率明显优于 Bluetooth 信号和 LTE 信号的 75％和 58.33％。说明本章算法在训练样本较少时，同样能够保证定位性能。

此外，从图 8.29 可以看出，Adaboost 在融合方式下的性能在总体上比 KNN、RFC 和 SVM 更好。当样本数 $N=4\ 640$ 时，KNN、RFC、SVM、Adaboost 的分类正确率分别为 83.33％、92％、94％和 96％。由上所述，在粗定位中，本节算法能得到最好的分类性能。

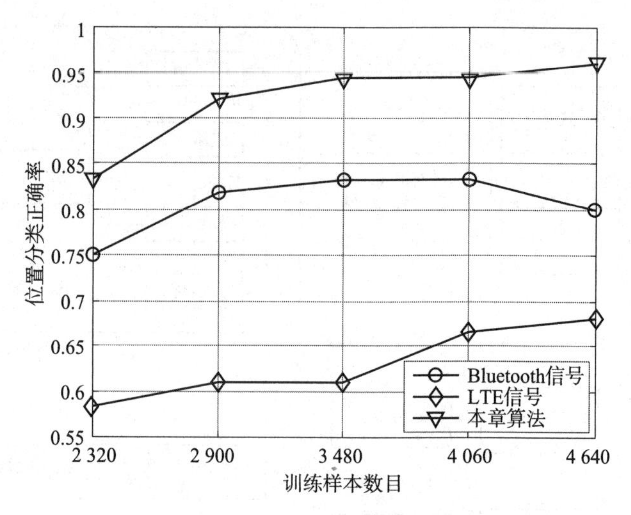

图 8.28 粗定位下不同数据源的位置分类正确率

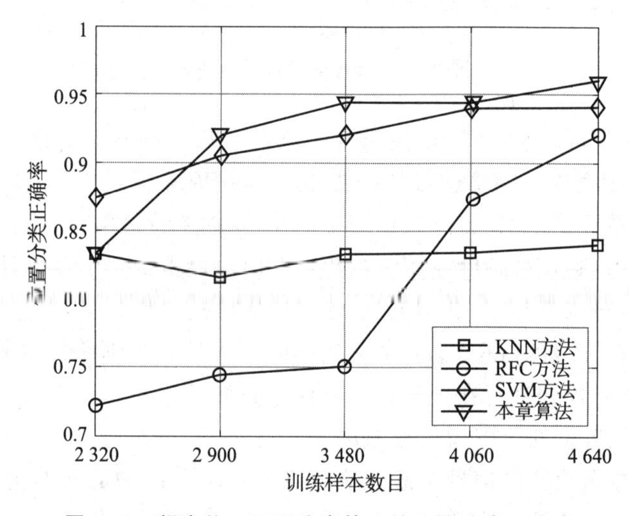

图 8.29 粗定位下不同分类算法的位置分类正确率

2. 精定位算法性能比较

从图 8.30 和图 8.31 可以看出，彩色图像和本节算法在精定位上的性能都高于 WiFi 信号，在样本数较少时两者性能差距不大。当样本数目 $N=2\ 320$ 时，WiFi 信号、彩色图像和本章算法的均方根误差分别为 1.212 8、0.594 4、0.426 2，平均绝对误差分别为 0.839 3 m、0.501 7 m 和 0.346 4 m。因此，本章性能在精定位上能达到比单一数据源更优的性能。

训练样本数目固定为 2 320。WiFi 信号、彩色图像和本章融合算法在 67%处的估计错误分别为 0.810 3 m、0.557 4 m 和 0.381 7 m，95%的位置估计错误分别都在 2.273 6 m、1.170 6 m 和 0.833 8 m。可以看出，本章算法绝大多数样本的误差都在 1 m 以下，比彩色图像和单 WiFi 信号定位的方式具有更好的位置估计性能。精定位下不同数据源的 CDF 比较如图 8.32 所示。

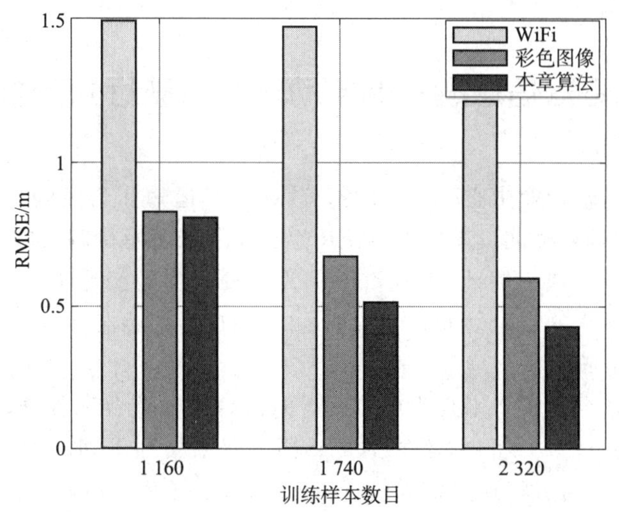

图 8.30 精定位下不同数据源位置估计的 RMSE 比较

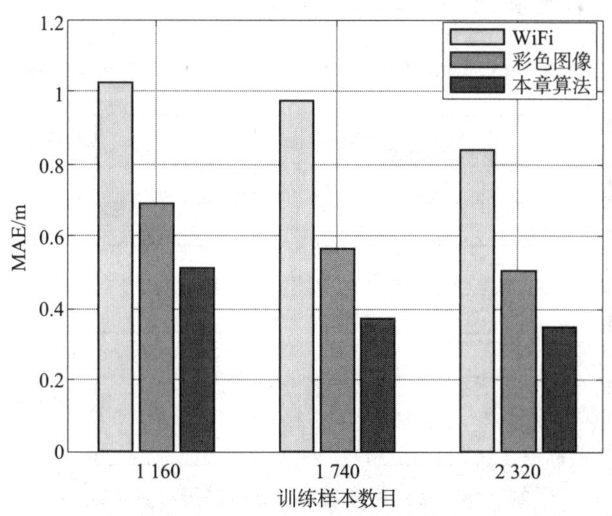

图 8.31 精定位下不同数据源位置估计的 MAE 比较

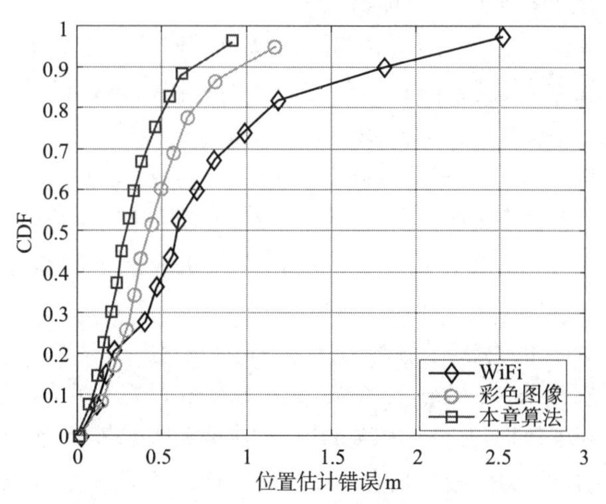

图 8.32 精定位下不同数据源的 CDF 比较

8.6 基于多传感器信息融合的电动汽车驾驶行为分析

汽车作为交通运输行业中必不可少的部分，在生产运输和居民的日常生活中都扮演着非常重要的角色。然而，燃油汽车的大量使用也暴露了众多亟待解决的问题，主要表现在能源耗损和环境污染两大块。因此，电动汽车作为一种新型的交通工具，具有很大的发展潜力。为了提高电动汽车的安全性和驾驶效率，可以通过多传感器信息融合的方法，对电动汽车的驾驶行为进行分析。

多传感器信息融合是指将来自不同传感器的信息进行整合和处理，以提高信息的准确性和可靠性。在驾驶行为分析中，不同的传感器可以采集到不同的驾驶行为信息，如加速度、转向角度、车速等，通过将这些信息进行融合，可以更全面、准确地分析驾驶行为。

8.6.1 电动汽车驾驶行为分析平台搭建

本节设计三种基于单一传感器信息的驾驶行为辨识，系统框图分别如图 8.33 所示。

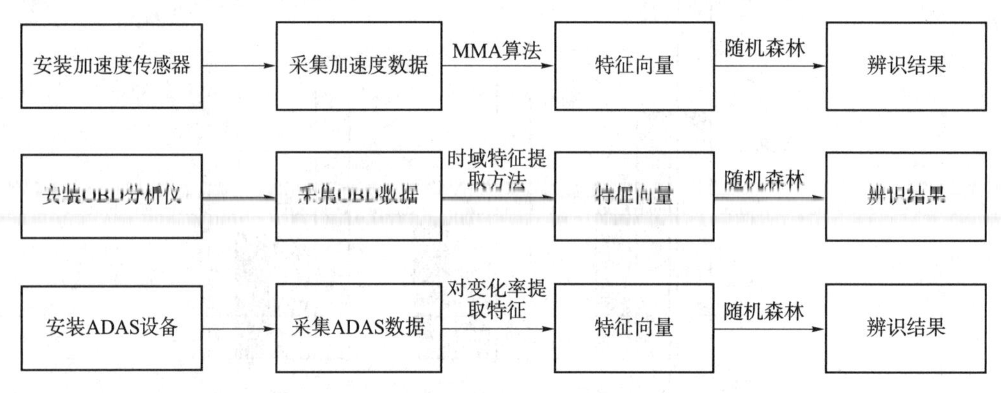

图 8.33 单一传感器信息驾驶行为分析步骤

(1) 基于加速度信息的驾驶行为辨识

通过加装固定位置的加速度计，采集驾驶时 X 轴、Y 轴和 Z 轴的加速度信息。这些信息反映了驾驶员在直线方向、侧方向和垂直方向上的操作信息，可以用于驾驶行为辨识。

(2) 基于 OBD 信息的驾驶行为辨识

OBD(On-Board Diagnostic，车载诊断系统)是一种通过 CAN 总线与汽车进行通信的，可以随时监控车辆在行驶过程中的包括温度、功率、电流、行驶速度在内的相关数据的车载设备。因此可以通过 CAN 分析仪结合 Labview 上位机采集车辆基本行驶信息用于驾驶行为辨识。

(3) 基于 ADAS 系统的驾驶行为辨识

先进驾驶辅助系统(Advanced Driver Assistance System，ADAS)可以利用安装在车上的传感器，实时采集车内外的环境数据，并进行相关的辨识、侦测和跟踪等处理，从而能第一时间获知发生的危险状况。其中包含的 GPS 模块信息可以描述车辆的位置信息，摄像头模块信息可以通过图像信息提供车辆与两侧轨迹线的距离，两者结合亦能对相关驾驶行为进行辨识。

采用实际车辆——众泰 E200 电动汽车作为实验平台，根据前述方案在电动汽车上分别加装所需传感器进行数据采集。

(1) 基于加速度信息的驾驶行为辨识

通过 Arduino 101/Genuino 101 的加速度模块，可以获得三轴加速度和陀螺仪的相关信息。本节只选取 X、Y 和 Z 轴的加速度信息来进行驾驶行为辨识。为了准确地反映出车辆的运行状态，本节采用如图 8.34 所示的安装方式，将该模块水平的放置于车辆中，并且 X 轴正方向与电动汽车前进方向保持一致，而 Y 轴正方向与车辆的左侧一致，Z 轴正方向垂直向上。这样得到的加速度信息可以有效地反映出电动汽车行驶过程中在三个方向运动情况。

通过上述的采集系统，可以采集到 X 轴、Y 轴和 Z 轴的加速度信息，而这三种信息可以有效反映出汽车在前进方向、向左或向右方向以及垂直方向的运动状态，即驾驶员在加速、刹车踏板以及方向盘上的操作信息。

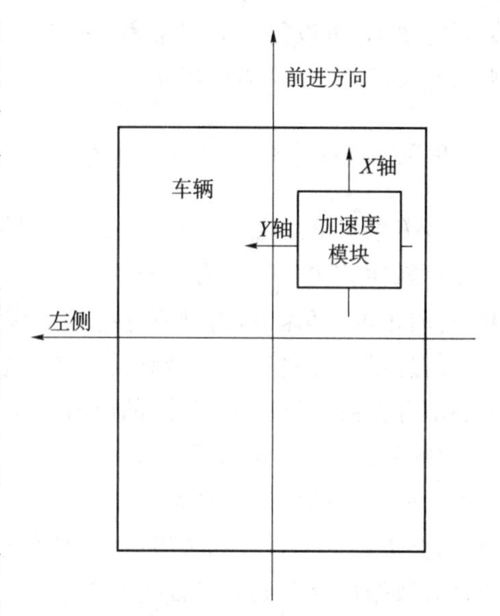

图 8.34 Arduino 101 模块的安装图

(2) 基于 OBD 信息的驾驶行为辨识

OBD 是车辆必备的系统，该系统可以随时监控车辆在行驶过程中的相关数据，例如电动机的相关数据：温度、功率、电流等，也可以监测到车辆的行驶速度、行驶里程等数据。从 OBD 接口中可以读取车辆在行驶过程中的相关数据，这些数据中包含了很多车辆行驶过程中的信息。

目前大部分车辆的控制通信都是提供 CAN 通信的，而车辆行驶过程中的数据都在 CAN 总线上进行传输。OBD 系统将这些数据以 CAN 报文的形式进行传输，CAN 报文实际上就是数据的一种传输格式，最终需要按照一定的协议格式进行解析得到最终的数据，不同的车辆的协议各不相同。CAN 分析仪是检测车辆 CAN 总线上的实时行驶状态和数据的设备，它主要由 MCU 控制模块、CAN 接口模块、总线设备模块和 PC 显示模块。本实验中采用 USB-CAN 分析仪，从 OBD 接口中采集出 CAN 报文，通过 USB 接口将报文信息传输到上位机。本实验中的 PC 显示模块采用 Lavbview 设计一个上位机，实现数据的采集、解析和保存功能。为防止数据丢失，上位机程序采用生产者和消费者模式进行设计。

实验的数据的采集是在城市良好道路状况上进行的，首先采集相对标准的七种驾驶行为下的 OBD 数据并画出他们的时序图，观察不同行驶状态下各个信息的变化情况，选择变化较明显的信息，提取相关特征用于辨识模型的建立。通过对比，最终选择车速、电动机转速和输出电流信息。

(3) 基于 ADAS 系统的驾驶行为辨识

ADAS 系统利用安装在车上的传感器，第一时间收集车内外的环境数据，然后进行相关的辨识、侦测和跟踪等处理，从而能第一时间获知发生的危险状况。可以有效地提高安全性，降低交通事故的发生率。

本节采用的ADAS设备主要加装了GPS模块和摄像头采集模块。ADAS设备(包含摄像头)通过后视镜固定在前挡风玻璃的正中间,摄像头视角是正对车辆行驶的正前方。

GPS(Global Positioning System,全球定位系统)数据能为全球用户提供三维位置、速度和精确定时等导航信息。设备通过GPS模块(接收机)接收到各个卫星的距离信息,通过运算得到经度、纬度、高度、速度和方向角信息。通过这些信息,可以较为精确地判断出车辆所在地理位置以及简单的车辆信息。

GPS信息主要包括以下几个信息:经度、纬度、高度、速度和方向角。这些数据可以很好地反映出车辆的具体位置、行驶方向以及简单的行驶状况。通过ADAS系统中摄像头采集到的数据,可以得到前车距离,车道线偏离距离等信息。本节主要采用车道线偏移距离作为信息来源,以此检测车辆在行驶过程中侧方向上的变化。

8.6.2 基于信息融合的驾驶行为辨识

多传感器信息融合是指将来自不同传感器的信息进行整合和处理,以提高信息的准确性和可靠性。在驾驶行为分析中,不同的传感器可以采集到不同的驾驶行为信息,如加速度、转向角度、车速等,通过将这些信息进行融合,可以更全面、准确地分析驾驶行为。

信息融合方法实际上是利用多个传感器的数据来获取关于对象或环境的完整信息,其核心部分在融合算法上,不同的融合算法具有不同的优势。已经提出的信息融合算法有很多,根据数据抽象的不同层次,可以分为三级:数据层融合、特征层融合和决策层融合。而由于本节所采用的传感器种类各不相同,这无法满足数据级融合的要求,所以无法采用数据级融合,对于特征层融合和决策融合,他们最大的区别在于进行融合和决策的顺序,特征层融合是对数据层提取到的特征进行融合后,训练辨识模型得到最终的决策结果,而决策层融合则是将数据层不同的传感器数据分别建模得到各自的决策结果,然后通过对这些决策结果进行融合,从而得到最终的决策结果。如果采用特征层融合,会造成最终的特征向量的维度将过大,这大大降低了运算速度,而且不同源提取的特征之间并非完全独立,过多的传感器数据会导致信息的冗余,一些区分度较弱的数据会降低最终结果的准确性。而单一传感器信息驾驶行为分析实验结果证明了三种传感信息独立使用的可行性,使用决策层融合可以更灵活地使用不同的特征,而且可以通过构建多个优秀性能的分类器,进一步提高最终的分类结果。

基于决策层融合的驾驶行为辨识如图8.35所示。

决策层融合是目前应用较为广泛的融合方法,其中常有的方法有加权投票表决法、朴素贝叶斯组合法、Borda计数法和DS证据理论等。本节介绍的融合算法是基于加权投票法的改进融合算法。对于传统的加权投票方法,假设对于分类器 D_i,它对于样本 x 的决策结果为

$$d_{i,j}=\begin{cases}1,\text{若 } D_i \text{ 对样本 } x \text{ 决策结果为 } \omega_j \\ 0,\text{其他}\end{cases} \tag{8.21}$$

假设有 L 个分类器结果,则对于每个分类器的结果进行加权组合,可以得到每个类别的加权投票结果为

$$g_j(x)=\sum_{i=1}^{L}d_{i,j} \tag{8.22}$$

选择 $g_j(x)$ 值最大值所对应的分类结果作为最终的决策结果。

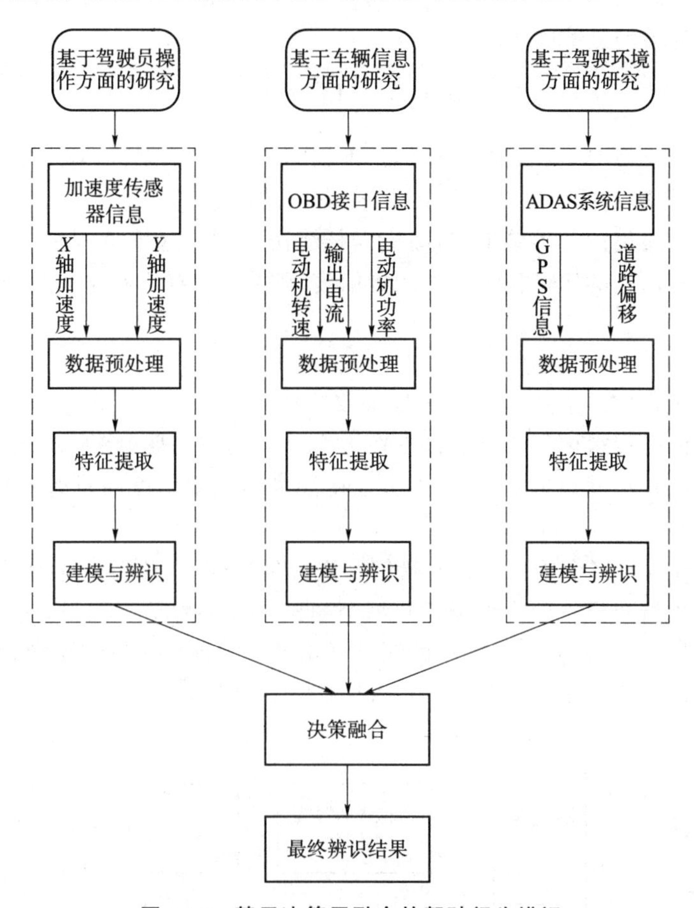

图 8.35 基于决策层融合的驾驶行为辨识

本节在传统的加权投票的基础上介绍了基于样本置信度的多分类器融合算法。首先本节中选择随机森林、朴素贝叶斯和支持向量机三种算法，这三种算法是常用的机器学习分类算法，并在许多领域取得了良好的应用。传统的融合过程是将最后的分类结果进行融合，但是对于一个分类器来说，其对每一个测试样本的分类结果可靠性是不确定的，所以直接将决策结果进行加权融合是默认该分类器对于不同类别的区分度是一致的，这一点的误差可能会降低最后的辨识结果。本节引入了样本置信度的概念，即测试样本在输入该训练模型后，属于每个类的可信度。

随机森林算法实际上是一个多决策树融合的分类算法，假设一个随机森林模型由 m 棵决策树组成，对于一个测试样本会产生 m 个分类结果，以该样本每个分类的决策结果所占的比例作为每个样本的置信度，则第 i 个样本在第 j 个分类的置信度为

$$h_{i,j}^{\mathrm{RF}}(x)=\frac{N_j}{m} \tag{8.23}$$

式中，m 表示投票的总数，N_j 表示投第 j 个分类的决策树数目。

朴素贝叶斯算法实际上是以贝叶斯理论为基础发展而来的。在假设各个分类是独立的情况下,通过频率来估计先验概率,根据已知数据计算出条件概率,最终以后验概率的最大值指向的分类作为最终的分类结果。这里将样本的后验概率值最为样本的置信度,则第 i 个样本在第 j 个分类的置信度为

$$h_{i,j}^{\text{bayes}}(x)=P(Y=j)\prod_{j=1}^{n}P(X=x\,|\,Y=j) \tag{8.24}$$

不同的多分类支持向量机算法的原理各不相同,本节中采取"一对一方法",即是对于所有的类别 k,建立起所有可能的二类分类器,该方法共构造了 $k(k-1)/2$ 个二分分类器,之后采用投票法得到最终的分类结果,与随机森林算法相同。这里将所有的二分分类器的决策结果在每个类别所占的比例作为样本的置信度,则第 i 个样本在第 j 个分类的置信度为

$$h_{i,j}^{\text{SVM}}(x)=\frac{N_j}{N_{总}} \tag{8.25}$$

式中,N_j 表示第 j 类的得票数,$N_{总}$ 表示投票数的总和。

通过上述方法可以得出每个测试样本在每个分类的置信度,将所有分类的置信度组合在一起得到样本的置信度向量 $\boldsymbol{h}(x)$。本节在得到样本的置信度向量的基础上进行决策层融合:

(1) 普通加权。对多个传感器的原始信息进行预处理后,分别进行特征提取,通过上述三种分类器算法进行建模得到辨识结果和每个测试样本的置信度向量,然后基于样本置信度向量进行决策层融合:将同一时间段的测试样本的置信度向量进行相加,取最大值所对应的类别作为最终的分类结果。基于单样本置信度的普通加权如图 8.36 所示。

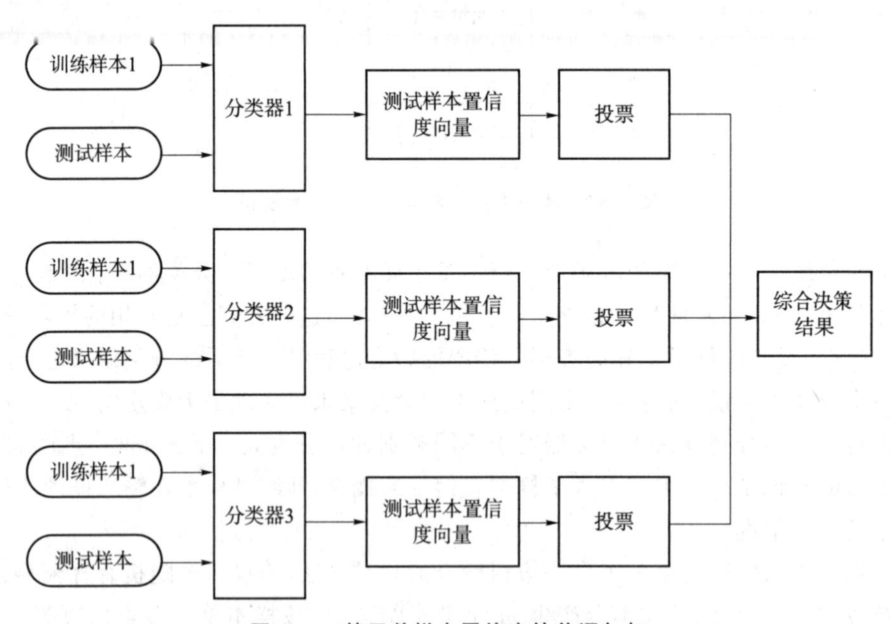

图 8.36 基于单样本置信度的普通加权

(2) 准确度加权。随机森林、朴素贝叶斯和支持向量机算法虽然都是常用的且效果较好的分类器算法,但对于相同的数据其分类效果是不同的,而且可能对不同的分类敏感度也不同。与普通加权相比,准确度加权方法考虑到不同的分类器算法的分类能力。将测试样

本输入到训练好的分类模型之后，会得到辨识结果，统计出每一类的正确率，将正确率作为该类别的权重，与样本置信度向量进行加权相加，取最大值所对应的分类作为最终的分类结果。基于单样本置信度的准确度加权如图 8.37 所示。

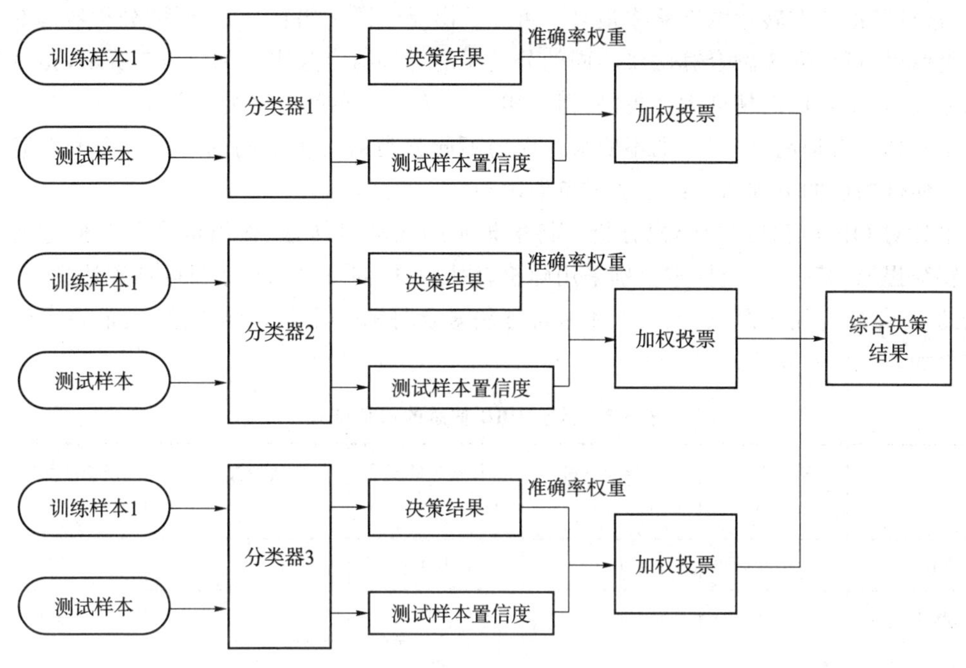

图 8.37 基于单样本置信度的准确度加权

8.6.3 基于多传感器的驾驶行为辨识研究实验结果

单独对加速度信息进行建模分析。将采集到的 X 轴和 Y 轴加速度信息进行特征提取，其中 50 组样本分别采用随机森林、支持向量机和朴素贝叶斯算法进行建模，剩余的 40 组样本用于测试，然后采用融合方法将三种分类器的分类结果进行融合，最终得到的辨识结果如表 8.7 所示。

表 8.7 基于加速度信息的识别结果

	随机森林（%）	支持向量机（%）	朴素贝叶斯（%）	普通加权融合（%）	准确度加权融合（%）
加速	75	92.5	62.5	75	80
减速	52.5	90	35	57.5	62.5
左转弯	100	67.5	100	100	100
右转弯	75	85	85	87.5	82.5
左变道	62.5	45.5	25	55	65
右变道	72.5	92.5	62.5	82.5	80
匀速	95	100	65	85	97.5
总计	76.1	67.7	62.1	77.5	81.1

对于加速度信息提取的特征值，三种分类器建模后的辨识精度各不相同。通过总的准确率来看，随机森林算法的准确度最高，支持向量机和朴素贝叶斯方法的准确率则相对较低。通过每一类准确度来看，随机森林对加速、减速、右转和右变道的区分度比支持向量机低，朴素贝叶斯在左转弯的准确率最高。可以看出对于同一组特征，不同的分类器具有不同的分类效果，可以通过融合算法将不同的分类器的优势结合起来。如表 8.7 所示，相对于单独的分类器，融合后的精度大大提高，但是相对于基于样本置信度的准确度加权，普通加权方法虽然精度有提高，但提高的不明显。因为不同分类器对于不同的驾驶行为辨识能力的不同会使低精度的分类器对结果造成负面影响。

单独对 OBD 信息进行建模分析。将采集到的电动机转速、输出电流和车辆速度信息进行特征提取，其中 50 组样本分别采用随机森林、支持向量机和朴素贝叶斯算法进行建模，剩余的 40 组样本用于测试，然后采用融合方法融合将前三个辨识结果融合，最终得到的辨识结果如表 8.8 所示。

表 8.8　基于 OBD 信息的识别结果

	随机森林(%)	支持向量机(%)	朴素贝叶斯(%)	普通加权融合(%)	准确度加权融合(%)
加速	100	100	100	100	100
减速	100	97.5	100	100	100
左转弯	70	62.5	60	62.5	65
右转弯	72.5	75	72.5	67.5	75
左变道	65	47.5	20	65	72.5
右变道	75	70	82.5	85	90
匀速	72.5	97.5	75	82.5	82.5
总计	79.2	78.5	72.8	80.3	83.6

从表 8.8 可以看出，对于 OBD 信息的特征值，三种分类器的分类能力各不相同，通过总的准确率来看，随机森林算法和支持向量机算法的准确度最高，朴素贝叶斯方法的准确率则相对较低。通过每一类准确度来看，随机森林对加速、减速、右转和左变道的辨识度最高，支持向量机对加速、右转、匀速直线运动有着更高的区分度，朴素贝叶斯则在减速、加速和右变道方面更具优势。与实验一方法相同，分别采用两种融合方法对三种分类器的辨识结果进行融合，从最终结果来看，基于样本置信度的普通加权方法辨识精度虽然有些许提高，但不如准确度加权明显。

单独对 ADAS 系统信息进行建模分析。将采集到的经纬度、方位角、车速和车道线偏离信息进行特征提取，其中 50 组样本分别采用随机森林、支持向量机和朴素贝叶斯算法进行建模，剩余的 40 组样本用于测试，然后采用融合方法将前三个辨识结果融合，最终得到的辨识结果如表 8.9 所示。

表 8.9　基于 ADAS 系统的识别结果

	随机森林（%）	支持向量机（%）	朴素贝叶斯（%）	普通加权融合（%）	准确度加权融合（%）
加速	85	82.5	52.5	65	80
减速	62.5	85	77.5	80	82.5
左转弯	95	90	100	100	100
右转弯	100	65	90	100	100
左变道	72.5	72.5	62.5	70	70
右变道	77.5	65	90	90	97.5
匀速	100	100	85	100	100
总计	84.6	80	68.1	86.4	88.6

从表 8.9 可以看出，对于 ADAS 信息的特征值，三种分类器的分类能力各不相同，通过总的准确率来看，随机森林算法和支持向量机算法的准确度最高，朴素贝叶斯方法的准确率则相对较低。通过每一类准确度来看，随机森林对加速、左转、右转和匀速的辨识度最高，支持向量机对减速、左转弯和匀速直线运动有着更高的区分度，朴素贝叶斯则在减速、左转、右转和右变道方面具有优势。分别采用两种融合方法对三种分类器的辨识结果进行融合，从最终结果来看，基于单样本置信度的普通加权方法和准确度加权的辨识精度有些许提高，分别达到了 86.4%和 88.6%，相对于随机森林 84.2%的准确度并没有太大的提升，这一方面是因为测试样本较少，导致分类结果正确率偏差较大，另一方面是因为 GPS 信号本身的精度影响，无法进行高精度的辨识。

使用基于单样本置信度的普通加权融合算法对以上三个实验的结果进行融合。上述三个实验是基于单传感器信息进行的驾驶行为辨识，其精度经过融合后有所提高，但没有达到预期的水准，本实验采用基于单样本置信度的普通加权融合方法将三种传感器信息的不同分类器结果进行融合，前三种实验每个驾驶行为辨识模型可以得到一个置信度矩阵，将得到的 9 个置信度矩阵相加，最终选择值最大的一类作为分类结果，得到的辨识结果如表 8.10 所示。

表 8.10　基于普通加权融合的识别结果(基于随机森林)

	测试样本数	正确识别结果	识别率(%)
加速	40	40	100
减速	40	40	100
左转弯	40	40	100
右转弯	40	39	97.5
左变道	40	31	77.5
右变道	40	38	95
匀速	40	40	100
总计	280	268	95.7

从表 8.10 的结果可以看出，融合后的辨识结果取得了极大程度上的提高，对于每一种驾驶行为都取得了较高的辨识率，但是该方法并没有对分类器对于不同种类的敏感度进行区分。

使用基于单样本置信度的准确度加权融合算法对以上三个实验的结果进行融合。前三种实验每个驾驶行为辨识模型可以得到一个置信度矩阵和对每类驾驶行为的准确度，将准确度作为权重与得到的 9 个置信度矩阵进行权重相加，得到最大值所对应的类作为最终结果，得到的辨识结果如表 8.11 所示。

表 8.11　基于准确度加权融合的识别结果(基于随机森林)

	测试样本数	正确识别结果	识别率(%)
加速	40	40	100
减速	40	40	100
左转弯	40	40	100
右转弯	40	38	95
左变道	40	35	87.5
右变道	40	39	97.5
匀速	40	40	100
总计	280	272	97.1

融合后的辨识结果已经达到了预期的高度，超过 97%，对于每一种驾驶行为都取得了较高的辨识率。与普通加权的融合方法相比，该方法引入了每种分类器对不同驾驶行为的不同区分度的概念，使得融合过程更有针对性。由于训练与测试的样本数目较少，95%以上的准确度已经达到预期水准。

8.7　基于多源信息融合的密集人群估计方法研究

随着城市人口规模的不断增长和人民文化生活的日益丰富，城市大型公共场所的人群密集型文体活动日趋频繁。这类活动的典型特点是人群密度在短时间内急剧增加甚至超出场所的负荷量，极易引发拥挤、踩踏等危害公共安全事件。依托视频监控硬件系统的快速升级，人群密集场所的视频系统提供了多视角交叉覆盖的监控图像数据。基于多源信息融合的密集人群估计方法研究，通过利用高空视角与低空视角之间的时间关联性和空间互补性可以提升大视角场景的密集人群估计能力。

本节介绍一种基于注意力机制的低空视角人群计数优化网络(AMNet)。以 VGG16 网络为基准网络，引入了注意力机制进行低空视角图像的人群计数，重点关注人群的头部特征，在经典人群计数数据集和自建人群计数数据集上达到了较高的准确度。针对大视角场景，基于多源信息融合的思想建立了高、低空视角图像融合的机制。利用高低空视角图像间的空间互补性，确定高空视角图像和低空视角图像的重叠区域，通过单应性矩阵实现高空视角人群离散密度图和低空视角图像的配准融合。在大视角场景的人群计数问题中，单视角的人群计数方法不能完全适用，但通过高低空视角图像信息融合的密集人群估计算法可以优化计数，首先将高空视角图像的人群分布密度图离散为四个密度等级，通过密度的相似性实现高空视角图像内的区域信息互补。其次，通过 AMNet 预估低空视角图像的人数值与高空视角图像的密度分布信息的互补融合，可以推论出研究场所的估计全局人数，并根据融合结果得到的系数推演低空视角人数估计值，与实际人数相对比，验证结果有较高的准确度。

8.7.1 多视角的人群计数的数据集

将采集的图像与视频分为高空视角图像和低空视角图像两类，针对密集人群视觉的关键要素，提供了具有良好统计离散度的不同场景视频帧。图像是来自于不同高度及角度的视角，以光照变化显著的是夜晚场景为主。在视角选择方面，为了基于多视角融合算法研究，数据集充分考虑了高空视角必须包括低空视角覆盖区域的基本原则，重点体现出不同视角的相互关联性和空间互补性。

在建立多个图像之间的映射关系时，通过单应性矩阵可以将世界坐标系中的位置转换至像素坐标系，即单应性变换完成图像的两个平面投影之间的映射。其中使用的变换矩阵通用的大小为 3×3 的矩阵，单应性矩阵主要用来描述真实世界中平面上的透视变换以及通过透视变换将图像从一种视角转换为另一种视角。

单应性矩阵定义为

$$\begin{pmatrix} h_{11} & h_{12} & h_{13} \\ h_{21} & h_{22} & h_{23} \\ h_{31} & h_{32} & h_{33} \end{pmatrix} \tag{8.26}$$

假设视角一上的点表示为 $p(x_i, y_i, 1)$，对视角二上的点表示为 $p'(x_i', y_i', 1)$，$(x_i, y_i, 1)$ 经过单应性矩阵 $\boldsymbol{H}$ 的变换变为$(x_i', y_i', 1)$，即 $p' = \boldsymbol{H} \times p$，表示为

$$\begin{pmatrix} x_i' \\ y_i' \\ 1 \end{pmatrix} = \boldsymbol{H} \times \begin{pmatrix} x_i \\ y_i \\ 1 \end{pmatrix} \tag{8.27}$$

通常，求解两张图像之间的单应性矩阵必须保证有四个特征点的对应，4 个特征点对可以建立 8 个方程，换句话说，矩阵 $\boldsymbol{H}$ 有 8 个自由度，利用这个单应性矩阵能够将图像一的坐标转换到图像二的对应坐标位置。这如果输入两个对应特征点存在错误的对应关系，就无法计算出正确的单应性矩阵，视角转换的准确性也会下降，所以，特征点的对应关系是很重要的。

8.7.2 基于注意力机制的低空视角人群计数算法

人群计数网络是实现将人群图像转换成人群分布密度图的功能，对于人头尺度变化大，使用多列结构较为普遍，然而其网络参数太多，训练困难且检测准确度提升较少。AMNet 网络结构为：前端网络保留 VGG16 的前十三层，采用连续的 3×3 的小尺度卷积核，代替了传统的大尺寸卷积核，既保证了感受野的大小不受影响，同时也减少了参数数量，加快模型训练速度。选取 2×2 的池化尺寸提取主要特征，减小输出特征图的大小，简化网络的计算复杂度。网络的后端引入了双重注意力模块 CBAM，包含一个空间注意力模块和一个通道

注意力模块，空间注意力模块将前端网络输出的特征图作为输入，针对不同位置的像素赋予权值，通道注意力模块实现对特征通道中前景信息和背景信息赋予权值，使模型更加关注人头位置信息，提高人头信息的特征提取能力，从而实现准确的密度估计，获取更加丰富的中间语义信息，注意力模块将原本的特征图分别在通道和空间上生成对应维度的权值，然后分别与输入的原本特征图相乘，这样就能使得网络更加关注更重要的特征信息，最后使用连续的卷积层输出人群分布密度图。

8.7.3 基于高低空视角图像信息融合的密集人群估计算法

数据融合已不是新鲜的概念，通过融合来自多个传感器的数据和相关信息，实现比单传感器更准确的判断。根据处理对象的类型，数据融合的结构类型可以分为三类：集中式结构、分布式结构或混合式结构。

集中式结构首先要配备一个数据的融合中心，当源头的多个数据源采集到数据后上传到融合中心进行处理，将处理结果上传至决策模块。此种结构可以高效地利用信息源的数据，对信息的利用率高，实时性好。但是由于需要处理的数据量较大，会导致系统的计算量超负载，给设备运行带来压力，因此对于设备的运行能力有较高的需求。随着硬件设备的迭代升级，集中式的数据融合结构也有了更好的发展环境。

分布式结构是在多源传感器中先对采集得到的数据进行处理，结构如图 8.38 所示，每个传感器先完成独立的数据处理例如目标跟踪等工作，处理完的信息将会输入到融合中心进行二次处理，最终输出结果。该结构相比较集中式结构，需要处理的数据量更少，这是因为数据传输到融合中心前已经有了压缩处理，剔除了不重要的信息，保留重要信息。分布式结构还可以保障系统运行的安全性，当源处理器中有个别出现故障时，并不会影响其他的传感器工作，虽然会有少量的信息丢失，但是并不会严重影响最终的输出结果。但是由于在多次处理后，保留的数据与原始数据数量上大幅减少，输出结果的准确性更加依赖于融合中心。

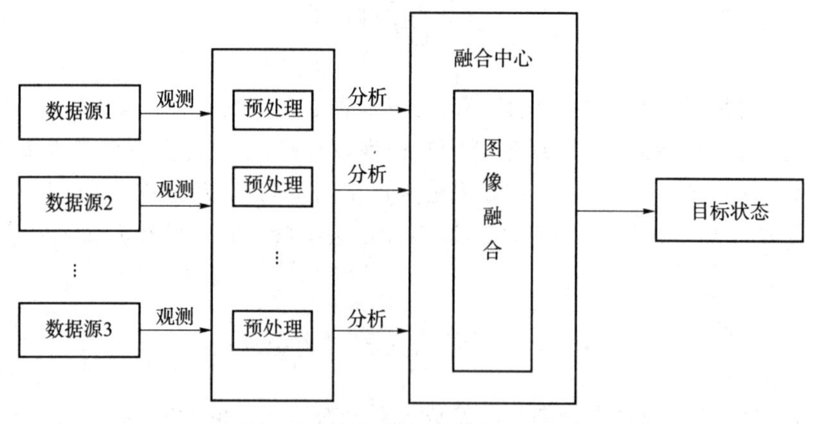

图 8.38 分布式数据融合结构模型

混合式数据融合结构是将集中式和分布式两者特点结合而成。在保留源处理器所采集的源数据的同时，将其与处理过的信息一同上传到融合中心，在融合中心模块内将两类信息加以融合。既能够提高系统的可靠性，也能获取准确地预测结果。但是在结构组成上更加复杂，对于硬件的要求也更高。

在监控视频系统中，以输入数据信息间的关联性进行分类，常见的图像数据融合可以分为三类：互补型、冗余型和协作型。互补型的输入数据信息通常是同一个场所的不同区域，通过区域间的相关性可以用来获取需要的全局信息。例如，在多视角的人群计数算法中，使用两个不同视角的监控对同一个行人进行观测，得到的图像信息之间数据是互补的。冗余型中是针对同一个目标，从两个或多个输入数据获取所需信息，可增强判断可信度。协作型的数据融合是将多个输入数据组合成比源信息更加高质量、复杂的信息。本节介绍的高低空视角图像信息融合算法采用了数据融合算法属于分布式互补性的数据融合结构。

高低空视角图像信息融合模块(high and low altitude view image information fusion，HLIF)包含两个信息处理模块：局部信息处理模块和信息融合模块。在局部信息处理模块中，首先通过配准获取高低空视角图像的重叠区域，高空视角图像输入到 AMNet 中得到离散密度图，获取各密度等级的颜色分量图，其次将低空视角图像输入 AMNet，得到重叠区域内各密度等级的人数值。信息融合模块建立了重叠区域内各密度等级下的低空视角图像人数值和高空视角图像颜色分量图像素数之间的比例关系，利用密度分布的相似性矫正整个场所的计数人数，解决了大视角场景人群计数及密度估计的问题，并且用多段实际场景数据进行了验证，实验结果与实际人数变化保持高度一致。

在对高空、低空视角图像分别处理后，还需要将两者的信息融合得到最终场景的全局人数，融合算法流程如下，如图 8.39 所示。

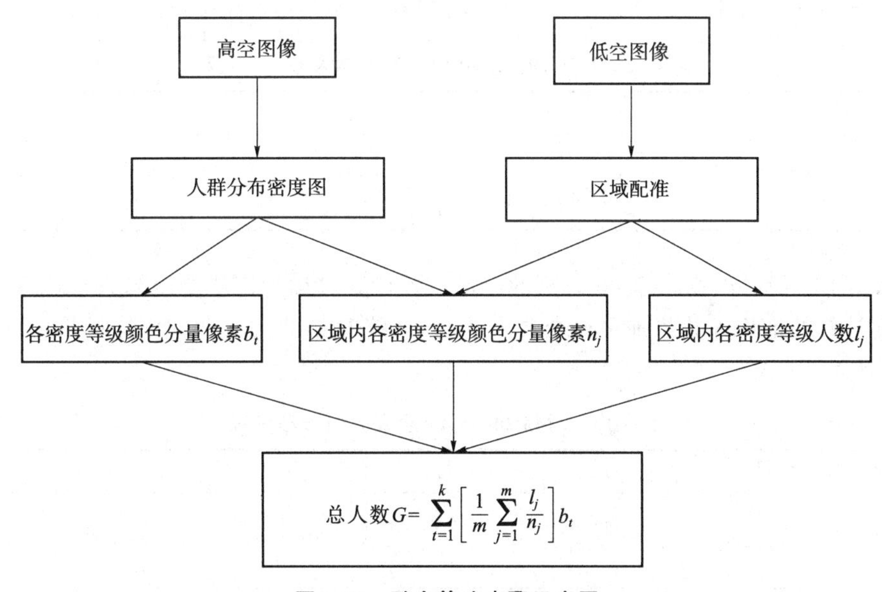

图 8.39　融合算法步骤示意图

(1) 图像采集

同一时刻下，假设场景内设有一个高空视角监控设备 A 以及 m 个低空视角监控设备 $B_1,B_2,B_3,\cdots,B_m$。

(2) 区域配准

在设备 4 采集的图像上选取 m 个矩形 $\boldsymbol{K}$ 域(位于重叠区域内)为$L_1,L_2,L_3,\cdots,L_m$，将高空视角图像上的指定区域利用单应性矩阵 $\boldsymbol{H}$ 进行区域配准，得到矩形区域对应的设备 B 上相应位置。

(3) 信息处理

高空视角图像输入 AMNet 获取人群分布离散密度图，提取各密度等级的颜色分量，得到该图像中各个密度等级颜色分量的全局像素数，记为n_j($j=1,2,3,\cdots,m$)。

(4) 最后，建立各密度等级的像素数与人数的比例关系，全局人数 G 为

$$G=\sum_{t=1}^{k}\left[\frac{1}{m}\sum_{j=1}^{m}\frac{l_j}{n_j}\right]b_t \tag{8.28}$$

式中，G 为全局人数，k 是密度等级数、m 是重叠区域数量、n_j 是区域 L 内当前密度等级颜色分量素数、l_j 是低空视角图像中对应区域内的人数、b_t 是高空视角各密度等级颜色分量的全局素数，j 表示重叠区域，t 表示密度等级。

本节先通过 AMNet 获取高空视角图像的离散密度图，将不同密度等级的颜色分量提取出来，统计不同密度等级颜色分量的像素数及重叠区域内所包含的各密度等级颜色分量像素数。表 8.12 为具体计算内容，c 为比例系数，g 为中密度等级全局人数。以此类推，每个密度等级都如此操作，累加可得全局人数。

$$c=\frac{1}{R}\sum_{d=1}^{R}\frac{l_d}{n_d} \tag{8.29}$$

式中，R 是重叠区域，n_d 是重叠区域内当前密度等级颜色分量的像素数、l_d 是低空视角图像内对应区域人数。

$$g=c\times b \tag{8.30}$$

表 8.12　时刻 19:35:00 中密度群体人数计算过程

密度等级	b	n_d	l_d	c	g
中密度	169 124	2 592 1 224	42.6 12.2	0.016	2 705.984

如表 8.13 所示，以 20:05:00 时刻的全局人数计算过程为例说明全局人数计算内容，通过各密度等级的推论人数累加可得全局人数 G，最终时刻 20:05:00 时，该场景内的全局人数为 5 981.433 1 人。

表 8.13　时刻 20:05:00 全局人数推理过程

密度等级	b_t	n_d	l_d	c	g	G
低密度	224 538	669 974	0.9 1.8	0.001 6	359.260 8	5 981.433 1
中密度	213 261	2 019 910	29.6 17.2	0.016 8	33 582.784 8	
高密度	22 187	2 828 2 780	62.1 41.7	0.018 5	410.459 5	
极高密度	45 248	261 417	10.9 12.6	0.036 0	1 628.928 0	

选取 19:28:40～20:45:00 的视频段可以很好地观察到人群聚集的变化。在此期间内，每五分钟计算一次全局人数，平均误差约为 258 人，估计准确度高达 93.8%。从 19:28:40 开始，人数整体呈上升趋势，直至 19:45:00 到 20:20:00 喷泉放映期间，人数保持较为稳定的波动，20:20:00 后喷泉放映结束，人群离场，全局人数快速下降。

在研究过程中发现，场景中植被、建筑以及低空视角的选择会对估计结果产生影响，于是优化调整了监控设备的位置，只聚集广场主体部分，同时选取了新的低空视角，低空图像在人体清晰度上有很大提高。

选取时段 2021 年 10 月 3 日 18:35 至 19:57，遵循高低空视角图像信息融合方法，得到了整个时段的全局估计人数。为了验证该算法的合理性和准确性，根据推论出的密度等级比例系数的可靠性来间接说明全局人数的准确性。具体验证方法为：在同一张图像内，选定三个重叠区域a_1、a_2、a_3，使用a_1、a_2、a_3参与高低空视角图像信息融合得到当前密度等级的比例系数，使用该系数与a_3的高空视角密度等级颜色分量像素数相乘得到推论的低空视角人数，将其a_3所对应的低空视角图像中的真实人数进行对比，来验证系数的可靠性，间接说明全局人数具有可靠性。

在实际使用的大视角场景中，多源信息融合涉及建立高空视角和低空视角的空间位置和时间相关性。利用低空视角的人数信息与高空视角图像的人群分布密度图信息相融合，推论出全局人数。因此文中利用融合算法所得的比例系数推演低空视角人数估计值，通过与实际人数的比较，间接验证推论人数的合理性，验证结果表明多源信息融合的密集人群估计方法是有效的。

习题

1.请总结本章中提出的多源传感融合技术的算法，并简要分析算法在不同场景中的优劣。

2.请简要分析多源传感融合技术是如何应用于电动汽车驾驶行为分析技术中的，并讨论其效果以及优化的可能性。

3.请调研当前的多源传感技术的最新研究现状，分析能否将其中的新技术整合到路径规划和自动导航技术中，以提高性能或克服该技术的缺点。

4.请自行选择一个多源传感融合技术的一个应用场景，并简要讨论在应用场景是如何应用多源传感融合技术的。

5.请结合本章学习到的多源信息融合技术的应用场景，思考并谈谈多传感信息融合在未来的发展趋势。

本章参考文献

[1]　韩崇昭，朱洪艳，段战胜.多源信息融合[M].3 版.北京：清华大学出版社，2022.

[2]　陶红兴.基于多传感器信息融合的电动汽车驾驶行为分析[D].东南大学，2019.

[3] 黄峥.基于多源信息融合与机器学习的室内定位技术研究[D].南京邮电大学,2023.
[4] 杨硕.基于多源信息融合的步态识别与跌倒预测方法研究[D].浙江大学,2022.
[5] 李洋,赵鸣,徐梦瑶,等.多源信息融合技术研究综述[J].智能计算机与应用.
[6] 吴佳佳.基于多源信息融合的密集人群估计方法研究[D].苏州大学,2022.
[7] Cover T.Information theory and statistics[C]// Information Theory and Statistics, 1994.Proceedings.1994 IEEE-IMS Workshop on.IEEE, 2002:2.